计算机底层的秘密

陆小风（@码农的荒岛求生） 著

電子工業出版社
Publishing House of Electronics Industry
北京•BEIJING

内容简介

本书以图解的方式通俗易懂地讲解计算机系统中各项技术的本质，包括编程语言的本质是什么，操作系统、进程、线程、协程等的本质是什么，到底什么是内存，什么是堆区、栈区，内存分配是怎么一回事，怎样从晶体管构建出CPU，I/O是如何实现的，等等。从根源出发，一步步地讲解一项技术到底是怎么来的，同时内容可视化，辅助大量精心设计的插图，平均一页一张图，把对技术的理解门槛尽量降低。

本书适合任何对计算机系统感兴趣的学生、程序员使用，如果使用者有一定的编程经验，那么学习效果更佳。

图书在版编目（CIP）数据

计算机底层的秘密 / 陆小风著. —北京：电子工业出版社，2023.4

ISBN 978-7-121-45277-2

Ⅰ. ①计… Ⅱ. ①陆… Ⅲ. ①计算机系统 Ⅳ. ①TP303

中国国家版本馆CIP数据核字（2023）第049854号

责任编辑：张月萍　　　特约编辑：田学清
印　　刷：固安县铭成印刷有限公司
装　　订：固安县铭成印刷有限公司
出版发行：电子工业出版社
　　　　　北京市海淀区万寿路173信箱　　　邮编：100036
开　　本：720×1000　1/16　印张：20.25　字数：455.5千字
版　　次：2023 年 4 月第 1 版
印　　次：2025 年 5 月第 7 次印刷
定　　价：118.00元

凡所购买电子工业出版社图书有缺损问题，请向购买书店调换。若书店售缺，请与本社发行部联系，联系及邮购电话：（010）88254888，88258888。

质量投诉请发邮件至zlts@phei.com.cn，盗版侵权举报请发邮件至dbqq@phei.com.cn。

本书咨询联系方式：（010）51260888-819，faq@phei.com.cn。

前　言
Preface

本书源自笔者的两个疑问：**我的代码看上去能正常运行，可这是为什么呢？计算机在执行我写的代码时在底层发生了什么**？

现代计算机系统的结构就像一个汉堡包一样，实际上是被层层抽象过的，程序员在最上层用高级语言编写代码时根本不用关心底层细节，这极大地提高了开发效率，但有时遇到一些较为棘手的问题，很多人往往束手无策，这其中大部分情况是因为对底层了解不够而导致的，我们有时甚至都不能理解产生的问题本身，更何谈解决问题呢？

这些看上去很难解决的问题在那些编程高手眼里往往不值一提，他们几乎能脱口而出直指本质，你一两天都搞不定的问题在这些编程高手那里可能会被瞬间解决掉，因为他们对自己写下的每一行代码到底会对计算机系统产生什么样的影响了如指掌，如他们非常清楚地知道分配一块内存在底层发生的一系列故事等。英文中有一个词很形象——mental model（心智模型），本书更多地为你揭示那些编程高手的心智模型和计算机系统底层的奥秘。

在讲解方式上，首先笔者认为内容可视化非常重要，一图抵千言，因此本书中有多达 341 张图，以图解的方式来讲解所涉及的内容；其次内容的可读性也很重要，本书会以通俗易懂的方式从概念的起源开始讲解，不仅告诉你是什么、为什么，还会告诉你这是怎么来的，把对内容阅读理解的门槛降到最低。

当然，除了上述较为“功利”的目的，笔者认为有趣的东西还是值得了解一下的，计算机系统其实就是这样一个很有趣的东西，如果你不这么认为的话，那么很可能是你还不够了解它。计算机系统中的许多设计是如此的有趣，即便是出于好奇，也应该去了解一下，就像 Linus 所说的那样——Just for fun！

本书配套资料

一款操作系统发布后往往需要打补丁、定时升级，而一本书的出版往往与之类似，由于笔者能力有限，因此在本书出版后可能也需要打补丁，在微信公众号“码农的荒岛求生”后台回复“补丁”二字可获取笔者关于本书相关话题的扩展内容，相信这些内容可以更好地帮助读者理解本书。

路线图

本书分为 6 章：

- 第 1 章关注编程语言，重点阐述到底什么是编程语言、编译器的工作原理，以及如何从代码生成最终的可执行程序。
- 第 2 章重点讲解程序运行起来后，也就是运行时的奥秘，包括程序到底是以什么样的形式运行起来的，操作系统、进程、线程、协程到底是什么，我们为什么需要了解这些概念，回调函数、同步、异步、阻塞、非阻塞又是怎么一回事，这些又能赋予程序员什么样的能力等。
- 第 3 章将带你认识内存。程序的运行离不开内存，因此我们要了解内存的本质是什么，到底什么是指针，为什么会有堆区、栈区，函数调用的实现原理是什么，申请内存时底层到底发生了什么，该怎样实现一个自己的 malloc 内存分配器等。
- 第 4 章介绍计算机系统中最重要的 CPU，CPU 的实现原理是什么，怎样一步步打造出 CPU，CPU 是如何认识数字的，CPU 空闲时在干什么，以及 CPU 是如何演变进化的，为什么会出现复杂指令集及精简指令集，如何利用 CPU 与栈的组合实现函数调用、中断处理、线程切换及系统调用等机制。
- 第 5 章讲解计算机系统中的 cache，为什么需要 cache，以及程序员该如何编写出对 cache 友好的代码。
- 第 6 章关注 I/O，计算机系统是如何实现 I/O 的，程序员调用 read 函数时在底层是如何一步步读取到文件内容的，程序员该如何高效处理 I/O 等。

勘误

由于笔者水平有限，书中难免会有疏漏之处，恳请广大读者批评指正。

在微信公众号“码农的荒岛求生”底部菜单栏中有一项关于本书勘误的菜单入口，读者可通过此渠道查看本书的 bug 或者反馈问题。

致谢

首先感谢微信公众号“码农的荒岛求生”的忠实读者，是你们让我一直坚持到现在，是你们让我能感受到自己做的事情是有价值的，是你们让本书出版成为可能。

其次特别感谢我的爱人，是你的鼓励让我踏上了写作之路，在此之前我从没想过自己此生会与写作有什么关联，是你让我发现了全新的自己，这无异于重生。

最后感谢我的父母，是你们的辛苦付出让我远离生活琐事。“当你轻装上阵时必定有人为你负重前行”，我无以为报，谨将此书献给你们。

陆小风 (@ 码农的荒岛求生)

2022 年 12 月 27 日于北京

目录

contents

第 1 章　从编程语言到可执行程序，这是怎么一回事　/ 1

1.1　假如你来发明编程语言　/ 2

1.1.1　创世纪：CPU 是个聪明的笨蛋　/ 3

1.1.2　汇编语言出现了　/ 3

1.1.3　底层的细节 vs 高层的抽象　/ 4

1.1.4　套路满满：高级编程语言的雏形　/ 6

1.1.5　《盗梦空间》与递归：代码的本质　/ 7

1.1.6　让计算机理解递归　/ 9

1.1.7　优秀的翻译官：编译器　/ 9

1.1.8　解释型语言的诞生　/ 10

1.2　编译器是如何工作的　/ 12

1.2.1　编译器就是一个普通程序，没什么大不了的　/ 12

1.2.2　提取出每一个符号　/ 13

1.2.3　token 想表达什么含义　/ 14

1.2.4　语法树是不是合理的　/ 14

1.2.5　根据语法树生成中间代码　/ 15

1.2.6　代码生成　/ 15

1.3　链接器不能说的秘密　/ 16

1.3.1　链接器是如何工作的　/ 17

1.3.2　符号决议：供给与需求　/ 18

1.3.3　静态库、动态库与可执行文件　/ 20

1.3.4　动态库有哪些优势及劣势　/ 25

1.3.5 重定位：确定符号运行时地址 / 27
1.3.6 虚拟内存与程序内存布局 / 29
1.4 为什么抽象在计算机科学中如此重要 / 32
1.4.1 编程与抽象 / 32
1.4.2 系统设计与抽象 / 33
1.5 总结 / 34

第 2 章 程序运行起来了，可我对其一无所知 / 35

2.1 从根源上理解操作系统、进程与线程 / 36
2.1.1 一切要从 CPU 说起 / 36
2.1.2 从 CPU 到操作系统 / 37
2.1.3 进程很好，但还不够方便 / 40
2.1.4 从进程演变到线程 / 41
2.1.5 多线程与内存布局 / 44
2.1.6 线程的使用场景 / 44
2.1.7 线程池是如何工作的 / 45
2.1.8 线程池中线程的数量 / 46
2.2 线程间到底共享了哪些进程资源 / 47
2.2.1 线程私有资源 / 47
2.2.2 代码区：任何函数都可放到线程中执行 / 49
2.2.3 数据区：任何线程均可访问数据区变量 / 49
2.2.4 堆区：指针是关键 / 50
2.2.5 栈区：公共的私有数据 / 50
2.2.6 动态链接库与文件 / 52
2.2.7 线程局部存储：TLS / 53
2.3 线程安全代码到底是怎么编写的 / 55
2.3.1 自由与约束 / 55
2.3.2 什么是线程安全 / 56
2.3.3 线程的私有资源与共享资源 / 57
2.3.4 只使用线程私有资源 / 58
2.3.5 线程私有资源 + 函数参数 / 58
2.3.6 使用全局变量 / 60

2.3.7 线程局部存储 / 61
2.3.8 函数返回值 / 62
2.3.9 调用非线程安全代码 / 63
2.3.10 如何实现线程安全代码 / 64
2.4 程序员应如何理解协程 / 65
2.4.1 普通的函数 / 65
2.4.2 从普通函数到协程 / 66
2.4.3 协程的图形化解释 / 68
2.4.4 函数只是协程的一种特例 / 69
2.4.5 协程的历史 / 69
2.4.6 协程是如何实现的 / 70
2.5 彻底理解回调函数 / 71
2.5.1 一切要从这样的需求说起 / 72
2.5.2 为什么需要回调 / 73
2.5.3 异步回调 / 74
2.5.4 异步回调带来新的编程思维 / 75
2.5.5 回调函数的定义 / 77
2.5.6 两种回调类型 / 78
2.5.7 异步回调的问题：回调地狱 / 79
2.6 彻底理解同步与异步 / 80
2.6.1 辛苦的程序员 / 80
2.6.2 打电话与发邮件 / 81
2.6.3 同步调用 / 83
2.6.4 异步调用 / 84
2.6.5 同步、异步在网络服务器中的应用 / 86
2.7 哦！对了，还有阻塞与非阻塞 / 91
2.7.1 阻塞与非阻塞 / 92
2.7.2 阻塞的核心问题：I/O / 92
2.7.3 非阻塞与异步 I/O / 93
2.7.4 一个类比：点比萨 / 94
2.7.5 同步与阻塞 / 95
2.7.6 异步与非阻塞 / 96

2.8 融会贯通：高并发、高性能服务器是如何实现的 / 97
2.8.1 多进程 / 97
2.8.2 多线程 / 98
2.8.3 事件循环与事件驱动 / 99
2.8.4 问题 1：事件来源与 I/O 多路复用 / 100
2.8.5 问题 2：事件循环与多线程 / 101
2.8.6 咖啡馆是如何运作的：Reactor 模式 / 102
2.8.7 事件循环与 I/O / 103
2.8.8 异步与回调函数 / 103
2.8.9 协程：以同步的方式进行异步编程 / 106
2.8.10 CPU、线程与协程 / 107
2.9 计算机系统漫游：从数据、代码、回调、闭包到容器、虚拟机 / 108
2.9.1 代码、数据、变量与指针 / 108
2.9.2 回调函数与闭包 / 110
2.9.3 容器与虚拟机技术 / 112
2.10 总结 / 114

第 3 章 底层？就从内存这个储物柜开始吧 / 115

3.1 内存的本质、指针及引用 / 116
3.1.1 内存的本质是什么？储物柜、比特、字节与对象 / 116
3.1.2 从内存到变量：变量意味着什么 / 117
3.1.3 从变量到指针：如何理解指针 / 120
3.1.4 指针的威力与破坏性：能力与责任 / 122
3.1.5 从指针到引用：隐藏内存地址 / 123
3.2 进程在内存中是什么样子的 / 124
3.2.1 虚拟内存：眼见未必为实 / 125
3.2.2 页与页表：从虚幻到现实 / 125
3.3 栈区：函数调用是如何实现的 / 127
3.3.1 程序员的好帮手：函数 / 128
3.3.2 函数调用的活动轨迹：栈 / 128
3.3.3 栈帧与栈区：以宏观的角度看 / 130

3.3.4 函数跳转与返回是如何实现的 / 131
3.3.5 参数传递与返回值是如何实现的 / 133
3.3.6 局部变量在哪里 / 134
3.3.7 寄存器的保存与恢复 / 134
3.3.8 Big Picture：我们在哪里 / 134
3.4 堆区：内存动态分配是如何实现的 / 136
3.4.1 为什么需要堆区 / 136
3.4.2 自己动手实现一个 malloc 内存分配器 / 137
3.4.3 从停车场到内存管理 / 138
3.4.4 管理空闲内存块 / 139
3.4.5 跟踪内存分配状态 / 141
3.4.6 怎样选择空闲内存块：分配策略 / 142
3.4.7 分配内存 / 144
3.4.8 释放内存 / 146
3.4.9 高效合并空闲内存块 / 149
3.5 申请内存时底层发生了什么 / 150
3.5.1 三界与 CPU 运行状态 / 150
3.5.2 内核态与用户态 / 151
3.5.3 传送门：系统调用 / 152
3.5.4 标准库：屏蔽系统差异 / 153
3.5.5 堆区内存不够了怎么办 / 154
3.5.6 向操作系统申请内存：brk / 155
3.5.7 冰山之下：虚拟内存才是终极 BOSS / 156
3.5.8 关于分配内存完整的故事 / 156
3.6 高性能服务器内存池是如何实现的 / 157
3.6.1 内存池 vs 通用内存分配器 / 158
3.6.2 内存池技术原理 / 158
3.6.3 实现一个极简内存池 / 159
3.6.4 实现一个稍复杂的内存池 / 160
3.6.5 内存池的线程安全问题 / 161
3.7 与内存相关的经典 bug / 162
3.7.1 返回指向局部变量的指针 / 163

3.7.2 错误地理解指针运算 / 163
3.7.3 解引用有问题的指针 / 164
3.7.4 读取未被初始化的内存 / 165
3.7.5 引用已被释放的内存 / 166
3.7.6 数组下标是从 0 开始的 / 167
3.7.7 栈溢出 / 167
3.7.8 内存泄漏 / 168
3.8 为什么 SSD 不能被当成内存用 / 169
3.8.1 内存读写与硬盘读写的区别 / 169
3.8.2 虚拟内存的限制 / 171
3.8.3 SSD 的使用寿命问题 / 171
3.9 总结 / 171

第 4 章 从晶体管到 CPU，谁能比我更重要 / 173

4.1 你管这破玩意叫 CPU / 174
4.1.1 伟大的发明 / 174
4.1.2 与、或、非：AND、OR、NOT / 174
4.1.3 道生一、一生二、二生三、三生万物 / 175
4.1.4 计算能力是怎么来的 / 175
4.1.5 神奇的记忆能力 / 176
4.1.6 寄存器与内存的诞生 / 177
4.1.7 硬件还是软件？通用设备 / 178
4.1.8 硬件的基本功：机器指令 / 179
4.1.9 软件与硬件的接口：指令集 / 179
4.1.10 指挥家，让我们演奏一曲 / 180
4.1.11 大功告成，CPU 诞生了 / 180
4.2 CPU 空闲时在干吗 / 181
4.2.1 你的计算机 CPU 使用率是多少 / 181
4.2.2 进程管理与进程调度 / 182
4.2.3 队列判空：一个更好的设计 / 183
4.2.4 一切都要归结到 CPU / 184
4.2.5 空闲进程与 CPU 低功耗状态 / 184

4.2.6 逃出无限循环：中断 / 185
4.3 CPU 是如何识数的 / 186
4.3.1 数字 0 与正整数 / 186
4.3.2 有符号整数 / 187
4.3.3 正数加上负号即对应的负数：原码 / 187
4.3.4 原码的翻转：反码 / 188
4.3.5 不简单的两数相加 / 188
4.3.6 对计算机友好的表示方法：补码 / 189
4.3.7 CPU 真的识数吗 / 191
4.4 当 CPU 遇上 if 语句 / 192
4.4.1 流水线技术的诞生 / 193
4.4.2 CPU——超级工厂与流水线 / 195
4.4.3 当 if 遇到流水线 / 196
4.4.4 分支预测：尽量让 CPU 猜对 / 197
4.5 CPU 核数与线程数有什么关系 / 199
4.5.1 菜谱与代码、炒菜与线程 / 199
4.5.2 任务拆分与阻塞式 I/O / 200
4.5.3 多核与多线程 / 201
4.6 CPU 进化论（上）：复杂指令集诞生 / 202
4.6.1 程序员眼里的 CPU / 202
4.6.2 CPU 的能力圈：指令集 / 202
4.6.3 抽象：少就是多 / 203
4.6.4 代码也是要占用存储空间的 / 203
4.6.5 复杂指令集诞生的必然 / 205
4.6.6 微代码设计的问题 / 205
4.7 CPU 进化论（中）：精简指令集的诞生 / 206
4.7.1 化繁为简 / 206
4.7.2 精简指令集哲学 / 207
4.7.3 CISC 与 RISC 的区别 / 208
4.7.4 指令流水线 / 209
4.7.5 名扬天下 / 210

4.8 CPU 进化论（下）：绝地反击 / 211
4.8.1 打不过就加入：像 RISC 一样的 CISC / 211
4.8.2 超线程的绝技 / 212
4.8.3 取人之长，补己之短：CISC 与 RISC 的融合 / 214
4.8.4 技术不是全部：CISC 与 RISC 的商业之战 / 214
4.9 融会贯通：CPU、栈与函数调用、系统调用、线程切换、中断处理 / 215
4.9.1 寄存器 / 215
4.9.2 栈寄存器：Stack Pointer / 216
4.9.3 指令地址寄存器：Program Counter / 216
4.9.4 状态寄存器：Status Register / 217
4.9.5 上下文：Context / 218
4.9.6 嵌套与栈 / 218
4.9.7 函数调用与运行时栈 / 220
4.9.8 系统调用与内核态栈 / 220
4.9.9 中断与中断函数栈 / 223
4.9.10 线程切换与内核态栈 / 224
4.10 总结 / 227

第 5 章 四两拨千斤，cache / 228

5.1 cache，无处不在 / 229
5.1.1 CPU 与内存的速度差异 / 229
5.1.2 图书馆、书桌与 cache / 230
5.1.3 天下没有免费的午餐：cache 更新 / 232
5.1.4 天下也没有免费的晚餐：多核 cache 一致性 / 233
5.1.5 内存作为磁盘的 cache / 235
5.1.6 虚拟内存与磁盘 / 237
5.1.7 CPU 是如何读取内存的 / 238
5.1.8 分布式存储来帮忙 / 238
5.2 如何编写对 cache 友好的程序 / 240
5.2.1 程序的局部性原理 / 240
5.2.2 使用内存池 / 241

5.2.3 struct 结构体重新布局 / 241
5.2.4 冷热数据分离 / 242
5.2.5 对 cache 友好的数据结构 / 243
5.2.6 遍历多维数组 / 243
5.3 多线程的性能“杀手” / 245
5.3.1 cache 与内存交互的基本单位：cache line / 246
5.3.2 性能“杀手”一：cache 乒乓问题 / 247
5.3.3 性能“杀手”二：伪共享问题 / 250
5.4 烽火戏诸侯与内存屏障 / 253
5.4.1 指令乱序执行：编译器与 OoOE / 255
5.4.2 把 cache 也考虑进来 / 257
5.4.3 四种内存屏障类型 / 259
5.4.4 acquire-release 语义 / 263
5.4.5 C++ 中提供的接口 / 264
5.4.6 不同的 CPU，不同的秉性 / 265
5.4.7 谁应该关心指令重排序：无锁编程 / 266
5.4.8 有锁编程 vs 无锁编程 / 267
5.4.9 关于指令重排序的争议 / 267
5.5 总结 / 268

第 6 章 计算机怎么能少得了 I/O / 269

6.1 CPU 是如何处理 I/O 操作的 / 270
6.1.1 专事专办：I/O 机器指令 / 270
6.1.2 内存映射 I/O / 270
6.1.3 CPU 读写键盘的本质 / 271
6.1.4 轮询：一遍遍地检查 / 272
6.1.5 点外卖与中断处理 / 273
6.1.6 中断驱动式 I/O / 274
6.1.7 CPU 如何检测中断信号 / 275
6.1.8 中断处理与函数调用的区别 / 276
6.1.9 保存并恢复被中断程序的执行状态 / 277

6.2 磁盘处理 I/O 时 CPU 在干吗 / 279
6.2.1 设备控制器 / 280
6.2.2 CPU 应该亲自复制数据吗 / 281
6.2.3 直接存储器访问：DMA / 281
6.2.4 Put Together / 283
6.2.5 对程序员的启示 / 284
6.3 读取文件时程序经历了什么 / 285
6.3.1 从内存的角度看 I/O / 285
6.3.2 read 函数是如何读取文件的 / 286
6.4 高并发的秘诀：I/O 多路复用 / 291
6.4.1 文件描述符 / 291
6.4.2 如何高效处理多个 I/O / 292
6.4.3 不要打电话给我，有必要我会打给你 / 293
6.4.4 I/O 多路复用 / 294
6.4.5 三剑客：select、poll 与 epoll / 294
6.5 mmap：像读写内存那样操作文件 / 295
6.5.1 文件与虚拟内存 / 296
6.5.2 魔术师操作系统 / 297
6.5.3 mmap vs 传统 read/write 函数 / 298
6.5.4 大文件处理 / 299
6.5.5 动态链接库与共享内存 / 299
6.5.6 动手操作一下 mmap / 301
6.6 计算机系统中各个部分的时延有多少 / 302
6.6.1 以时间为度量来换算 / 303
6.6.2 以距离为度量来换算 / 304
6.7 总结 / 305

第1章

从编程语言到可执行程序，这是怎么一回事

大家好，欢迎搭乘探索号旅行列车，本次旅行我们将从软件到硬件、从上层到底层一路纵览计算机系统中那些美妙的风景，衷心希望我们能共度一段愉快的时光。

在本次旅行的第一站，我们来看看程序员敲出来的代码是怎么一回事。

编程语言几乎是程序员之间讨论最多的话题，不善社交的程序员总能用编程语言打开话题，围绕编程语言也会有各种各样的段子，各问答网站、论坛等最热门的讨论几乎有一大半是关于编程语言的，这可能会让人们认为学习计算机就是在学习编程语言，然而事实并非如此，读完这本书你会发现编程语言仅仅是计算机科学中的一小部分。

编程语言只是程序员对计算机发号施令的一个工具而已，我们只会在第1章讨论编程语言，除此之外的章节都在讨论计算机系统。

接下来，让我们了解一下编程语言本身及其背后的故事。

作为程序员的你有没有想过代码到底是怎么一回事，计算机怎么就能认识你写的代码了呢?

```
#include <stdio.h>

int main()
{
  printf("hello, world\n");
  return 0;
}
```

你可能会说是编译器基于程序员写的代码生成了可执行程序，然后程序就能运行起来了。

这是正确的，但太笼统，编译器是怎么基于代码生成可执行程序的呢? 你会说是因为有编程语言。编程语言又是怎么被创造出来的呢? 可执行程序为什么能被运行起来? 又是怎么运行并且以什么形式运行的呢? 运行起来后是什么样子的? 怎么才能更高效地运行?

这些问题贯穿全书，读完后你就能明白了。

我们首先来认识一下编程语言，要想深刻理解编程语言莫过于你自己创造一个，假如让你来发明一门编程语言，你该怎么解决这个问题呢?

思考一下，在往下看之前先停下来自己想一想。

没有思路吗? 没有就对了！如果你在没有任何基础的情况下就直接想通了这个问题，那么赶紧丢下本书，去大学申请一个硕士、博士学位攻读一下，计算机科学界需要你。

1.1 假如你来发明编程语言

聪明的人类发现把简单的开关组合起来可以表达复杂的布尔逻辑，于是在此基础上构建了CPU（第4章会讲解CPU是怎样构造的），因此CPU只能简单地理解开关，用数字表达就是0和1。从开关到CPU如图1.1所示。

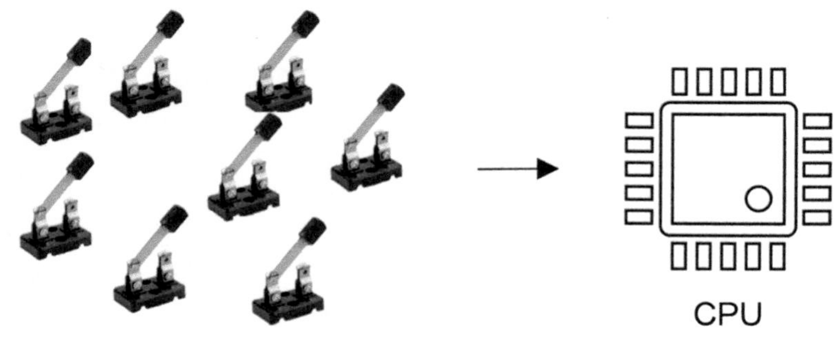

图1.1 从开关到CPU

1.1.1 创世纪：CPU是个聪明的笨蛋

CPU相当原始，就像单细胞生物一样，只能先把数据从一个地方搬到另一个地方，进行简单计算，再把数据搬回去，这其中没有任何高难度动作，这些操作虽然看上去很简单、很笨，但 CPU 有一个无与伦比的优势，那就是快，快到足够弥补其笨，虽然人类很聪明，但就单纯的计算来说人类远远不是CPU的对手。**CPU出现后人类开始拥有第二个大脑。**

就是这样原始的一个物种开始支配起另一个被称为程序员的物种。

一般来说，两个不同的物种要想交流，如人和鸟，就会有两种方式：要不就是鸟说人话，让人听懂；要不就是人说“鸟语”，让鸟听懂，就看谁比谁厉害了。

最开始，程序员和CPU想要交流，CPU胜出，程序员开始说“鸟语”并认真感受CPU的支配地位，好让CPU可以工作，接下来感受一下最开始的程序员是怎么说“鸟语”的。用打孔纸控制计算机工作如图1.2所示。

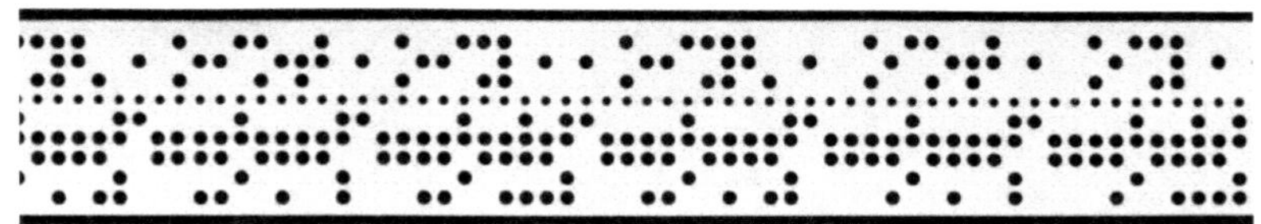

图1.2 用打孔纸控制计算机工作

程序员按照CPU的旨意直接用0和1编写指令，你没有看错，这就是代码了，就是这么原生态。首先把指令以打孔纸的形式输入计算机，然后计算机开始工作，这样的程序看得见、摸得着，就是有点浪费纸。

这一时期的程序员必须站在 CPU 的角度来写代码，画风是这样的：

```
1101101010011010
1001001100101001
1100100011011110
1011101101010010
```

乍一看你知道这是什么意思吗？你不知道，心想：“这是什么鸟语？”，但 CPU 知道，心想：“这简直就是世界上最美的语言”。

1.1.2 汇编语言出现了

终于，有一天程序员受够了说“鸟语”，好歹也是灵长类，叽叽喳喳地说“鸟语”太没面子，你被委以重任：让程序员说人话。

你没有苦其心志、劳其筋骨，而是仔细研究了一下 CPU，发现 CPU 执行的指令来来回回就那么几个，如加法指令、跳转指令等，因此你把机器指令和对应的具体操作进行了一个简单的映射，**把机器指令映射到人类能看懂的单词**，这样上面的01串就变成了：

```
sub $8, %rsp
mov $.LC0, %edi
call puts
mov $0, %eax
```

从此，程序员不必生硬地记住1101……，而是记住人类可以认识的add、sub、mov等这样的单词即可，并用一个程序将人类认知的一条条机器指令转换为CPU可识别的01二进制，如图1.3所示。

图1.3 将机器指令翻译为01二进制

汇编语言就这样诞生了，编程语言中首次出现了人类可以直接认识的东西。

这时程序员终于不用再“叽叽喳喳”，而是升级为“阿巴阿巴”，虽然人类认识“阿巴阿巴”这几个字，但这和人类的语言在形式上差别还有点大。

1.1.3 底层的细节 vs 高层的抽象

尽管汇编语言中已经有人类可以认识的词语，但是汇编语言与机器语言一样都属于低级语言。

低级语言是指你需要关心所有细节。

关心什么细节呢？我们说过，CPU相当原始，只知道先把数据从一个地方搬到另一个地方，即简单操作后，再从一个地方搬到另一个地方，因此，如果你想用低级语言来编程，**那么需要使用多个“先把数据从一个地方搬到另一个地方，即简单操作一下，再从一个地方搬到另一地方”这样简单的指令来实现诸如排序等复杂的问题。**

你可能对此感触不深，这就好比，你想表达“给我端杯水”，如图1.4所示。

如果你用汇编语言这种低级语言来表达，就要针对具体细节，如图1.5所示。

我想你已经明白了。

CPU实在太简单了！简单到不能理解任何稍微抽象一点儿，如“给我端杯水”这样的语言，但人类天生习惯抽象化的表达，人类和机器的差距有办法来弥补吗？

换句话说，**有没有一种办法可以把人类抽象的表达自动转为CPU可以理解的具体实现，**这显然可以极大地提高程序员的生产力，现在，这个问题需要你来解决。

怎样弥补底层细节与上层抽象的差距（见图1.6）。

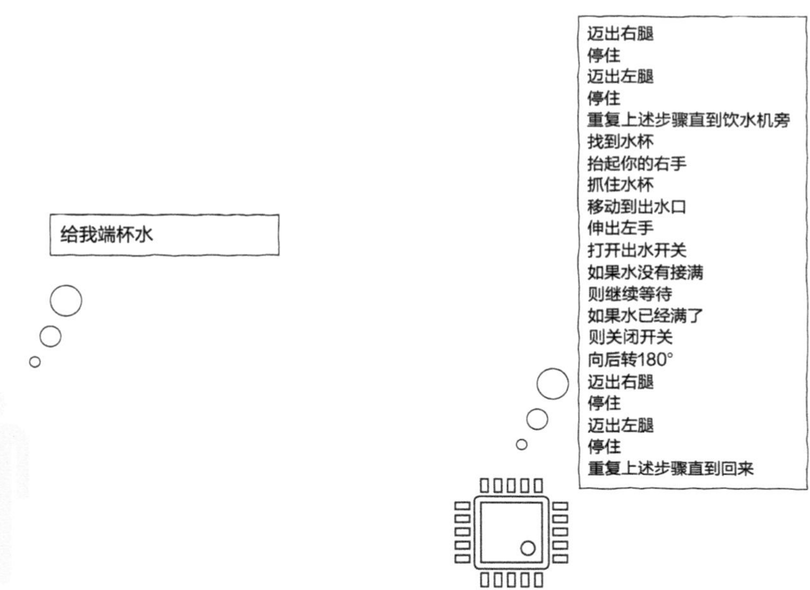

图1.4　抽象的表达　　　　图1.5　针对具体细节的表达

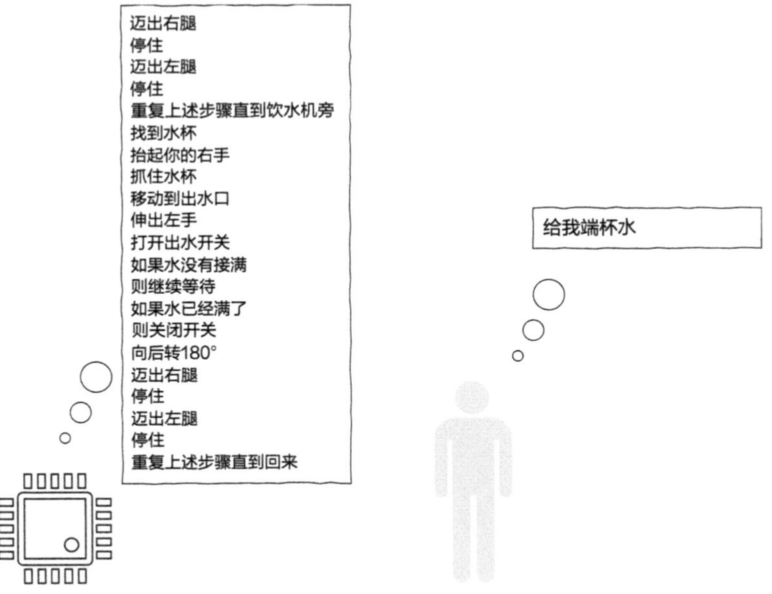

图1.6　怎样弥补底层细节与上层抽象的差距

1.1.4 套路满满：高级编程语言的雏形

思来想去你都不知道该怎么把人类可以理解的抽象表达自动转为 CPU 能理解的具体实现，就在要放弃的时候你又看了一眼 CPU 可以理解的一堆细节，电光火石之间灵光乍现，你发现了满满的套路，或者说模式。

大部分情况下，CPU执行的指令都平铺直叙，如图1.7所示。

图1.7中的这些指令平铺直叙都是在告诉CPU要完成某个特定动作，你给这些平铺直叙的指令起了个名字，姑且就叫陈述句（Statement）吧！

除此之外，你还发现了这样的套路，那就是这些指令并不涉及某个具体动作，而是要做出选择，需要根据某种特定状态决定走哪段指令，这个套路在人类看来就是“如果……，就……；否则……，就……”：

```
if ***
   blablabla
else ***
   blablabla
```

此外，在某些情况下还需要不断重复执行一些指令，这个套路看起来就像是在原地打转：

```
while ***
  blablabla
```

最后，这里有很多看起来差不多的指令，如图1.8所示。

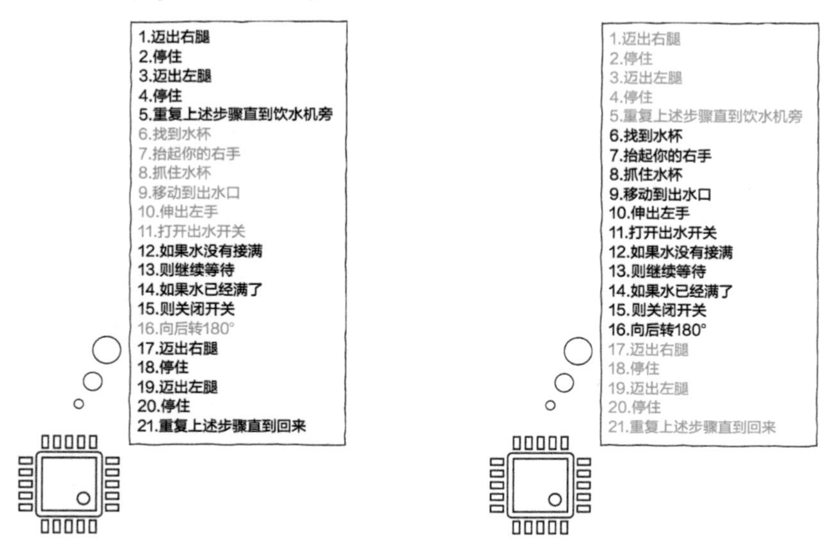

图 1.7 大部分指令平铺直叙　　图1.8 有一些指令会重复出现

图1.8中的这些红色指令是重复出现的，只是个别细节有所差异，把这些差异提取出来，即参数。剩下的指令打包到一起，用一个代号来指定这些指令就好了，就这样，函数也诞生了：

```
func abc:
   blablabla
```

现在，你发现了好几种套路：

```
// 条件转移
if ***
   blablabla
else ***
   blablabla

// 循环
while ***
  blablabla

// 函数
func abc:
   blablabla
```

这些相比汇编语言已经有了质的飞跃，因为这已经和人类的语言非常接近了。

接下来，你发现自己面临两个问题：

（1）这里的blablabla是什么呢？

（2）怎样把上面人类可以认识的字符串转换为 CPU 可以认识的机器指令呢？

1.1.5 《盗梦空间》与递归：代码的本质

你想起来了，1.1.4节说过大部分代码都是平铺直叙的陈述句，这里的blablabla 仅仅就是一堆陈述句吗？

显然不是，blablabla 可以是陈述句，也可以是条件转移if else，也可以是循环while，也可以是函数调用，这样才合理。

是的，这样的确更合理，但很快你就发现了另一个严重的问题：

blablabla中可以包含 if else 等语句，而if else等语句中又可以包含blablabla，blablabla中反过来又可能会包含if else等语句，if else等语句又可能会包含blablabla，blablabla又可能会包含if else等语句……

就像电影《盗梦空间》一样，一层梦中还有一层梦，梦中之梦……一层嵌套一层，子子孙孙无穷匮也，如图1.9所示。

此时，你已经明显感觉脑细胞不够用了，这也太复杂了吧，绝望开始吞噬你，“谁来救救我！”

图1.9 《盗梦空间》与递归

此时，你的高中数学课代表走过来拍了拍你的肩膀，递给了你一本高中数学课本，你恼羞成怒，给我这破玩意干什么！我现在想的问题这么高深，岂是一本高中数学课本能解决得了的！抓过来一把扔在了地上。

一阵妖风吹过，课本停留在某一页，上面有一个数列表达式：

$$f(x) = f(x-1) + f(x-2)$$

这个数列表达式在表达什么呢？$f(x)$的值依赖$f(x-1)$和$f(x-2)$，$f(x-1)$的值又依赖$f(x-2)$和$f(x-3)$，$f(x-2)$的值又依赖$f(x-3)$和$f(x-4)$。数列依赖子数列如图1.10所示。

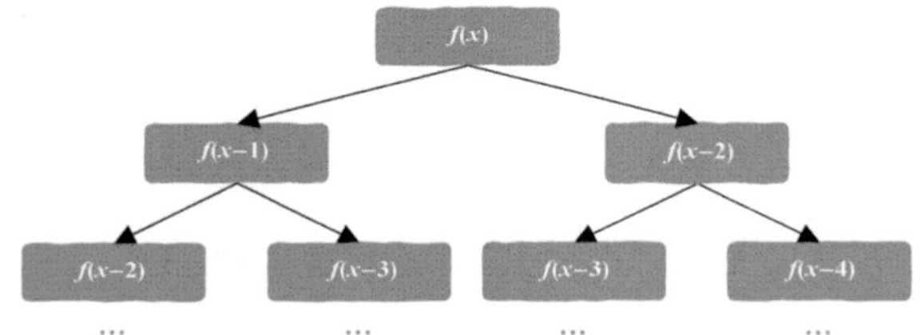

图1.10 数列依赖子数列

一层嵌套一层，梦中之梦，梦中之梦中梦，if中嵌套 statement，statement 又可以嵌套if。

等一下，这不就是递归嘛，上面看似无穷无尽的嵌套也可以用递归表达啊！

你的高中数学课代表仰天大笑，看似高深的东西竟然能用高中数学知识解决，你一时震惊得目瞪口呆。

有了递归这个概念加持，聪明的智商又开始占领高地了。

不就是嵌套嘛，一层套一层，递归天生就是来表达这玩意的（注意，这里的表达并不完备，真实的编程语言不会这么简单）：

```
if : if expr statement else statement
for: while expr statement
statement: if | for | statement
```

上面一层嵌套一层的《盗梦空间》原来可以用这么简捷的几句表达出来啊！你给这几句表达起了一个高端的名字——**语法**。

数学，就是可以让一切都变得这么优雅。

世界上所有的代码，不管有多么复杂最终都可以归结到语法上，原因也很简单，所有的代码都是按照语法的形式写出来的。

至此，你发明了人类可以认识的、真正的编程语言。

之前提到的第一个问题解决了，但仅仅有语言还是不够的。

1.1.6　让计算机理解递归

现在还有一个问题要解决，怎样才能把编程语言最终转化为计算机可以认识的机器指令呢?

人类可以按照语法写出代码，这些代码其实就是一串字符，怎么让计算机也能认识用递归语法表达的一串字符呢?

这是一件事关人类命运的事情，你不禁感到责任重大，但这最后一步又看似困难重重，你不禁仰天长叹“计算机可太难了！”

此时，你的初中课代表走过来拍了拍你的肩膀，递给了你一本初中植物学课本，你恼羞成怒，给我这破玩意干什么！我现在思考的问题这么高深，岂是一本初中课本能解决得了的！抓过来一把扔在了地上。

此时，又一阵妖风吹过，课本被翻到了介绍树的一页，如图1.11所示，你看着这一页不禁发起呆来。

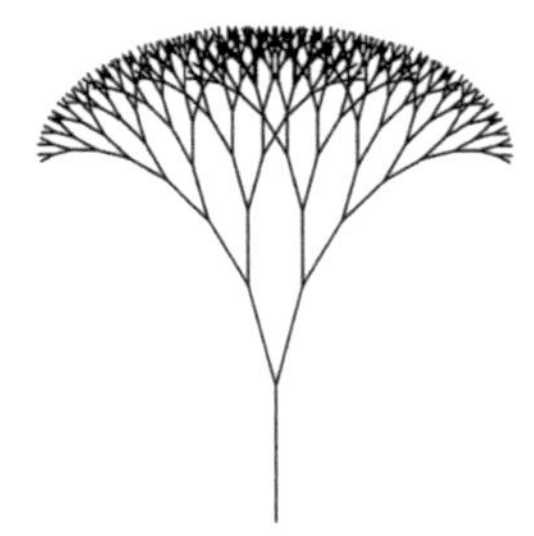

图1.11　树，可以给我们什么启示

树干下面是树枝，树枝下可以是树叶，树枝下也可以是树枝，树枝下还可以是树枝，树干可以生树枝，树枝还可以生树枝。一层套一层，梦中之梦，子子孙孙无穷匮，等一下，这也是递归啊！我们可以把根据递归语法写出来的代码用树来表示啊！语法树如图1.12所示。

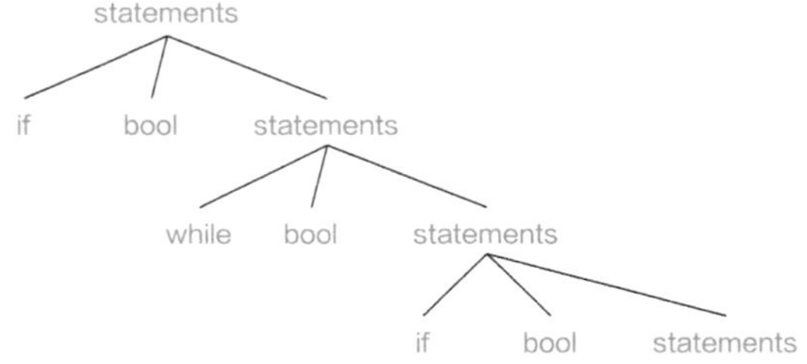

图1.12　语法树

你的初中课代表仰天大笑，看似高深的东西竟然靠初中知识就解决了。

1.1.7　优秀的翻译官：编译器

计算机在处理编程语言时，可以按照语法定义把代码用树的形式组织起来，由于这棵树是按照语法生成的，因此你给它起了一个很高级的名字——语法树。

现在代码被表示成了树的形式，你仔细观察后发现，其实叶子节点的表达是非常简单的，可以很简单地翻译成对应的机器指令，只要把叶子节点翻译成机器指令，就可以把此结果应用到叶子节点的父节点，父节点又可以把翻译结果应用到父节点的父节点，一层层向上传递，最终整棵树都可以翻译成具体的机器指令。根据语法树生成机器指令的过程如图1.13所示。

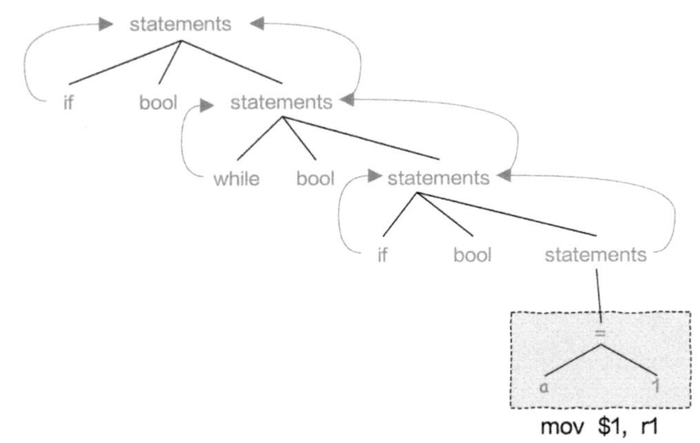

图1.13 根据语法树生成机器指令的过程

完成这个工作的程序也要有个名字，起名字一定要有原则，必须显得高深难懂，该原则被称为“弄不懂”原则，基于此你起了一个不怎么响亮的名字——编译器（Compiler）。

现在，你还觉得二叉树之类的数据结构没有用吗?

至此，你完成了一项了不起的发明创造，高级编程语言诞生了，从此程序员可以用人类认识的语言来写代码，编译器负责将其翻译成 CPU 可以认识的机器指令，程序员的效率开始直线提升，软件工业开始蓬勃发展。

1.1.8 解释型语言的诞生

后来，你又发现了一个问题：市面上有各种各样的CPU，而A型号CPU生成的机器指令没有办法在B型号CPU上运行。

不同类型的CPU有自己的“语言”，如图1.14所示。

就好比你针对x86生成的可执行程序没有办法直接在ARM平台上运行，程序员显然希望他写的代码能在尽可能多的平台上运行，但又不想重新编译，该怎么办呢?

就在一筹莫展之际，你的小学英语课代表过来了，拍了拍你的肩膀，给了你一本小学英语课本，你再一次恼羞成怒，给我这破玩意干什么！我现在想的问题这么高深，岂是一本小学英语课本能解决得了的！抓过来一把扔在了地上。

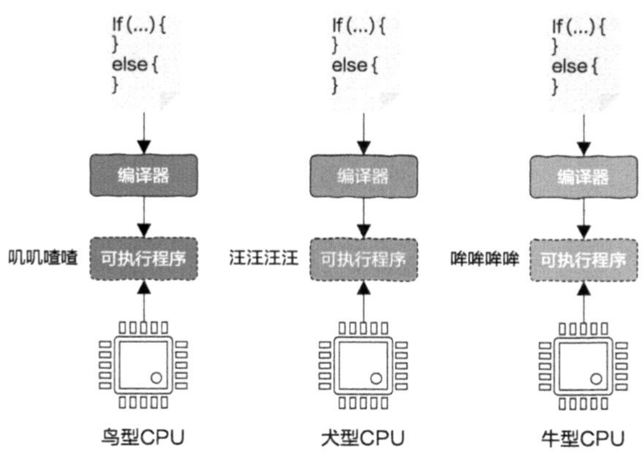

图1.14　不同类型的CPU有自己的“语言”

此时，又一阵妖风吹过，落在了某一页，这一页上是这样写的：“现在，世界上很多国家把英语当成国际通用语言”。

通用、标准，等一下，CPU有各种各样的类型，这是硬件厂商设计好的，不能改。既然CPU执行的是机器指令，那么**我们也可以用程序来仿真CPU执行机器指令的过程，自己定义一套标准指令**，只要各类CPU都有相应的仿真程序，我们的代码就可以直接在不同的平台上运行了，这就是“一次编写，到处运行”。

没想到这个看似高深的问题竟然靠小学生的认知解决了。

根据“弄不懂”原则你给这个CPU仿真程序起了一个名字——虚拟机，虚拟机还有一个外号叫解释器。

解释器解释执行代码的过程如图1.15所示。

至此，我们提到的所有问题都解决完毕，并根据这些思想构建出了C/C++，以及Java、Python等编程语言。

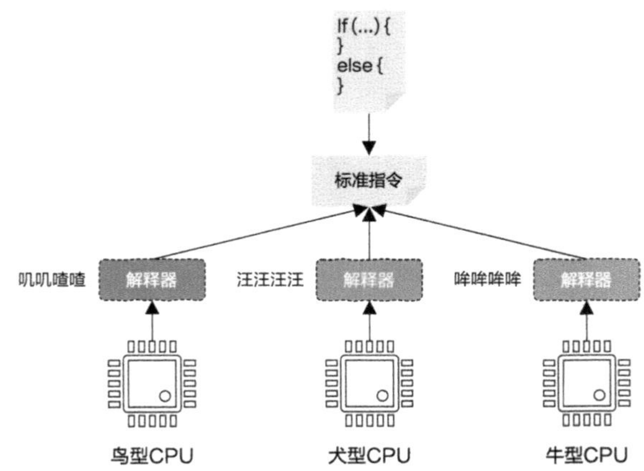

图1.15　解释器解释执行代码的过程

幸好，这一节快结束了，否则计算机科学中的难题还可以用幼儿园知识来解决。

世界上所有的编程语言都是遵照特定语法来编写的，编译器根据该语言的语法将代码解析成语法树，遍历语法树先生成机器指令（C/C++）或者字节码（Java）等，然后交给CPU（或者虚拟机）来执行。

因此，高级语言的抽象表达能力很强，代价是牺牲了对底层的控制能力，这就是操作系统的一部分需要使用汇编语言编写的原因，汇编语言对底层细节的强大控制力是高级语言替代不了的。

请注意，本节为通俗易懂讲解编程语言牺牲了严谨性，这里的语法没有体现函数、表达式等，真实编程语言的语法远远比这里的复杂。此外，编译器也不会把语法树直接翻译成机器语言，这在1.2节中你就会看到。

我们以接近光的速度纵览了编程语言，这其中关于编译器的部分仅仅是惊鸿一瞥，但编译器如此重要，值得我们仔细驻足欣赏，接下来我们稍微展开讲解一下编译器的工作原理。

1.2 编译器是如何工作的

对程序员来说，编译器是最熟悉不过的了！至少在使用方法上，不就是单击一下Run按钮嘛，简单得很！但你知道这简单的背后，编译器默默付出了什么吗？

1.2.1 编译器就是一个普通程序，没什么大不了的

什么是编译器？

编译器是一个将高级语言翻译为低级语言的程序，我们一定要意识到编译器就是一个普通程序，和你写的简单的“helloworld”程序没什么本质区别，只不过从复杂度上讲，编译器这个程序的复杂度更高而已，没什么大不了的。

程序员用人类认识的文字并根据1.1节讲解的编程语言的语法规则写出代码，代码就以普通的文本文件形式保存下来，这就是源文件。此后把该文件喂给编译器，编译器大肆咀嚼一番，吐出来的就是可执行文件，这个文件中保存的就是CPU可以直接执行的机器指令。编译器将源代码翻译为二进制机器指令的过程如图1.16所示。

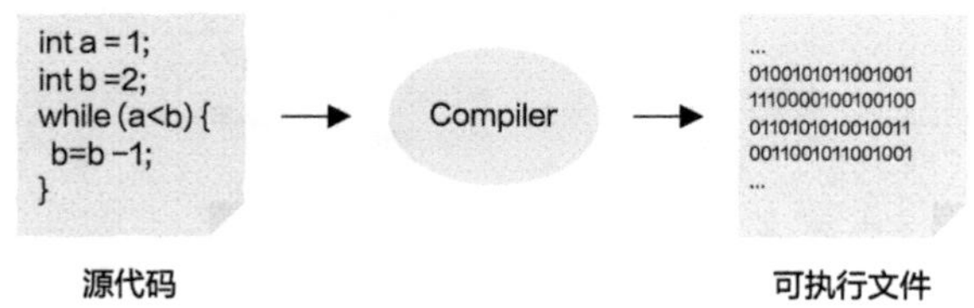

图1.16 编译器将源代码翻译为二进制机器指令的过程

接下来，我们看看编译器的咀嚼过程，你会发现往大了说这是一个翻译器，往小了说这就是一个文本处理程序，这样讲至少可以减轻你对编译器的畏惧心理。

我们来看一段简单的代码：

```
int a = 1;
int b = 2;
while (a < b) {
  b = b - 1;
}
```

从人类的角度来讲，这段代码在说些什么呢？

```
把变量a赋值为1；
把变量b赋值为2；
如果a<b，则b减1；
重复上一句，直到a<b不再成立为止。
```

CPU显然不能直接理解这么抽象的表达，接下来就是编译器大显神威的时刻了。

1.2.2　提取出每一个符号

编译器首先需要把每个符号切分出来，并把该符号与其所附带的信息打包起来，如第一行代码中的第一个单词int，这个单词附带了两个信息：①这是一个关键词；②这是一个关键词int。这个包含相应符号信息的东西有一个专属名词：符号（token）。

编译器的第一项工作就是遍历一遍源代码，把所有token都找出来，上述代码处理完成后会生成以下24个token：

```
T_Keyword      int

T_Identifier    a
T_Assign        =
T_Int           1
T_Semicolon     ;
T_Keyword      int
T_Identifier    b
T_Assign        =
T_Int           2
T_Semicolon     ;
T_While       while
T_LeftParen     (
T_Identifier    a
T_Less          <
T_Identifier    b
T_RightParen    )
T_OpenBrace     {
T_Identifier    b
T_Assign        =
```

```
T_Identifier   b
T_Minus        -
T_Int          1
T_Semicolon    ;
T_CloseBrace   }
```

其中每一行都是一个token，左边以T开头的一列表示token的含义，右边一列是其值。

从源代码中提取token的过程就是词法分析——Lexical Analysis。

1.2.3 token想表达什么含义

现在，源代码已经被转成一个个token了，但只看这些token是没有任何用处的，我们需要把这些token背后程序员想表达的意图表示出来。

从1.1节中我们知道，代码都是按照语法来写的，那么编译器就要按照语法来处理token，这是什么意思呢？

我们来看一下while语句：

```
while (表达式) {
    循环体
}
```

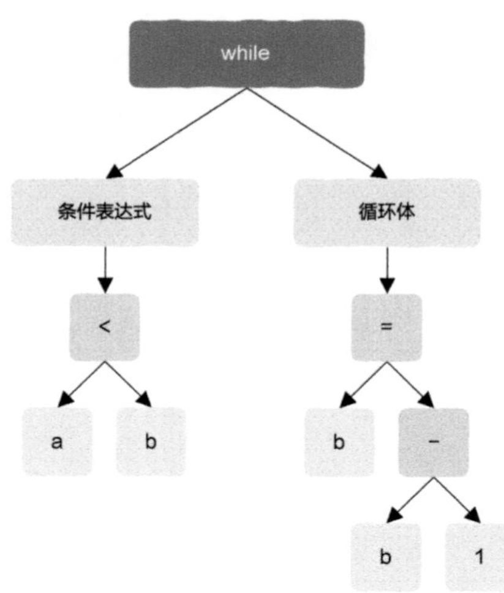

图1.17 解析生成的语法树

这是while的语法，当编译器发现一个是关键词while的token后，它就知道接下来的token必须为左括号，如果不是关键词while的token，那么编译器开始报告语法错误；如果一切顺利，那么编译器知道接下来必须是一个布尔表达式，之后必须是一个右括号及一个大的左括号等，直到找到while语句最后的大右括号为止。

这个过程被称为解析，即parsing，**编译器会根据语法一丝不苟地工作，哪怕差一个字符都不行。**

编译器根据语法解析出来的“结构”该怎么表达呢？用树来表达最合适不过了。

解析生成的语法树如图1.17所示。

图1.17中这棵在扫描token后根据语法生成的树就是1.1节讲解的语法树，这个过程被称为语法分析。

1.2.4 语法树是不是合理的

有了语法树后我们还要检查这棵树是不是合理的，如我们不能把一个整数和一个字符串相加，比较符号左右的类型要一样等。

这一步通过后就证明了程序合理，不会有编译错误，这个过程就叫语义分析，如图1.18所示。

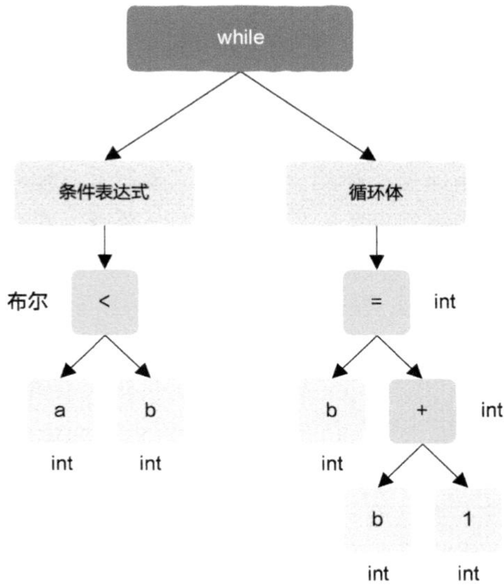

图1.18 语义分析

1.2.5 根据语法树生成中间代码

语义分析之后，编译器遍历语法树并用另一种形式来表示，用什么来表示呢？那就是中间代码（Intermediate Representation code，IR code）。

上述语法树可能就会被处理为这样的中间代码：

```
    a = 1
    b = 2
    goto B
A:  b = b - 1
B:  if a < b goto A
```

当然，在一些情况下还会对上述中间代码进行优化，如循环体中如果存在与循环状态无关的计算，那么这样的操作可以被拿到循环体之外。

1.2.6 代码生成

此后，编译器将上述中间代码转换为汇编指令，这里以x86为例。

```
movl    $0x1,-0x4(%rbp)    // a = 1
```

```
    movl   $0x2,-0x8(%rbp)    // b = 2
    jmp    B                  // 跳转到 B
A:  subl   $0x1,-0x8(%rbp)    // b = b-1
B:  mov    -0x4(%rbp),%eax
    cmp    -0x8(%rbp),%eax    // a < b ?
    jl     A                  // if a < b 跳转到 A
```

最后，编译器将上述汇编指令转换为机器指令，就这样编译器把人类认识的一串被称为代码的字符转换成了CPU可以执行的指令。

注意，这里简短地讲解希望不要给大家留下编译器非常简单的印象，恰恰相反，现代编译器是非常智能并且极其复杂的，绝不是短短一节就能讲清楚的，实现一个编译器是困难的，实现一个好的编译器更是难上加难。

至此，整个编译过程就结束了吗？经过这些步骤就把代码转换成可执行程序了吗？事情没有那么简单。

以GCC编译器为例，假设刚才我们讲解的while代码片段属于源文件code.c，那么经过上述处理后生成的二进制机器指令会被放到一个被称为code.o的文件中，后缀为.o的文件有一个名字——目标文件。

也就是说，每个源文件都会有一个对应的目标文件，假设你的项目比较复杂，有3个源文件，那么经过上述处理后就会有3个目标文件，可是最后我们只会有一个可执行程序，那么显然要有个什么东西把这3个目标文件合并成最终的可执行程序才行。

这个合并目标文件的工作有一个很形象的名字：链接。与负责编译的程序被称为编译器一样，负责链接的程序被称为链接器（Linker）。

链接不像编译那样有名，很多人可能甚至都不知道还会有链接这么一个阶段，通常链接器在背后都能工作得很好，为什么还要了解它呢？

1.3 链接器不能说的秘密

不要重复发明轮子，这一点恐怕每个程序员都知道，其他人写好的程序直接拿过来用就好了，问题是该怎么用呢？如果能提供源代码，那么问题还相对简单，但一般来说，第三方代码基本上是以静态库或动态库形式给出的，你该怎么把这些引入自己的项目中呢？

哦，对了，上面这段话里还出现了两个名字——静态库与动态库。看到这两个词，你的脑海里有两种可能：①有清晰的认知，知道背后的原理；②这只是我认识的6个汉字。如果你脑海里出现的是①，那么直接跳过这一节，不要浪费时间，否则接下来好好看吧！

除了这里提到的问题，学习 C/C++ 的人应该经常遇到这样一个错误："undefined reference to ***"，这类错误你通常能顺利解决吗？

这些问题的背后都指向了同一种东西：链接器。

对链接器的理解将极大地提高你对复杂软件工程的驾驭能力。

1.3.1　链接器是如何工作的

与编译器一样，链接器也是一个普通程序，它负责把编译器产生的一堆目标文件打包成最终的可执行文件，就像压缩程序把一堆文件打包成一个压缩包一样。

假设有源文件fun.c，那么该文件被编译后会生成对应的fun.o，该文件保存的就是代码对应的机器指令，该文件就被称为目标文件（Object File）。我们见到的所有应用程序，小到自己实现的“helloworld”程序，大到复杂的如浏览器、网络服务器等，这些应用程序（Windows下是我们常见的EXE文件，Linux下为ELF文件）都是由链接器通过将一个个所需用到的目标文件汇集起来最终形成的。

现在，你应该对链接器有了一个初步的认知，接下来我们看看链接器是如何工作的。

实际上，我们可以把整个链接过程想象成装订一本书，这本书的内容由多个笔者共同完成，每人负责一部分章节。

（1）书中某个章节可能会引用其他章节的内容，这就好比我们写的程序依赖其他模块的编程接口或者变量，如我们在list.c中实现了一种特定的链表，其他模块需要使用这种链表，这就是模块间的依赖。链接器的任务之一就是要确保这种依赖是成立的，即被依赖的模块中必须有该接口的实现。

用装订书的例子来说，就是被引用的内容必须存在，这样一本书才是完整的，这个过程被称为符号决议（Symbol Resolution），意思是我们引用的外部符号必须能在其他模块中找到唯一对应的实现。

（2）各个笔者在完成自己的内容后需要进行汇总合并，这样才能形成一本完整的书，一本完整的书就好比链接后最终生成的可执行文件。

（3）书中的某个章节在引用其他章节内容时需要指定在第几页，以你正在看的这本书为例，假如笔者想引用CPU这一章的内容，那么笔者可能会这样写：“关于CPU的详细讲解请参见第*N*页”，实际上当笔者在写这一段时并不知道CPU的内容到底会在第几页，原因很简单，因为还没有写到CPU这一章，此时只能暂且用*N*来表示。当书成型时才能最终确定这里的*N*到底是多少，假设CPU的内容在第100页，此时我需要找散落在各个章节中的*N*，把*N*都修改为100，这就是重定位，如图1.19所示。

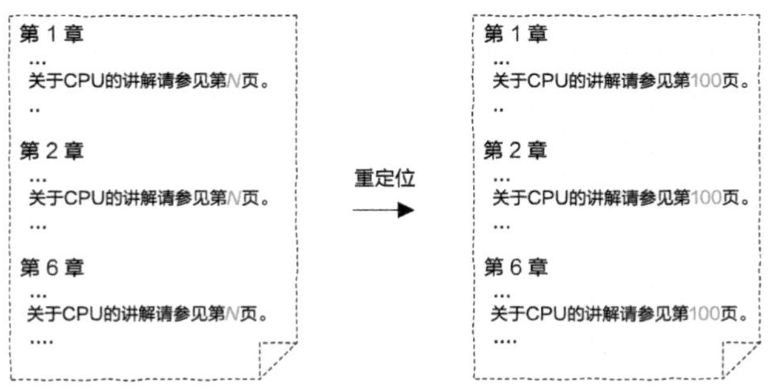

图1.19　重定位

代码中同样存在重定位的问题，假设某个源代码引用了其他模块定义的print()函数，那么编译器在编译该源文件时根本不知道该函数到底会被放到哪个内存地址上，这时编译器也仅仅用“*N*”来代替，当链接器汇总合并生成可执行文件时就能知道该函数的确切地址了，这时再把*N*替换成真正的内存地址。

以上就是链接器工作过程的几个重要阶段：符号决议、生成可执行文件与重定位。接下来我们详细讲解这几个阶段，首先来看符号决议。

1.3.2 符号决议：供给与需求

符号是指什么呢？指的就是变量名，这包括全局变量名和函数名，由于局部变量是模块私有的，不可以被外部模块引用，因此链接器不关心局部变量。

链接器在这一步需要做的工作就是确保所有目标文件引用的外部符号都有定义，该定义必须是唯一的。

接下来，我们来看一段C语言代码，该代码属于fun.c源文件：

```
int g_a = 1;  // 全局变量

extern int g_e; // 外部变量

int func_a(int x, int y); // 引用的函数

int func_b() {  // 实现的函数
    int m = g_a + 2;
      return func_a(m + g_e);
}
```

这段代码里的变量可以分为以下两部分。

- 局部变量：如func_b函数中的变量m，局部变量是函数私有的，外部不可见，你没有办法在代码中引用其他模块的局部变量，因此链接器对此类变量不感兴趣。
- 全局变量：func.c中自己定义了两个全局变量——g_a和func_b，这两个符号均可以被其他模块引用，此外该文件还引用了两个其他模块定义的变量——g_e和func_a。

链接器真正感兴趣的是这里的全局变量，它必须知道这样两个信息：①该文件有两个符号可以供其他模块使用；②该文件引用了两个其他模块定义的符号。

问题是链接器怎么能知道这些信息呢？答案显而易见，是编译器告诉它的，那么编译器又是怎么告诉它的呢？

在1.1节中我们知道，编译器把人类可以理解的代码转换成机器指令，并将其保存在生成的目标文件中，实际上编译器不会只生成机器指令，目标文件中还必须包括指令操作的数据，因此目标文件中有两部分非常重要的内容。

- 指令部分：这里的机器指令就来自源文件中定义的所有函数，该部分以下简称代码区。

- 数据部分：源文件中的全局变量（注意，局部变量是程序运行起来后在栈上维护的，不会出现在目标文件中），该部分以下简称数据区。

到目前为止，你可以把一个目标文件简单地理解为由代码区和数据区组成的，如图1.20所示。

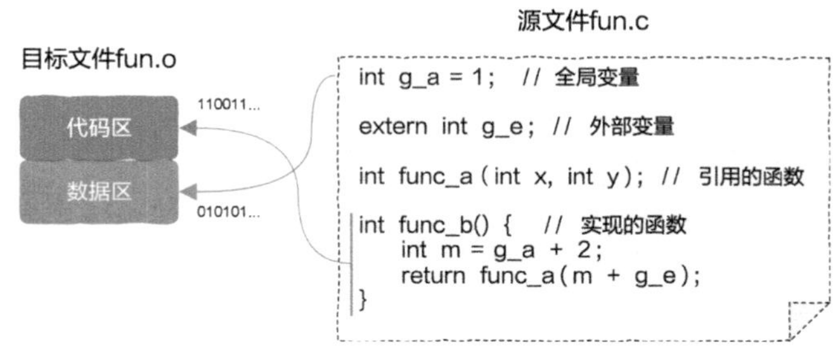

图1.20　源代码生成目标文件

编译器在编译过程中遇到外部定义的全局变量或函数时，只要能找到相应的变量声明即可，至于该变量是不是真的有定义，编译器是不关心的，它会继续愉快地处理下去，寻找所引用变量定义的这项任务就留给了链接器。

虽然编译器给链接器留了一项任务，但为了让链接器工作得轻松一点，编译器还多做了一些工作，那就是把一个源文件可以对外提供哪些符号，以及该文件引用了哪些外部符号都记录了下来，并将该信息存放在了一张表中，这张表就叫符号表。

本质上，整个符号表只想表达两件事，即供给与需求：

- 我定义了哪些符号（可以供其他模块使用的）。
- 我用到了哪些外部符号（自己需要使用的）。

例如，在刚才提到的代码中，该代码定义了g_a和func_b这两个符号，引用了g_e和func_a这两个外部符号。

编译器生成符号表后又将其放到了哪里呢？原来编译器将其放到了目标文件中。目标文件中除了保存代码和数据，还保存了符号表信息，如图1.21所示。

图1.21　符号表保存在目标文件中

而链接器需要处理的正是目标文件，现在你应该知道链接器是怎么知道这些信息的了吧？

有了这些信息，剩下的就简单了，链接器必须确定供给满足需求，你可以把符号决议的过程想象成如下游戏。

新学期开学后，幼儿园的小朋友们都各自带了礼物要与其他小朋友分享，同时每个小朋友也有自己的心愿单，可以依照自己的心愿单去其他小朋友那里挑选礼物，整个过程结束后，每个小朋友都能得到自己想要的礼物。

在这个游戏中，小朋友就好比目标文件，每个小朋友自己带的礼物就好比目标文件中已定义的符号集合，心愿单就好比每个目标文件中引用外部符号的集合，符号决议就是要确保每个目标文件的外部符号都能在符号表中找到唯一的定义。

注意，在实际编写代码时供给可以超过需求，也就是说，我们可以定义一堆不会被用到的函数，但不能出现需求大于供给的情况，否则就会出现符号无引用的错误，就像下面这段代码一样：

```
void func();

void main() {
  func();
}
```

这是一段简单的C代码示例，位于文件main.c中，编译一下看看：

```
# gcc main.c
/tmp/ccPPrzVx.o: In function 'main':
main.c:(.text+0xa): undefined reference to 'func'
collect2: error: ld returned 1 exit status
```

可以看到，在这里没有编译错误，唯一的错误是“undefined reference to 'func'”，func是一个没有被定义的引用符号，这正是链接器在抱怨没有找到函数func的定义。

还是以装订书为例，就好比你写了“以下内容参考func这一章”，但在装订书时发现func这一章根本没有写，显然这本书就是不完整的。

以上就是链接器工作过程中的符号决议阶段。接下来我们看链接器工作过程中的生成可执行文件阶段。

1.3.3 静态库、动态库与可执行文件

假设有这样一个场景，基础架构团队实现了很多功能强大的工具函数，业务团队选取出他们需要的函数用来实现业务逻辑，最开始这两个团队的代码放在一起管理，但随着公司的发展，基础架构团队的代码越来越复杂，导致项目编译时间越来越长，且找到其中某个函数用来实现业务逻辑也越来越困难。

我们是不是可以把基础架构团队的代码单独编译打包，并对外提供一个包含所有实现函数的头文件呢？答案是肯定的。这就是静态库（Static Library），静态库在Windows下是以.lib为后缀的文件，在Linux下是以.a为后缀的文件。

利用静态库，我们可以把一堆源文件提前单独编译链接成静态库，注意是提前且可以单独编译，如图1.22所示。

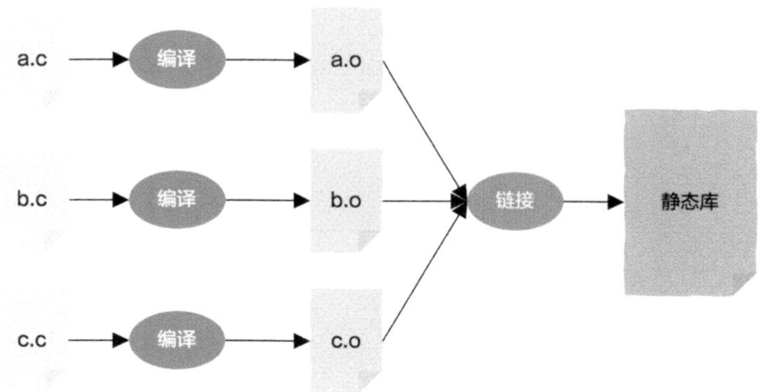

图1.22 生成静态库

在生成可执行文件时只需要编译你自己的代码，并在链接过程中把需要的静态库复制到可执行文件中，这样就不需要编译项目依赖的外部代码了，从而加快项目编译速度，这个过程就是静态链接，如图1.23所示。

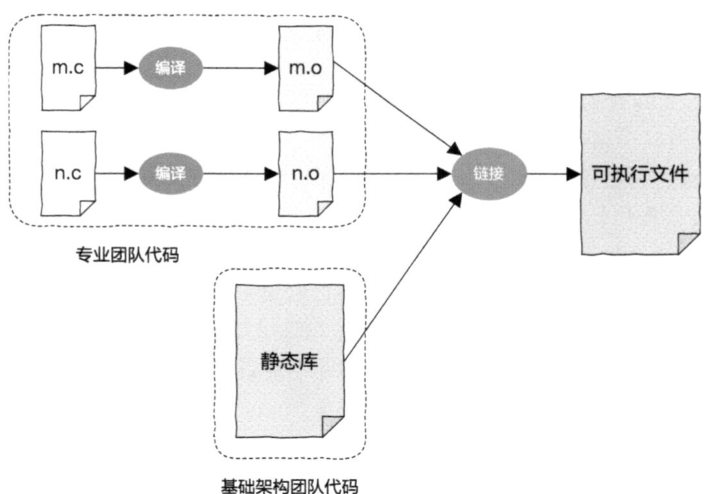

图1.23 静态链接并生成可执行文件

可以简单地将静态链接理解为将目标文件集合进行拼装，并将各个目标文件中的数据区、代码区合并起来，如图1.24所示。

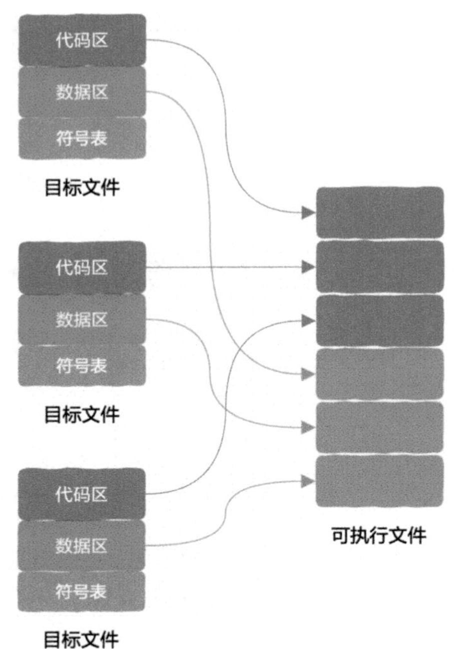

图1.24 合并为可执行文件

从这里你可以看到，可执行文件其实和目标文件是很相似的，都有代码区和数据区，只不过在可执行文件中还有一个特殊的符号_start，CPU正是从这个地址开始执行机器指令的，经过一系列的准备工作后正式从程序的main函数开始运行。

静态链接会将用到的库直接复制到可执行文件中，如果有一种几乎所有的程序都要用到的标准库，如C标准库，那么在静态链接下生成的所有可执行文件中都有一份一样的代码和数据，这将是对硬盘和内存的极大浪费，假设一个静态库为2MB，那么500个可执行文件就有将近1GB的数据是重复的（假设依赖静态库中所有的内容），并且如果静态库有代码改动，那么依赖该静态库的程序将不得不重新编译。

如何解决这个问题呢？答案就是使用动态库。

动态库（Dynamic Library），又叫共享库（Shared Library）、动态链接库等，在Windows下就是我们常见的DLL文件，Windows系统下大量使用了动态库，在Linux下动态库是以.so为后缀的文件，同时以lib为前缀，如进行数字计算的动态库Math，编译链接后产生的动态库就被称为libMath.so。

假如我们有两个源文件，a.c与b.c，希望打包成动态库foo，那么在Linux下可以通过如下命令生成动态库：

```
$ gcc -shared -fPIC -o libfoo.so a.c b.c
```

从名字中我们知道动态库也是库，本质上动态库同样包含我们已经熟悉的代码区、数据区等，只不过动态库的使用方式和使用时间与静态库不太一样。

当使用静态库时，静态库的代码区和数据区都会被直接打包复制（Copy）到可执行文件中，如图1.25所示。

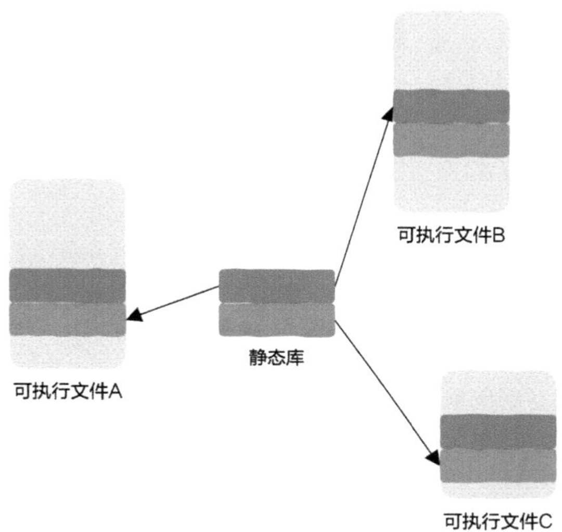

图1.25 静态库与可执行文件

当使用动态库时，可执行文件中仅仅包含关于所引用动态库的一些必要信息，如所引用动态库的名字、符号表及重定位信息等，而不需要像静态库那样将该库的内容复制到可执行文件中，这一点尤其重要，与静态库相比这无疑将减小可执行文件的大小，如图1.26所示。

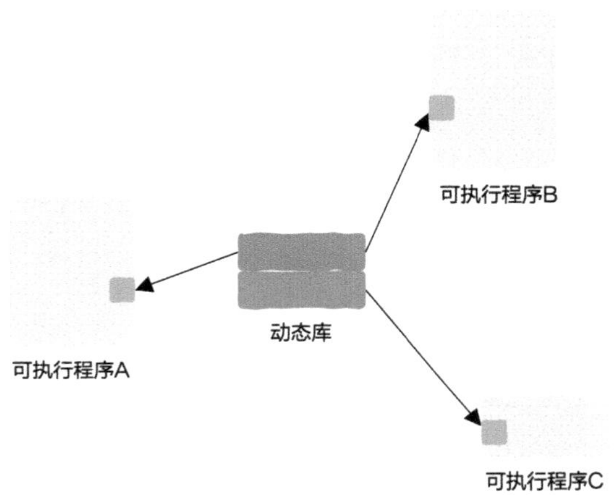

图1.26 动态库与可执行文件

关于所引用的动态库的必要信息被存放到了哪里呢？

答案是显而易见的，这些信息被存放到了可执行文件中，现在可执行文件中的内容就更丰富了，如图1.27所示。

图1.27　可执行文件中包含关于动态库的必要信息

这些信息在什么时候会用到呢？答案是在进行动态链接时。

我们知道静态库在编译期间被打包复制到了可执行文件中，可执行文件中包含了关于静态库的完整内容，但依赖动态库的可执行文件在编译期间仅仅将一些必需的信息保存在了可执行文件中，从而获取动态库的完整内容，也就是动态链接被推迟到了程序运行时。

动态链接有两种可能出现的场景。

第一种场景，在程序加载时进行动态链接，这里的加载指的是可执行文件的加载，其实就是把可执行文件从磁盘搬到内存的过程，因为程序最终都是在内存中被执行的，系统中有一个特定的程序专门负责程序的加载，这个程序被称为加载器。

加载器在加载可执行文件后能够检测到该可执行文件是否依赖动态库，如果是的话，那么加载器会启动另一个程序——动态链接器来完成动态库的链接工作，主要是确定引用的动态库是否存在、在哪里，以及所引用符号的内存位置。如果一切顺利，那么到此时动态链接这一过程完成，应用程序将开始运行，否则程序运行失败，如Windows下比较常见的启动错误问题，就是因为没有找到依赖的动态库，如图1.28所示。

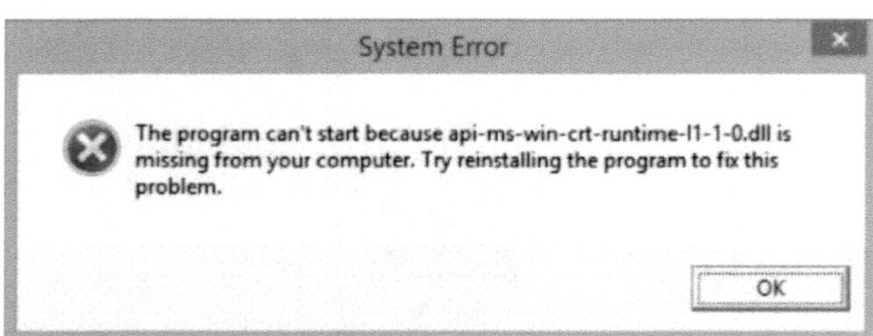

图1.28　缺少必要的动态库，程序无法启动

加载时进行动态链接需要我们把可执行文件依赖哪些动态库这一信息明确地告诉编译器，如我们有一个源文件main.c，依赖了动态库libfoo.so，想生成一个叫作pro的可执行文件，就可以用下面这个命令达到目的（注意，该命令同时包含编译和链接两个

过程）：

```
$ gcc -o pro main.c /path/to/libfoo.so
```

像pro这样生成的可执行文件在加载时就要进行动态链接。

第二种场景，除了在加载期间进行动态链接，我们还可以在程序运行期间进行动态链接。运行时（run-time）指的是从程序开始被CPU执行到程序执行完成退出的这段时间。

运行时动态链接这种方式对于链接这一过程来说更加“动态”，因为可执行文件在启动运行之前甚至都不需要知道依赖哪些动态库，与加载时动态链接相比，运行时动态链接将链接这个过程再次往后推迟，推迟到了程序运行时。

由于在生成可执行文件的过程中没有提供所依赖的动态库信息，因此这项任务就留给了程序员。程序员可以在编写程序时使用特定的API来根据需求动态加载指定动态库，如在Linux下可以通过使用dlopen、dlsym、dlclose这样一组函数在运行时链接动态库。

接下来，我们看一下动态库的优势和劣势。

1.3.4　动态库有哪些优势及劣势

现代计算机系统中有成百上千个用途各异的程序，如在Linux下这些程序几乎都依赖C标准库，如果使用静态库，那么在磁盘上就需要存储成百上千份同样的C标准库代码，这显然在浪费磁盘空间。

动态库很好地解决了上述问题，使用动态库，无论有多少程序依赖它，磁盘中都只需要存储一份该动态库，无论有多少运行起来后的程序依赖它，内存中也只需要加载一份该动态库，所有的程序（进程）共享这一份代码，因此极大地节省了内存和磁盘的存储资源，这也是动态库又叫共享库的原因。

动态库还有另外一个强大之处，那就是如果修改了动态库的代码，我们只需要重新编译动态库即可，而不需要重新编译依赖该动态库的程序，因为可执行文件当中仅仅保留了动态库的必要信息，只需要简单地用新的动态库替换原有动态库即可，下一次程序运行时就可以使用最新的动态库了，因此动态库的这种特性极大地方便了程序升级和bug修复。我们平时使用的各种客户端程序，大都利用了动态库的这一优点。

动态库的优点不止于此，我们知道动态链接可以出现在程序运行时，动态链接的这种特性可以方便地用于扩展程序能力，如何扩展呢？你肯定听说过一样神器，没错，就是插件，你有没有想过插件是怎么实现的？首先我们可以提前规定好几个函数，所有的插件只要实现这几个函数即可，然后这些插件以动态库的形式供主程序调用，只要提供新的动态库，主程序就会有新的能力，这就是插件的一种实现方法。

动态库的强大优势还体现在多语言编程上，我们知道使用Python可以加快项目开发速度，但Python的性能不及原生C/C++程序，有没有办法可以兼具Python的快速开发性能及C/C++的高性能呢？答案是肯定的，我们可以将对性能要求较高的部分用C/C++代码编写，并把这一部分编译链接为动态库，这样项目中的其他部分依然使用Python编程，但在性能要求比较高的关键代码部分可以直接调用动态库中用C/C++编写的函数。动态库使得同一个项目使用不同语言混合编程成为可能，而且动态库的使用更大限度地实现了代码复用。

了解了动态库的这么多优点，难道动态库就没有缺点吗？当然是有的。

由于动态库在程序加载时或运行时才进行链接，同静态链接相比，使用动态链接的程序在性能上要稍弱于静态链接。动态库中的代码是地址无关代码（Position-Idependent Code，PIC），之所以动态库中的代码是地址无关的，是因为动态库在内存中只有一份，但该动态库在内存中又可以被其他依赖此库的进程共享，因此动态库中的代码不能依赖任何绝对地址。绝对地址是一个写定的数值，就像这条调用foo函数的指令：

```
call 0x4004d6 # 调用foo函数
```

函数地址0x4004d6这个值就是绝对值，动态库中显然不能有这样的指令，因为动态库加载到不同的进程后其所在的地址空间是不同的，foo函数在不同的进程地址空间中显然不可能都位于内存地址0x4004d6上。地址无关就是指无论在哪个进程中调用foo函数我们都能找到该函数正确的运行时地址，这种地址无关的设计会导致在引用动态库的变量时会多一点“间接寻址”，但同动态库可以带来的好处相比这点性能损失是值得的。

动态库的优点其实也是它的缺点，即动态链接下的可执行文件不可以被独立运行（这里讨论的是加载时动态链接），换句话说，如果没有提供所依赖的动态库或者所提供的动态库版本与可执行文件所依赖的不兼容，那么程序是无法启动的。动态库的依赖问题会给程序的安装部署带来一些麻烦。

下面让我们再来看一眼C语言中经典的“helloworld”程序：

```
#include <stdio.h>

int main()
{
  printf("hello, world\n");
  return 0;
}
```

不知道你有没有好奇过，printf函数到底是在哪里实现的呢？原来这些函数都是在C标准库中实现的，这些标准库以动态库的形式被链接器自动链接到了最终的可执行文件中，在Linux下你可以使用ldd命令查看可执行文件依赖了哪些动态库，如将上面这个“helloworld”程序编译为可执行程序并命名为“helloworld”后，我们用ldd命令看一下：

```
# ldd helloworld
        linux-vdso.so.1 =>  (0x00007ffee3bae000)
        libc.so.6 => /lib64/libc.so.6 (0x00007fd1562fd000)
        /lib64/ld-linux-x86-64.so.2 (0x00007fd1566cb000)
```

可以看到“helloworld”程序依赖了好几个动态库，其中libc.so就是我们一直在说的C

标准库，现在你应该知道了吧？即使这样一个最简单的程序也离不开动态库的帮助。

以上就是链接器生成可执行文件相关的内容，接下来我们看看链接器的重定位功能。

1.3.5　重定位：确定符号运行时地址

我们知道变量或者函数都是有内存地址的，如果你去看一段汇编代码的话，就会发现指令中根本没有关于变量的任何信息，取而代之的全部是对内存地址的使用，如有一段代码需要调用foo函数，其对应的机器指令可能是这样的：

```
call 0x4004d6
```

这条指令的意思是跳转到内存地址0x4004d6处开始执行，0x4004d6就是foo函数第一条机器指令所在的地址。

显然，链接器在生成可执行指令时必须确定该函数在程序运行时刻的地址，问题是链接器怎么知道要在call这条机器指令后面放一个0x4004d6内存地址呢？

这就要从生成目标文件说起了，编译器在编译生成目标文件时根本不知道foo函数最终会被放在哪个内存地址上，也就是说编译器不能确定call指令后的地址是什么，因此它只能简单地将其写为0，就像这样：

```
call 0x00
```

显然，这是编译器挖的一个坑，需要链接器来填，链接器怎么能知道要去找到这条call指令，并且把其后的地址修正为该函数最终运行时的内存地址呢？为了让链接器日子好过一点儿，编译器在挖坑时还留了一点线索，那就是每当遇到一个不能确定最终运行时的内存地址的变量时就将其记录下来，与指令相关的放到.relo.text中，与数据相关的放到.relo.data中，现在我们的目标文件内容就更丰富了，如图1.29所示。

图1.29　不能确定其运行时内存地址的变量被保存在目标文件中

例如，对于上面调用的 foo 函数，编译器在生成该 call 指令时会在 .relo.text 中记录下这样的信息：“我遇到了一个符号 foo，该符号相对于代码段起始地址的偏移为 60 字节（假设），我不知道它的运行时内存地址，你（链接器）在生成可执行文件时需要去修正这条指令”。

接下来就到了我们之前讲到的符号决议阶段了，链接器在完成符号决议后就能确定不存在链接错误，下一步就可以将所有目标文件中同类型的区合并在一起，如图1.30所示。

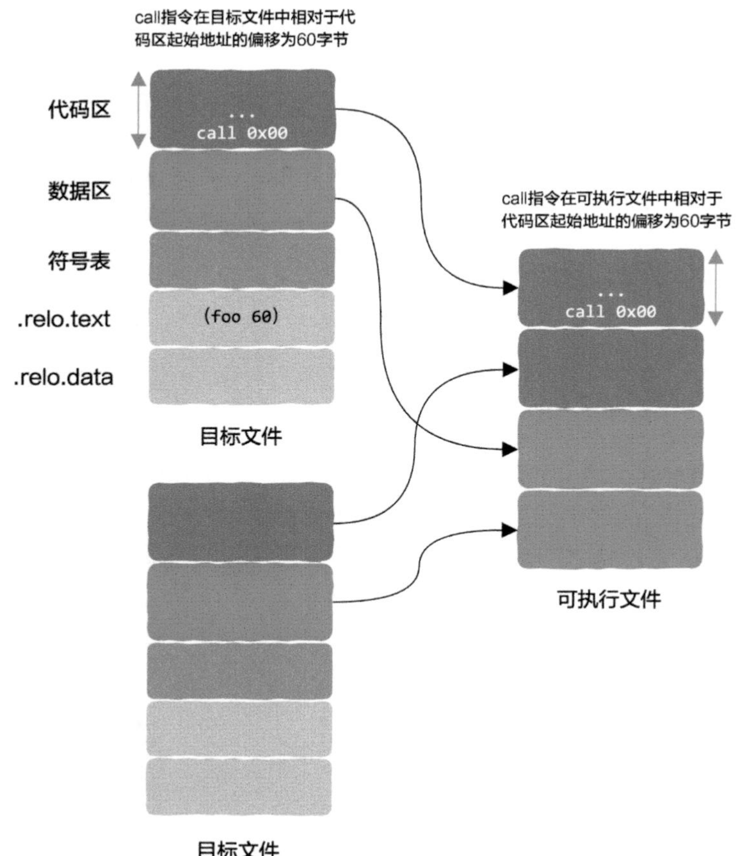

图1.30 可执行文件中的符号地址待确定

当将所有目标文件中同类型的区合并在一起后，所有机器指令和全局变量在程序运行时的内存地址就都可以确定了（后面会讲为什么），也就是说在这一时刻我们就能知道foo函数在运行时的内存地址就是0x4004d6了。

接下来，链接器逐个扫描各个目标文件中的.relo.text段，发现这里有个叫作foo的符号，其所在的机器指令需要修正，并且其相对于代码段的起始地址偏移为60字节，有了这些信息链接器可以在可执行文件中准确地定位到相应的call指令，并将其要跳转的地址从原来的0x00，修正为0x4004d6，如图1.31所示。

这个修正符号内存地址的过程就叫重定位。

你会发现这个过程和之前装订书的例子是非常相似的，只有当书最终成型时才能确定“关于CPU的讲解请参见第*N*页”中的*N*到底是多少，确定*N*后我们再找到所有使用到*N*的地方并将其替换成最终的页数，其本质也是重定位。

细心的你可能会问，为什么链接器可以确定变量或者指令在程序运行起来后的内存地址呢？变量或者指令的内存地址不是只有当程序运行起来后才知道吗？

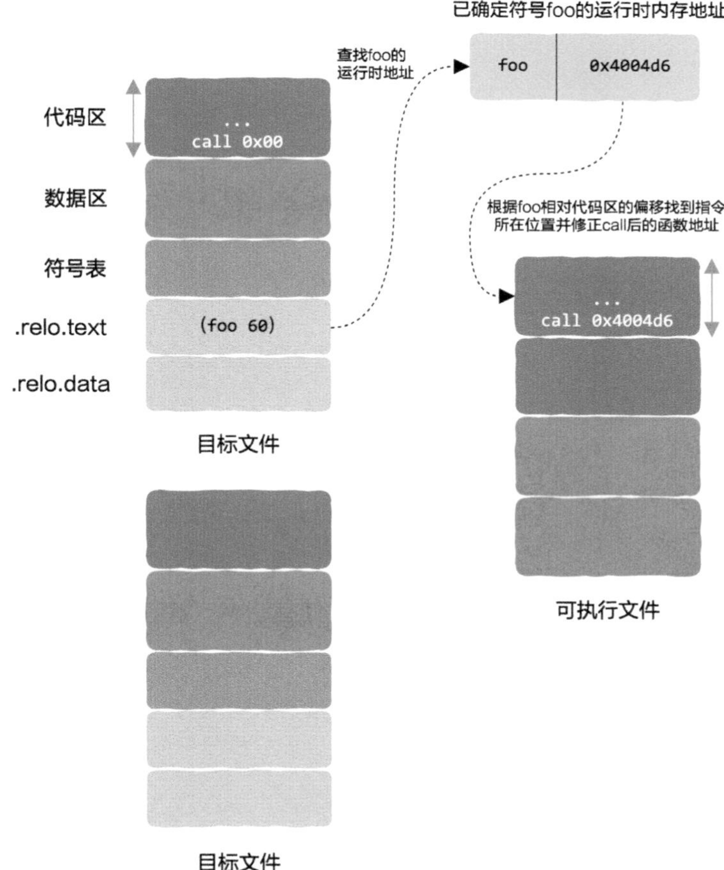

图1.31 重定位

链接器是先知吗？

是的，链接器的确是先知。链接器又是怎么可能提前知道变量的运行时内存地址的呢？

这就要说到当今操作系统中的一项绝妙的设计：虚拟内存。

1.3.6 虚拟内存与程序内存布局

不知道你有没有这样的疑问，在C语言课上经常会出现这样一张图（假设在64位系统下），如图1.32所示。

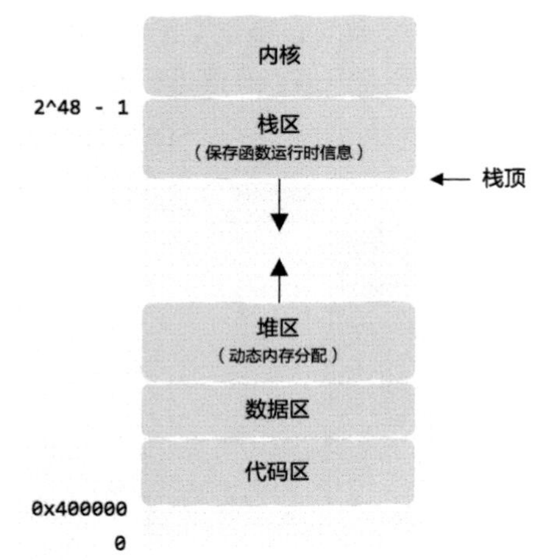

图1.32 程序运行起来后在内存中的样子

从图1.32中可以看出，有堆区、栈区、数据区等，这到底是什么意思呢？

程序运行起来后是进程（关于进程的概念我们将在第2章讲解），图1.32表示的是进程在内存中是什么样子的，栈区在内存的最高地址处，中间有一大段空隙，接着是堆区，malloc就是从这里分配内存的，然后是数据区和代码区，这两部分正是从可执行文件中加载进来的，这些你应该知道。

但真正有趣的是关于代码区的起始位置，每个程序运行起来后代码区都是从内存地址0x400000开始的，这不是很奇怪吗？现在假设有两个程序A和程序B正在运行，那么CPU从0x400000这个内存地址处获取到的机器指令到底是属于程序A还是属于程序B呢？

想一想这个问题。

答案是CPU在执行程序A时，从0x400000内存地址处获取到的指令就属于程序A；当CPU在执行程序B时，从0x400000内存地址获取到的指令就属于程序B，虽然都是从0x400000这个内存地址获取到数据的，但两次获取到的数据是不一样的！是不是很神奇！这究竟是怎么做到的呢？

实现这一神奇效果的就是操作系统中的虚拟内存技术。

虚拟内存就是假的、物理上不存在的内存，虚拟内存让每个程序都有这样一种幻觉，那就是每个程序在运行起来后都认为自己独占内存，如在32位系统下每个程序都认为自己独占2^{32}B也就是4GB内存，而不管真实的物理内存有多大。

因此，图1.32只是一种假象，在真实的物理内存上是不存在的，只存在于逻辑上，就好比你可以简单地认为文件是连续的，但实际上其数据可能散落在磁盘的各个角落。

这就是为什么每个程序都会有一个标准的内存布局，就像我们看到的图1.32那样，程序员编写代码时可以基于这样一个标准的内存布局编写程序，而这也是链接器可以在生成可执行程序时就能确定符号运行时内存地址的原因，因为即使在程序还没有运行起来的情况下，链接器也能知道进程的内存布局，如在64位系统下代码区永远都是从0x400000开始的，栈区永远都位于内存的最高地址。有了这样一个内存布局就可以确定符号的运行时内存地址了，尽管这个地址是假的，但链接器根本不关心指令或者数据在程序运行起来后真正放到物理内存的哪个地址上。

针对标准的、虚拟的内存空间生成运行时内存地址，大大简化了链接器的设计。

但不管怎样，数据和指令毕竟是要存放在真实的物理内存上的，当CPU执行程序A访问0x400000时，到底该从哪个真实的物理内存地址上取出指令呢？

我们知道可执行程序要加载到真实的物理内存上才可以运行，假设该可执行程序的代码区加载到物理内存0x80ef0000处，那么系统中会增加这样一个映射关系（注意，在真实操作系统中不会为每个地址都维护这样一个映射，而是以页为单位来维护映射关系，但这并不影响我们的讨论）：

```
虚拟内存    物理内存
0x400000  0x80ef0000
```

记录这种映射关系的被称为页表，注意每个进程都有单独属于自己的页表，当CPU执行程序A并访问内存地址0x400000时，该地址会在被发送到内存前由专门的硬件根据页表转换为真实的物理内存地址0x80ef0000，如图1.33所示。

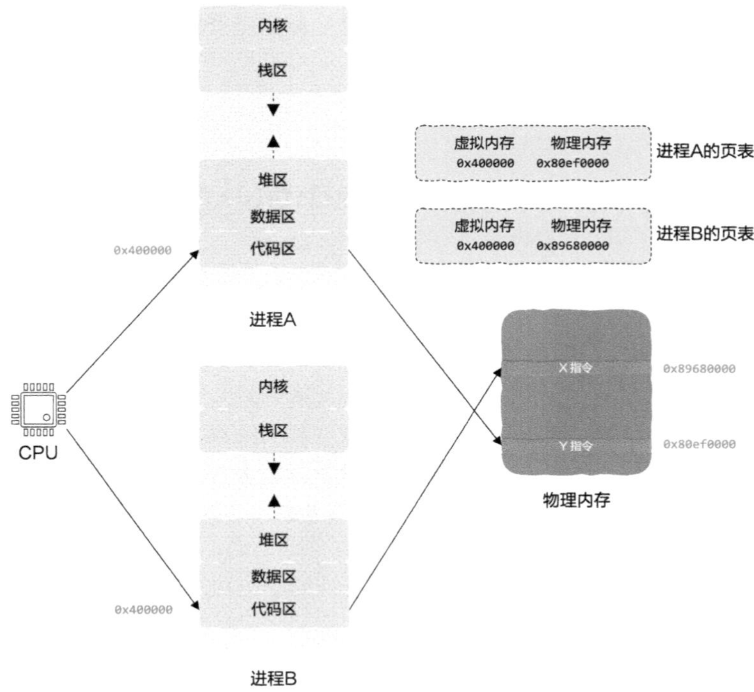

图1.33 程序运行起来后在内存中的样子

从图1.33中可以知道以下几个重要的信息。

（1）每个进程的虚拟内存的确都是标准的，大小都一样，各区域的排放顺序完全一致，只是各进程之间这些区域的大小可能不同。

（2）真实的物理内存大小与虚拟内存大小无关，物理内存中并没有堆区、栈区等，注意，这里不考虑操作系统。

（3）每个进程都有自己的页表，相同的虚拟内存在查询页表后得到不同的物理内存，这就是CPU从同样的虚拟内存地址可以获取到不同内容的根本原因。

以上就是虚拟内存的基本原理，在后续章节中我们还会多次谈到虚拟内存。

好啦！本节关于链接器的内容就是这些，尽管生成可执行程序的链接过程不像编译那样鼎鼎有名，但链接是生成可执行程序时至关重要的一环，同时链接是架设编译时（可执行程序）与运行时（进程）之间关键的桥梁，这里隐藏了关于虚拟内存的秘密，这是现代操作系统中非常重要也很有趣的设计，理解了这一点你才能真正明白程序是怎么跑起来的。

到目前为止，我们知道了编程语言，也知道了从高级编程语言到机器指令一路是怎样转变的，还知道了是编译器和链接器通力合作将程序员认识的代码转变成可以被CPU执行的机器指令。

编译器和链接器在计算机科学中有着基石般的重要作用，使得现代程序员根本不用关心机器指令这类细节就可以高效编程，这就是抽象的威力，可以说抽象是计算机科学中最为重要的思想之一。

接下来，让我们具体了解抽象的作用。

1.4 为什么抽象在计算机科学中如此重要

想象这样一种场景，如果我们的语言中没有代词，那么我们想表达“张三是个好人”该怎么说呢？可能是这样的：

“你还记得我说过的那个人吧，整天穿着格子衫，工作在中关村，家住在西二旗，背着双肩包，是写代码的，天天‘996’，这个人是个好人”，看到了吧，在这种情况下我们想表达一件事是非常困难的，因为我们需要具体地描述清楚所有细节，但是有了“张三”这种抽象后，一切都简单了，我们只需要针对张三这种抽象进行交流，再也不需要针对一堆细节进行交流了，抽象大大增强了表现力，提高了交流效率，屏蔽了细节，这就是抽象的力量。

计算机世界也同样如此。

1.4.1 编程与抽象

程序员也可以从抽象中获得极大的好处，软件是复杂的，但程序员可以通过抽象来控制复杂度，如提倡模块化设计，每个模块抽象出一组简单的API，使用该模块时只需要关注抽象的API而不是一堆内部实现细节。

不同的编程语言提供了不同的机制让程序员实现这种抽象，如面向对象语言（OOP）的一大优势就是让程序员方便进行抽象，像OOP中的多态、抽象类等，有了这些程序员可以只针对抽象而不是具体实现进行编程，这样的程序会有更好的可扩展性，也能更好地应对需求变化。

1.4.2　系统设计与抽象

计算机系统从根本上讲就是在抽象的基础上建立起来的。

对于CPU来说，其本身是由一堆晶体管构成的，但CPU通过指令集的概念对外屏蔽了内部的实现细节，程序员只需要使用指令集中包含的机器指令就可以指挥CPU工作了。在机器指令这一层继续抽象就是我们在1.1节提到的高级编程语言，程序员用高级语言编程时根本不需要关心机器指令这些细节，用高级语言即可“直接”控制CPU，这让编程效率有了质的飞跃。

I/O设备被抽象成了文件，当使用文件时不需要关心文件内容到底是怎样存储的，以及具体存储到哪个磁道的哪个扇区上等。

运行起来的程序被抽象成了进程，程序员在编写程序时可以开心地假设自己的程序独享CPU，这样在即使只有一个CPU的系统中也可以同时运行成百上千个进程。

物理内存和文件被抽象成了虚拟内存，程序员可以开心地假设自己的程序独占内存，还是标准大小的内存，尽管实际的物理内存可能大小不一，虚拟内存也可以让我们像读写内存一样方便地操作文件（mmap机制）。

网络编程被抽象成了socket，程序员根本不需要关心网络数据包到底是怎样被一层层解析的、网卡是怎样收发数据的，等等。

进程与进程依赖的运行环境被抽象成了容器，程序员再也不用担心开发环境与实际部署环境的差异了，程序员最喜欢用的“甩锅”利器——“在我的环境下明明可以运行”正式成为了历史。

CPU与操作系统及应用程序被打包抽象成了虚拟机，程序员再也不用像以前一样买一堆硬件来自己安装操作系统、配置程序，并运行环境维护服务器了，虚拟机可以像一段数据一样极速复制出来，程序员可以单枪匹马运维成千上万台服务器，这在以前是不可想象的，也正是该技术支撑起了当前火热的云计算。

正是抽象让程序员离底层越来越远，越来越不需要关心底层细节，编程的门槛也越来越低，一个没有任何计算机基础的人员，简单学习几天也可以写出像模像样的程序，这就是抽象的威力。

但程序员真的不需要关心底层了吗?

每一层抽象本质上也像一个乐园，你可以很舒适地待在这里享受编程的乐趣，但如果你想跨越抽象层级甚至想创建自己的乐园，那么你势必要理解底层，对底层的透彻理解是高阶程序员的标志之一。

到目前为止，我们已经知道了编程语言与可执行程序的秘密，在本次旅行的第二站，我们将继续领略底层的魅力，看看程序在运行起来后还有哪些壮丽的风景在前方等着我们。

1.5 总结

程序员写出来的代码无非就是一堆字符串，和你在文本文件中看到的一段话没什么不同，只不过文本文件中的内容你能看懂，因为这些内容遵循一定的语法，如主、谓、宾等。

相似地，代码也要遵循编程语言的语法，只不过CPU不能直接理解if else等，CPU能执行的只有机器指令，这时编译器充当了翻译的角色，按照编程语言的语法来解析代码并最终生成机器指令。编译器屏蔽了CPU细节，使得程序员在对机器指令一无所知的情况下也可以编程，这就是抽象的威力（在第4章我们还会回到CPU）。最后链接器充当打包的角色，把所有代码、数据和依赖的库聚合起来生成可执行程序。

现在，可执行程序已经有了，那么程序运行起来后还有哪些有趣的故事呢？

第2章

程序运行起来了，可我对其一无所知

代码，从人类认识的字符串到CPU可以执行的机器指令，这一路的转变非常精彩，程序运行起来后的故事也不遑多让。

现在，让我们把视线从静态的代码转移到程序的动态运行，这里存在一些让人疑惑的问题，程序是怎样运行起来的？程序运行起来后到底是什么呢？为什么需要操作系统这样一种东西？进程、线程及近几年出现的协程到底是怎么一回事？回调函数、同步、异步、阻塞与非阻塞到底是什么意思？程序员为什么要理解这些概念？这些概念能赋予程序员什么能力？我们该怎样利用这些概念充分压榨机器性能？

这些程序在运行时的秘密就是我们本次旅行第二站的主题。

2.1 从根源上理解操作系统、进程与线程

让我们从根源上来了解为什么计算机系统是现在这个样子的。

2.1.1 一切要从CPU说起

你可能会有疑问，为什么要从CPU说起呢？原因很简单，**在这里没有那些让人头昏脑涨的概念，一切都是那么朴素，你可以更加清晰地看到问题的本质。**

CPU并不知道线程、进程、操作系统之类的概念。

CPU只知道两件事：

（1）从内存中取出指令。

（2）先执行指令，再回到（1）。

CPU取出指令并执行指令的过程如图2.1所示。

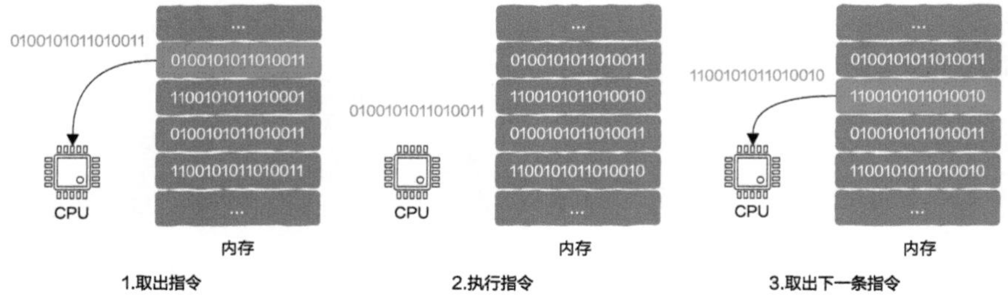

图2.1 CPU取出指令并执行指令的过程

你看，在这里CPU确实不知道什么是进程、线程之类的。

CPU根据什么从内存中取出指令呢？答案是来自一个被称为Program Counter（简称PC）的寄存器，也就是我们熟知的程序计数器，在这里不要把寄存器想得太神秘，你可以简单地把寄存器理解为内存，只不过容量很小但存取速度更快而已。

PC寄存器中存放的是什么呢？这里存放的是指令在内存中的地址，是什么指令呢？是CPU将要执行的下一条指令，如图2.2所示。

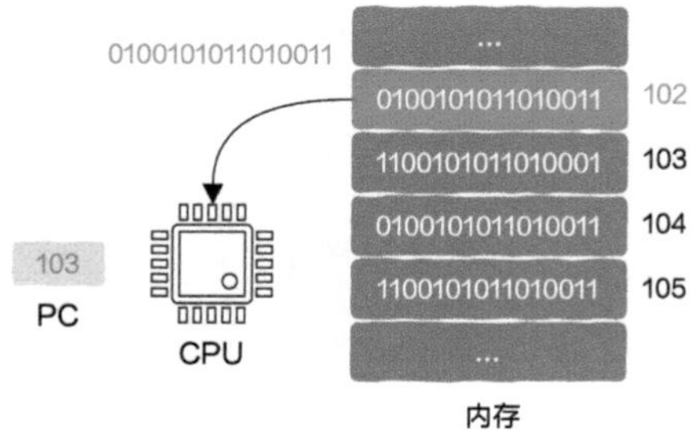

图2.2 PC寄存器存放下一条被执行指令的地址

是谁设置的PC寄存器中的指令地址呢？

原来PC寄存器中的地址默认自动加1，这当然是有道理的，因为大部分情况下CPU都在一条接一条地按照地址递增的顺序执行指令，但当遇到if else时或者函数调用等时，这种顺序执行就被打破了，CPU在执行这类指令时会根据计算结果或者指令中指定要跳转的地址来动态改变PC寄存器中的值，这样CPU就可以正确跳转到需要执行的指令了。

你一定会问，PC寄存器中的初始值是怎么被设置的呢？

在回答这个问题之前我们需要知道CPU执行的指令来自哪里。答案是来自内存，内存中的指令是从磁盘中保存的可执行文件里加载过来的，磁盘中可执行文件是由编译器生成的，编译器又是从哪里生成的机器指令呢？答案就是程序写的代码，这个过程在第1章已经详细讲解过了，如图2.3所示。

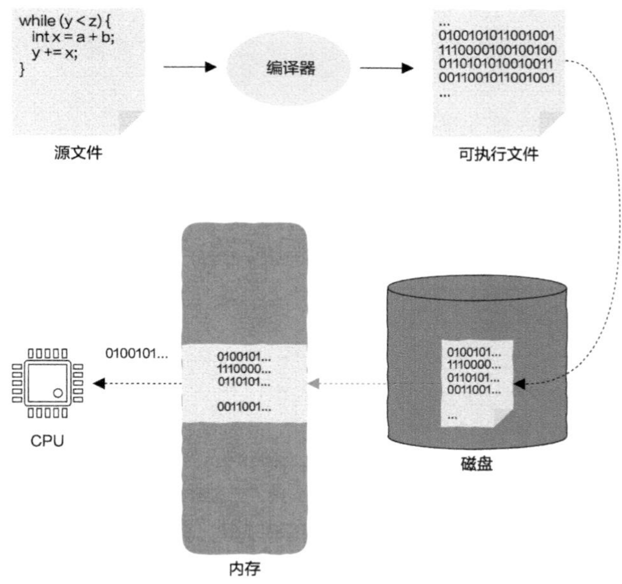

图2.3 从源文件到进程

我们写的程序必定有个开始，没错，这就是main函数，程序启动时会先找到main函数对应的第一条机器指令，然后将其地址写入PC寄存器，这样我们的程序就跑起来啦（当然，真实情况会更复杂一些，在真正执行main函数前会有一定的初始化工作，如初始化一部分寄存器等）！

2.1.2 从CPU到操作系统

现在我们知道，如果想让CPU执行程序，那么可以先手动把可执行文件复制到内存，然后找到main函数对应的第一条机器指令，并将其地址装入PC寄存器就可以了，这样即使没有操作系统，我们也可以让CPU执行程序，虽然可行但这是一个非常烦琐的过程，我们需要：

- 在内存中找到一块大小合适的区域装入程序。
- CPU寄存器初始化后，找到函数入口，设置PC寄存器。

此外，这种纯手工运行程序的方法还有很多弊端：

（1）一次只能运行一个程序，像你那样一边听音乐一边写代码是做不到的，这种纯手工维护的系统无法支持多任务，即Multi-tasking，要么只能写代码，要么只能听音乐。想充分利用多核吗？对不起，做不到。

（2）每个程序都需要针对使用的硬件链接特定的驱动，否则你的程序根本没办法使用外部设备。程序用到了声卡，就要链接声卡驱动。程序用到了网卡，就要链接网卡驱动。哦！对了，想要进行网络通信你还得链接上一套TCP/IP协议栈源码。

（3）想使用print函数打印helloworld吗？不好意思，你可能得自己实现print函数，现代操作系统提供了很多有用的库，如果没有这些库那么喜欢重复造轮子的程序员可能会很高兴。

（4）想要一套漂亮的交互界面，这个……自己实现一个吧！

实际上，这就是二十世纪五六十年代的编程方式，用现代的话说就是用户体验非常糟糕。

为什么每次运行程序时都要自己手动把可执行文件复制到内存呢？不能写个程序代替我们来完成这种无聊且重复的事情吗？要知道计算机非常擅长此类工作。

说动手就动手，你写了一个程序并将其命名为加载器（Loader），运行加载器就可以把程序加载到内存。运行起来以后呢？还是一次只能运行一个程序吗？如果你想在即使只用一个CPU的单核机器上也能一边浏览网页一边写代码，那么该怎么办呢？你是不是要对运行起来的程序进行一些“管理”？

CPU一次只能做一件事，要么执行程序A的机器指令，要么执行程序B的机器指令，怎样让程序A和程序B看起来在同时运行呢？很简单，CPU可以先执行一会儿程序A，然后暂停程序A转而去执行程序B，执行一会儿后暂停程序B再回过头来执行程序A，只要CPU切换的频率足够快，那么程序A和程序B看起来就是在“同时运行”，如图2.4所示。

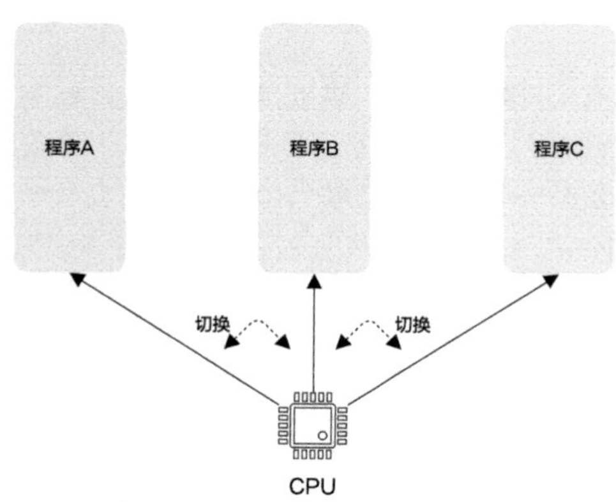

图2.4 CPU快速地在多个程序之间切换

至此，多任务的思想在你脑海中基本成型，看上去不错，可是该怎么实现呢？

这里最关键的地方就在于该怎样暂停一个程序运行，再恢复它的运行，就好比速冻一条鱼，在解冻后这条鱼还可以继续活蹦乱跳地游来游去，这个类比不错，但对你解决问题帮助不大，你的思绪继续游离，想到了篮球比赛。

篮球比赛也可以暂停，暂停时大家记住各自的位置、球在谁手里、比赛还剩下多少时间，比赛暂停结束后大家回到各自的位置、重新发球、继续倒计时。你发现篮球比赛能暂停也能恢复的关键在于保存了比赛暂停时的状态，利用该状态我们就可以恢复比赛，啊哈！这种机制正是我们需要的。

这里的状态也可以叫作上下文（Context）。

程序的运行和篮球比赛一样也有自己的状态，如CPU执行到了哪一条机器指令及当前CPU内部其他寄存器的值等，只要这些信息能保存下来，我们一样可以先暂停程序的运行，然后利用保存的上下文信息来恢复程序的运行，就像解冻那条鱼一样，有了这些思考后你发现自己可以开始写代码了，你定义了这样一个结构体用来保存或者恢复程序的运行状态：

```
struct *** {
  context ctx; // 保存CPU的上下文信息
  ...
};
```

显然，每个运行的程序都需要有这样一个结构体来记录必要的信息，这个结构体总要有个名字，根据“弄不懂”原则，起了一个听上去比较神秘的词——进程（Process）。

进程就这样诞生了，程序运行起来后就以进程的形式被管理起来。

利用进程，你可以随意暂停或恢复任何一个进程的运行，只要CPU在各个进程之间切换的速度足够快，即使在只有一个CPU的系统中也能同时运行成百上千个进程，至少看起来是在同时运行的。

至此，你基本实现了一个最简单却能正常工作的多任务功能。

现在你发现几乎每个人都需要用到你实现的这些非常棒的功能，这些功能包括自动加载程序的加载器，以及实现多任务功能的进程管理程序等，这些实现各种基础性功能的程序集合也要有个名字，根据“弄不懂”原则，这个“简单”的程序就叫操作系统（Operating System）吧！

操作系统也诞生了，程序员再也不用手动加载可执行文件，也不用手动维护程序的运行了，一切都交给操作系统即可。

我们常说代码复用，一提到复用很多人都能想到库、框架、函数等，但在笔者看来，操作系统才是代码复用最贴切的案例，现代操作系统让你几乎免除了一切后顾之忧，你可以简单地认为程序一直在独占CPU、独占一个标准大小的内存，不管系统中到底有多少其他正在运行的进程、有多少个CPU，也不用关心真实的物理内存容量有多大。

这一切操作系统都帮你在背后搞定了。

高级编程语言、编译器、链接器再加上操作系统这一整套堪称基石的软件彻底释放了程序员的生产力。

现在，进程和操作系统都有了，看上去一切都很完美。

2.1.3 进程很好，但还不够方便

假设我们有这样一段简单的代码：

```
int main() {
    int resA = funcA();
    int resB = funcB();

    print(resA + resB);

    return 0;
}
```

该程序运行起来后，在内存中对应的进程，如图2.5所示。

我们之前提到过，操作系统中的虚拟内存可以让每个进程看起来在独占一个标准的内存，如图2.5所示。我们把图2.5称为进程的地址空间，注意，它非常重要，后续我们会经常提到地址空间一词，进程的地址空间从下往上依次如下：

- 代码区：保存的是代码编译后形成的机器指令。
- 数据区：保存的是全局变量等。
- 堆区：malloc给我们返回的内存就是在这里分配的。
- 栈区：函数的运行时栈。

其中，数据区和代码区在第1章已经讲解过了，关于堆区和栈区在第3章会有详细讲解，此时图2.5中只有一个执行流，让我们再看一下代码逻辑。

这段代码非常简单，先调用funcA函数获取一个结果，然后调用funcB函数获取一个结果，再对这两个结果进行加和，如图2.6所示。

很简单有没有？但此时你发现了一个问题，其实funcB函数的计算并不依赖funcA函数，也就是说这两个函数是独立的，从上述代码中看funcB函数不得不等待funcA函数执行完成后才能开始运行，假设这两个函数的运行时间分别需要3分钟和4分钟，那么这段代码运行完成总共需要7分钟，可这两个函数明明是相互独立的，我们有办法加速程序的运行吗？

有的人说这还不简单，不是有进程了吗？先创建进程A和进程B分别计算funcA和funcB，再把进程B的结果传递给进程A进行加和。这是可行的，但显然将进程B的结果传递给进程A涉及进程间通信问题。多进程编程与进程间通信如图2.7所示。

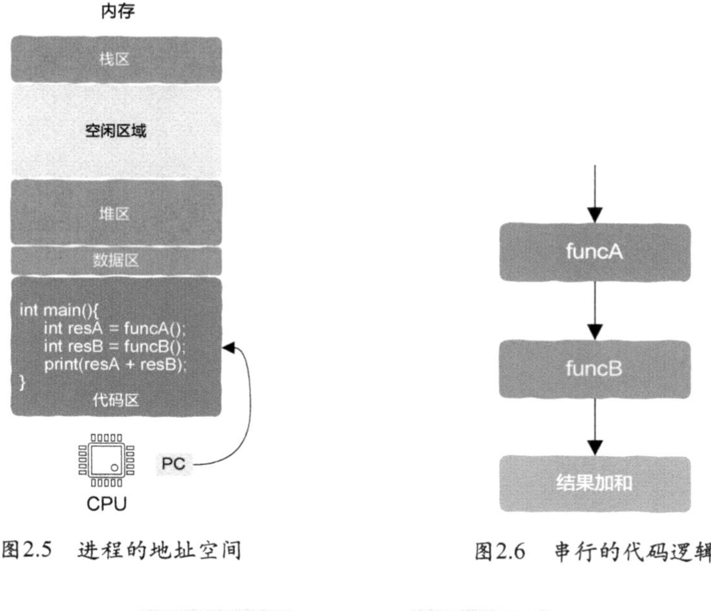

图2.5　进程的地址空间

图2.6　串行的代码逻辑

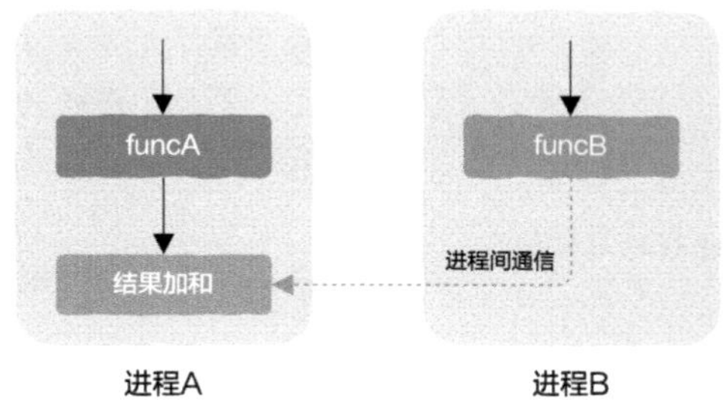

图2.7　多进程编程与进程间通信

这就是多进程编程，但多进程编程有自己的缺点：

（1）进程创建开销比较大。

（2）由于进程都有自己的地址空间，进程间通信在编程上较为复杂。

有什么更好的办法吗?

2.1.4　从进程演变到线程

你仔细想了想，在进程的地址空间中保存了CPU执行的机器指令及函数运行时的堆栈信息，要想让进程运行起来，就需要把main函数的第一条机器指令地址写入PC寄存器，从而形成一个指令的执行流。

进程的缺点在于只有一个入口函数，也就是main函数，因此进程中的机器指令一次只能被一个CPU执行，有没有办法让多个CPU来执行同一个进程中的机器指令呢?

聪明的你应该能想到，如果可以把main函数的第一条指令地址写入PC寄存器，那么其他函数和main函数又有什么区别呢？

答案是没什么区别。main函数的特殊之处无非就在于它是程序启动后CPU执行的第一个函数，除此之外再无特殊之处。可以把PC寄存器指向main函数，也可以把PC寄存器指向任何一个函数从而创建一个新的执行流。

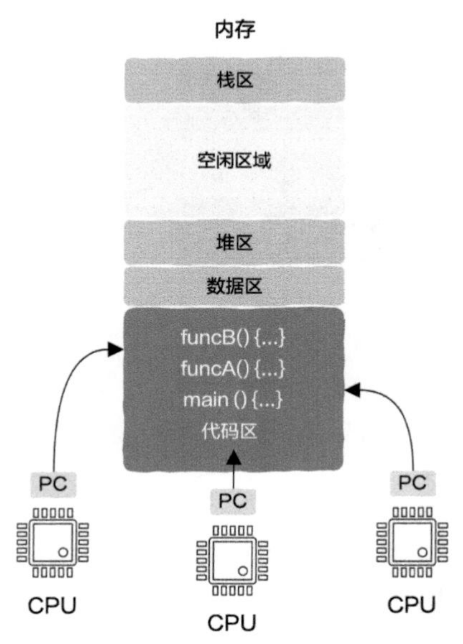

图2.8 多个执行流共享进程地址空间

最重要的是，这些执行流共享同一个进程地址空间，因此再也不需要进程间通信了，如图2.8所示。

至此，我们解放了思想，一个进程内可以有多个入口函数，也就是说属于同一个进程中的机器指令可以被多个CPU同时执行。

注意，这是一个与进程不同的概念，创建进程时我们需要在内存中找到一块合适的区域以装入可执行文件，然后把CPU的PC寄存器指向main函数，也就是说进程中只有一个执行流。

现在不一样了，多个CPU可以在同一个屋檐下（共享进程地址空间）同时执行属于同一个进程的指令，即一个进程内可以有多个执行流。

执行流这个词好像有点太容易被理解了，再次根据“弄不懂”原则，又起了一个不容易弄懂的名字——线程（Thread）。

这就是线程的由来。

现在有了线程，我们可以改进代码了：

```
int resA;
int resB;

void funcA() {
    resA = 1;
}
void funcB() {
    resB = 2;
}

int main() {
    thread ta(funcA);
    thread tb(funcB);
    ta.join();
    tb.join();

    print(resA + resB);
```

```
    return 0;
}
```

在这里我们创建了两个线程，首先分别运行funcA和funcB，然后将结果保存在全局变量resA和resB中，最后加和，这样funcA和funcB可以同时在两个线程中运行。依然假设两个函数的运行时间分别需要3分钟与4分钟，理想情况下假设这两个线程分别在两个CPU核心（多核系统）上同时运行，那么整个程序的运行时间取决于耗时较长的那个，即总共需要4分钟。

注意，在加和时我们就不需要进行进程间通信了，甚至多线程之间根本没有“通信”，因为变量resA和resB属于同一个进程的地址空间，不再像多进程编程那样属于两个不同的地址空间。在这种情况下，同一个进程内部的任何一个线程都可以直接使用这些变量，这就是线程共享所属进程地址空间的含义所在，而这也是线程要比进程更轻量、创建速度更快的原因，因此线程也有一个别名：轻量级进程。线程共享进程地址空间如图2.9所示。

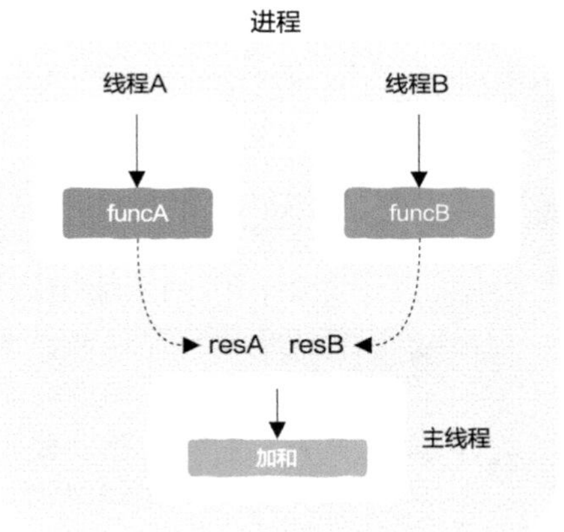

图2.9 线程共享进程地址空间

有了线程这个概念后，我们只需要开启一个进程并创建多个线程就可以让所有CPU都忙起来，充分利用多核，这就是高性能、高并发的根本所在。

当然，不是说一定要有多核才能使用多线程，在单核的情况下一样可以创建出多个线程，原因在于线程是操作系统层面的实现，和有多少个核心是没有关系的。CPU在执行机器指令时也意识不到执行的机器指令属于哪个线程，除了充分利用多核，线程也有其他用处，如在GUI编程时为防止处理某个事件需要的时间过长而界面失去响应，我们可以创建线程来处理该事件等。

由于各个线程共享进程的内存地址空间，因此线程之间的“通信”自然不需要借助操作系统，这给程序员带来极大方便，同时带来了无尽的麻烦。尤其在多线程访问共享资源时，出错的根源在于CPU执行指令时根本没有线程的概念，程序员必须通过互斥及同步机制等显式地解决多线程共享资源问题，后续两节我们会重点关注这一问题。

2.1.5 多线程与内存布局

现在我们知道了线程和CPU的关联，也就是把CPU的PC寄存器指向线程的入口函数，这样线程就可以运行起来了。这就是我们在创建线程时必须指定一个入口函数的原因，那么线程和内存又有什么关联呢？

函数在被执行时依赖的信息包括函数参数、局部变量、返回地址等信息，这些信息被保存在相应的栈帧中，每个函数在运行时都有属于自己的运行时栈帧。随着函数的调用，以及返回这些栈帧按照先进后出的顺序增长或减少，栈帧的增长或减少形成进程地址空间中的栈区，我们在第3章还会回到这一问题。

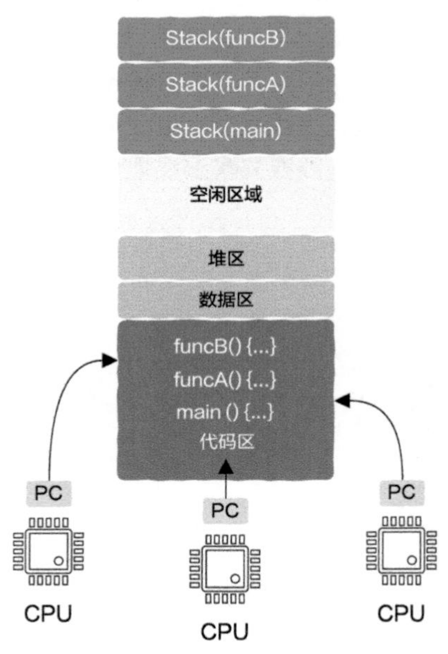

图2.10　加入线程后进程的地址空间

在线程这个概念还没有出现时，进程中只有一个执行流，因此只有一个栈区，那么在有了线程以后呢？

有了线程以后一个进程中就存在多个执行入口，即同时存在多个执行流，只有一个执行流的进程需要一个栈区来保存运行时信息。显然，有多个执行流时就需要有多个栈区来保存各个执行流的运行时信息，也就是说要为每个线程在进程的地址空间中分配一个栈区，即每个线程都有只属于自己的栈区，能意识到这一点是极其关键的，加入线程后进程的地址空间如图2.10所示。

同时，我们可以看到，创建线程是要消耗进程内存空间的，这一点也值得注意。

2.1.6 线程的使用场景

现在有了线程的概念，那么我们该如何使用线程呢？

从生命周期的角度来讲，线程要处理的任务有两类：长任务和短任务。我们首先来看长任务。

顾名思义，长任务就是任务存活的时间很长，以Word为例，我们在Word中编辑的文字需要保存在磁盘上，往磁盘上写数据就是一个任务，这时一个比较好的方法就是专门创建一个写磁盘的线程。该线程的生命周期和Word进程的生命周期是一样的，只要打开Word就要创建出该线程，当用户关闭Word时该线程才会被销毁，这就是长任务。

这种场景非常适合创建专用的线程来处理某些特定任务，这种情况比较简单。

有长任务，相应地就有短任务。

短任务这个概念也很简单，那就是任务的处理时间很短，如一次网络请求、一次数据库查询等，这种任务可以在短时间内快速处理完成。因此，短任务多见于各种服务器，如Web服务器、数据库服务器、文件服务器、邮件服务器等，这也是互联网行业最常见的场景，这是我们要重点讨论的。

这种场景有两个特点：一个是任务处理所需时间短；另一个是任务数量巨大。

如果让你来处理这种类型的任务，那么该怎么实现呢？

你可能会想，这很简单，当服务器接收到一个请求后就创建一个线程来处理任务，处理完成后销毁该线程即可。

这种方法通常被称为thread-per-request，也就是说来一个请求就创建一个线程，如果是长任务，那么这种方法可以工作得很好，但是对于大量的短任务来说，这种方法虽然实现简单但是有这样几个缺点：

（1）线程的创建和销毁是需要消耗时间的。

（2）每个线程需要有自己独立的栈区，因此当创建大量线程时会消耗过多的内存等系统资源。

（3）大量线程会使线程间切换的开销增加。

这就好比你是一个工厂老板，手里有很多订单，每来一批订单就要招一批工人，生产的产品非常简单，工人们很快就能处理完。处理完这批订单后就把这些千辛万苦招过来的工人辞退，当有新的订单时你再千辛万苦地招一批工人。干活5分钟招人10小时，因此一个更好的策略就是招一批人后不要轻易辞退，有订单时处理订单，没有订单时大家可以闲待着。

这就是线程池的由来。

2.1.7　线程池是如何工作的

线程池的概念非常简单，无非就是创建一批线程，有任务就提交给这些线程处理，因此不需要频繁地创建、销毁，同时由于线程池中的线程个数通常是受控的，也不会消耗过多的内存，因此这里的思想就是复用。

现在线程创建出来了，但这些任务该怎样提交给线程池中的线程呢？

显然，数据结构中的队列适合这种场景，提交任务的就是生产者，处理任务的线程就是消费者，实际上这就是经典的生产者-消费者问题，如图2.11所示。

我们来看看提交给线程池的任务是什么样子的。

本质上，提交给线程池的任务包含两部分：①需要被处理的数据；②处理数据的函数，可以这样定义：

```
struct task {
    void* data;     // 任务所携带的数据
    handler handle; // 处理数据的方法
}
```

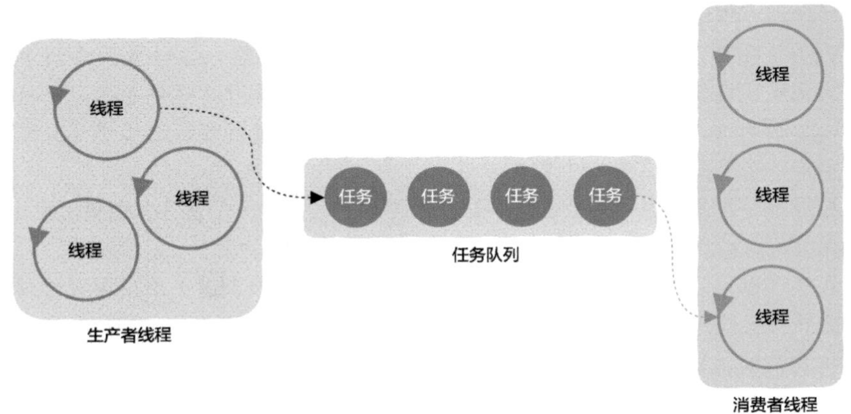

图2.11 生产者线程与消费者线程

线程池中的线程会阻塞在任务队列上等待，当生产者向任务队列中写入数据后，线程池中的某个线程会被唤醒，该线程从任务队列中取出上述结构体并执行该结构体中handle指向的处理函数：

```
while(true) {
  struct task = GetFromQueue(); // 从队列中取出数据
  task->handle(task->data);     // 处理数据
}
```

以上就是线程池核心的部分，几乎所有线程池都遵循相同的套路。当然，由于这里的队列是多线程之间的共享资源，因此必须解决同步互斥问题。

理解了这些以后，你就能明白线程池是如何工作的了。

2.1.8 线程池中线程的数量

现在线程池有了，那么线程池中线程的数量该是多少呢?

要知道线程池中的线程过少就不能充分利用CPU，创建过多的线程反而会造成系统性能下降、内存占用过多、线程切换造成的性能开销等问题，因此线程的数量既不能太多也不能太少，那到底该是多少呢?

要回答这个问题，你需要知道线程池处理的任务有哪几类，有的读者可能会说你不是说有两类吗？长任务和短任务，这个是从生命周期的角度来看的。从处理任务所需要的资源角度来看也有两种类型：CPU密集型和I/O密集型。

CPU密集型是在处理任务时不需要依赖外部I/O，如科学计算、矩阵运算等，在这种情况下，只要线程的数量和核数基本相同就可以充分利用CPU资源。

I/O密集型是其计算部分所占用时间可能不多，大部分时间都用在了如磁盘I/O、网络I/O等上面，这种情况下就稍复杂一些，你需要利用性能测试工具评估出用在I/O

等待上的时间，这里记为WT（Wait Time），以及CPU计算所需要的时间，这里记为CT（Computing Time）。对于一个N核的系统，合适的线程数大概是$N \times (1+WT/CT)$，假设WT和CT相同，那么你大概需要$2N$个线程才能充分利用CPU资源。注意，这只是一个理论值，而且通常来说评估消耗在I/O上的时间也不是一件容易的事情，因此这里更推荐根据真实的场景进行测试，从而评估出线程数。

从这里可以看到，评估线程数并没有万能公式，要具体情况具体分析。

本节我们从底层到上层、从硬件到软件讲解了操作系统、进程、线程这几个非常重要的概念。注意，这里通篇没有出现任何特定的编程语言，线程不是编程语言层面的概念（这里不考虑用户态线程），但是当你真正理解了线程后，相信你可以在任何一门编程语言下用好它。

对程序员来说，线程是一个极其重要的概念，后续两节将继续围绕线程进行介绍。接下来我们了解线程间会共享哪些进程资源，这是解决线程安全问题的关键。

2.2　线程间到底共享了哪些进程资源

进程和线程这两个话题是程序员绕不开的，操作系统提供的这两个抽象概念实在是太重要了！关于进程和线程有一个极其经典的问题——进程和线程的区别是什么？

有的读者可能已经“背得”滚瓜烂熟了：“进程是操作系统分配资源的单位，线程是调度的基本单位，线程之间共享进程资源。”

可是你真的理解上面这句话吗？到底线程之间共享了哪些进程资源？共享资源意味着什么？共享资源这种机制是如何实现的？如果你对此没有答案，那么这意味着你几乎很难写出能正确工作的多线程程序，也意味着这一节是为你准备的。

实际上，对于这个问题你可以反过来想：哪些资源是线程私有的？

2.2.1　线程私有资源

从动态的角度来看，线程其实就是函数的执行，函数的执行总会有一个源头，这个源头就是入口函数。CPU从入口函数开始执行从而形成一个执行流，只不过人为地给这个执行流起了一个名字：线程。这些在2.1节已经讲过了。

既然线程从动态的角度来看是函数的执行，那么函数执行都有哪些信息呢？

函数的运行时信息保存在栈帧中，栈帧组成了栈区，栈帧中保存了函数的返回值、调用其他函数的参数、该函数使用的局部变量及该函数使用的寄存器信息，如图2.12所示。其中假设函数A调用函数B，关于栈帧的详解请参见第3章。

CPU从一个入口函数执行指令形成的执行流——线程，会有只属于自己的栈区，多个线程就会有多个栈区，如图2.13所示。

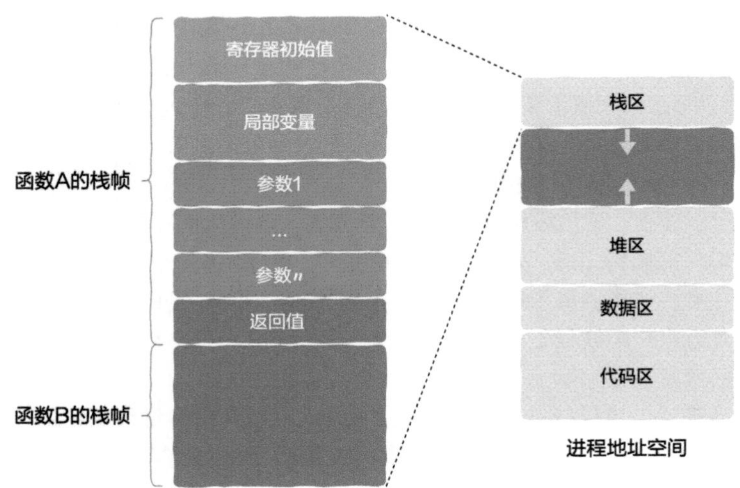

图2.12　栈帧与进程地址空间

此外，CPU执行机器指令时其内部寄存器的值也属于当前线程的执行状态，如PC寄存器，其值保存的是下一条被执行指令的地址；栈指针，其值保存的是该线程栈区的栈顶在哪里等。这些寄存器信息也是线程私有的，一个线程不能访问另一个线程的这类寄存器信息。

从上面的讨论中我们知道，所属线程的栈区、程序计数器、栈指针，以及执行函数时使用的寄存器信息都是线程私有的。

以上这些信息有一个统一的名字：线程上下文。

现在你应该知道哪些是线程私有的了吧？除此之外，剩下的都是线程间的共享资源。

剩下的还有什么呢？从图2.14中找找看。

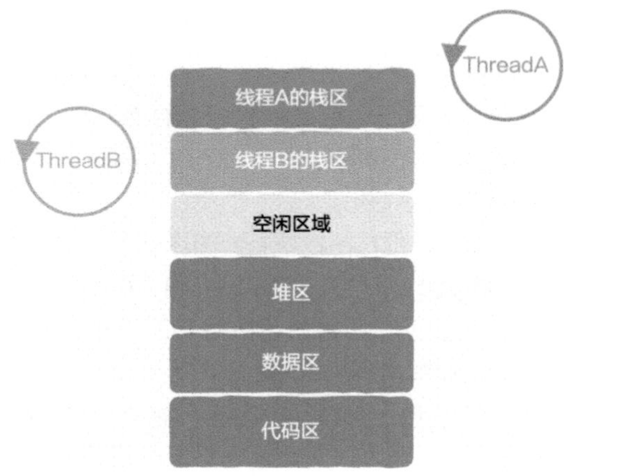

图2.13　每个线程都有只属于自己的栈区

图2.14　进程地址空间

线程共享进程地址空间中除栈区外的所有内容，接下来分别讲解一下。

2.2.2 代码区：任何函数都可放到线程中执行

进程地址空间中的代码区保存的就是程序员写的代码，更准确地说其实是编译后生成的可执行机器指令。这些机器指令被存放在可执行程序中，程序启动时加载到进程的地址空间，如图2.15所示。

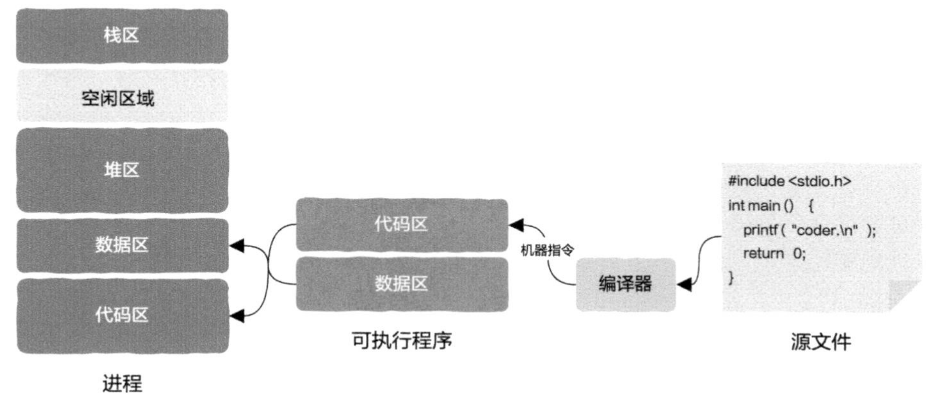

图2.15　从程序到进程

线程之间共享代码区，这就意味着任何一个函数都可以放到线程中去执行，不存在某个函数只能被某个特定线程执行的可能，从这个角度来看这个区域可被所有线程共享。

这里有一点值得注意，那就是代码区是只读的（Read Only），任何线程在程序运行期间都不能修改代码区。这当然是有道理的，因此尽管代码区可以被所有进程内的线程共享，但这里不会有线程安全问题。

2.2.3 数据区：任何线程均可访问数据区变量

这里存放的就是全局变量。

什么是全局变量？在C语言中就像这样：

```
char c; // 全局变量

void func() {

}
```

其中，字符c就是全局变量，其存放在进程地址空间中的数据区，如图2.16所示。

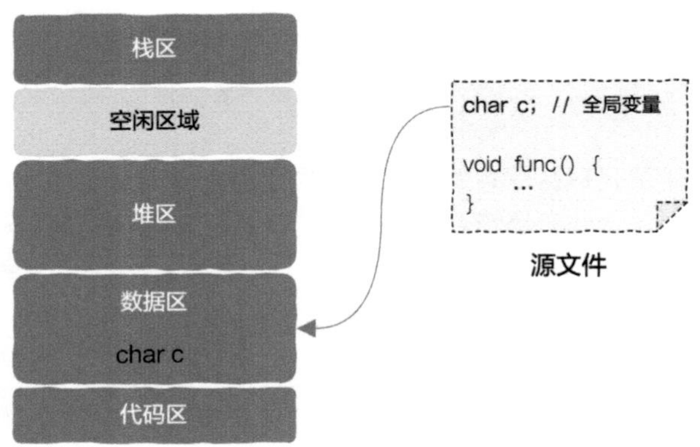

图2.16 全局变量

在程序运行期间，数据区中的全局变量有且仅有一个实例，所有的线程都可以访问到该全局变量。

2.2.4 堆区：指针是关键

堆区是程序员比较熟悉的，我们在C/C++中用malloc/new申请的内存就是在这个区域分配出来的。显然，只要知道变量的地址，也就是指针，任何一个线程都可以访问指针指向的数据，因此堆区也是线程间共享的资源，如图2.17所示。

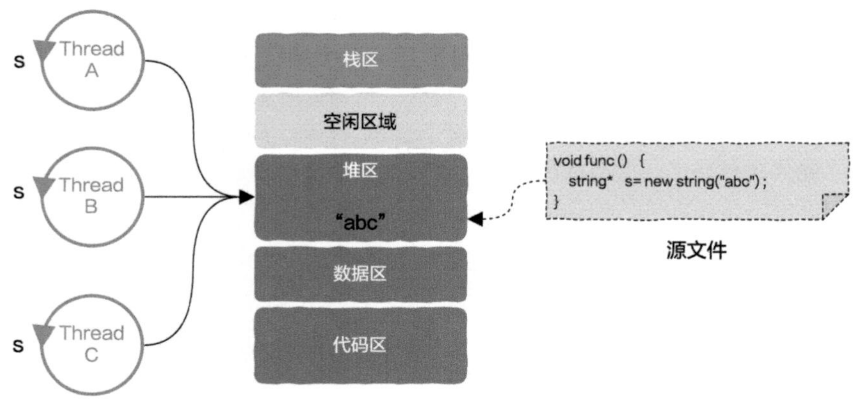

图2.17 只要获取到指针s，所有线程都可以访问其指向的数据

2.2.5 栈区：公共的私有数据

等等！刚不是说栈区是线程私有资源吗，怎么这会儿又说起栈区了？

确实，从线程这个抽象的概念上来说，栈区是线程私有的，然而从实现上来看，栈区并不严格是线程私有的，这是什么意思？

不同进程的地址空间是相互隔离的，虚拟内存系统确保了这一点，你几乎没有办法直接访问属于另一个进程地址空间中的数据，但不同线程的栈区之间则没有这种保护机制。因此如果一个线程能拿到来自另一个线程栈帧上的指针，那么该线程可以直接读写另一个线程的栈区，也就是说，这些线程可以任意修改属于另一个线程栈区中的变量，如图2.18所示。

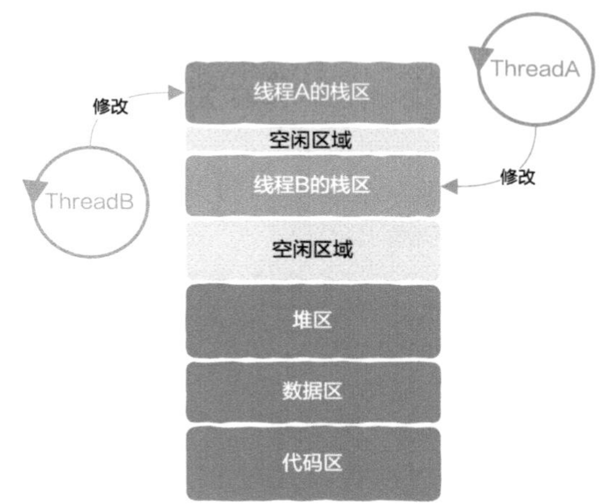

图2.18 线程可以修改属于另一个线程栈区中的变量

从某种程度上来讲，这给程序员带来了极大的便利，同时，这可能导致极其难以排查的bug。

试想一下，你的程序正在平稳运行，结果某个时刻突然出现问题，定位到出现问题的代码行后根本就排查不到原因。你当然是排查不到问题原因的，因为你的程序（线程）本来就没有任何问题，可能是其他线程的问题导致你的函数栈帧数据被写坏，从而产生bug，这样的问题通常很难定位原因，需要对整体的项目代码非常熟悉，常用的一些debug工具这时可能已经没有多大作用了。

说了这么多，有的读者可能会问，一个线程是怎样修改属于其他线程栈区中数据的呢？接下来，我们用代码讲解一下，不要担心，这段代码足够简单：

```
void foo(int* p) {
    *p = 2;
}

int main() {
    int a = 1;

    thread t(foo, &a);
    t.join();
```

```
    return 0;
}
```

这是一段用C++11写的代码，这段代码是什么意思呢？

首先，主线程中定义了一个保存在栈区中的局部变量，也就是 int a = 1;这行代码，局部变量a属于主线程私有数据；然后，创建了另一个线程，在主线程中将局部变量a的地址以参数的形式传给了新创建的线程，新线程的入口函数foo运行在另一个线程中，它获取了局部变量a的指针；最后，将其修改为2，可以看到新创建的线程修改了属于主线程的私有数据，如图2.19所示。

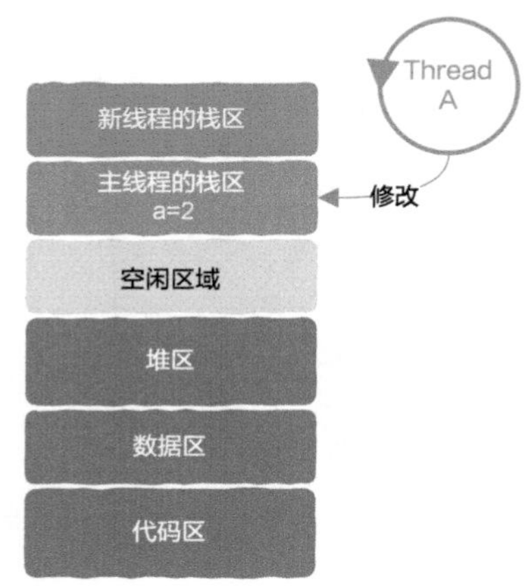

图2.19 修改主线程中的局部变量

现在你应该明白了吧，尽管栈区是线程的私有数据，但由于栈区没有任何保护机制，一个线程的栈区对其他线程是可见的，也就是说我们可以读写任何线程的栈区。当然，前提是这些线程属于同一个进程。

线程间这种松垮的隔离机制（根本没有任何隔离）给程序员带来了极大的便利，但也带来了无尽的麻烦。试想上面这段代码，如果确实是项目需要的，那么这样写代码无可厚非，但如果是因为bug无意修改了属于其他线程的私有数据，那么问题往往难以定位，因为出现问题的这行代码距离真正的bug可能已经很远了。

2.2.6 动态链接库与文件

进程地址空间中除上述讨论外，实际上还有其他内容，会是什么呢？这就要从链接器说起了，还没有忘吧，我们在1.3节中讲解过。

链接是编译之后的一个关键步骤，用来生成最终的可执行程序，链接有两种方式：静态链接和动态链接。

静态链接是指把依赖的库全部打包到可执行程序中，这类程序在启动时不需要额外工作，因为可执行程序中包含了所有代码和数据；动态链接是指可执行程序中不包含所依赖库的代码和数据，当程序启动（或者运行）时完成链接过程，即先找到所依赖库的代码和数据，然后放到进程的地址空间中。

放到进程地址空间的哪一部分呢？

放到了栈区和堆区中间的那部分空闲区域中，现在进程地址空间中的内容进一步丰富了，如图2.20所示。

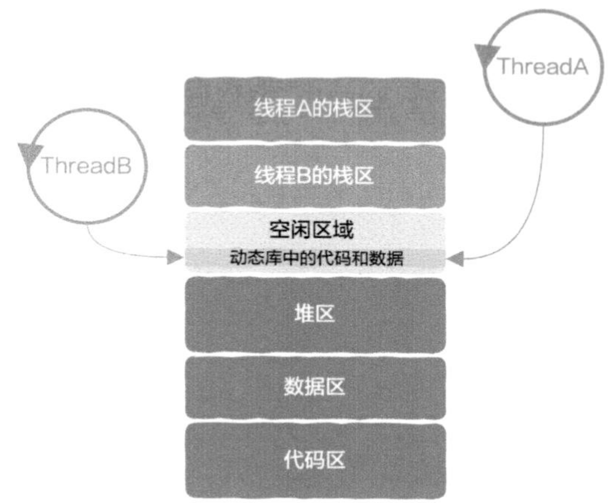

图2.20 动态库中的代码和数据所在区域

说了这么多，这和线程共享资源有什么关系呢？这一部分的地址空间也是被所有线程共享的，也就是说进程中的所有线程都可以使用动态库中的代码和数据。

最后，如果程序在运行过程中打开了一些文件，那么进程地址空间中还保存有打开的文件信息。进程打开的文件信息也可以被所有的线程使用，这也属于线程间的共享资源。

2.2.7 线程局部存储：TLS

实际上，关于线程私有数据还有一项技术留在最后作为补充，这就是线程局部存储（Thread Local Storage，TLS）。

这是什么意思呢？

其实从名字上也可以看出，线程局部存储是指存放在该区域中的变量有两个含义：

- 存放在该区域中的变量可被所有线程访问到。
- 虽然看上去所有线程访问的都是同一个变量，但该变量只属于一个线程，一个线程对此变量的修改对其他线程不可见。

我们来看一段简单的C++代码：

```
int a = 1; // 全局变量
```

```
void print_a() {
    cout<<a<<endl;
}

void run() {
    ++a;
    print_a();
}

void main() {
    thread t1(run);
    t1.join();

    thread t2(run);
    t2.join();
}
```

上述代码是用C++11写的，它是什么意思呢？

- 首先创建了一个全局变量a，初始值为1。
- 其次创建了两个线程，每个线程对变量a加1。
- join的含义是等待该线程运行完成后，该函数才会返回。

这段代码运行起来会打印什么呢？

全局变量a的初始值为1，第一个线程加1后a变为2，因此会打印2；第二个线程再次加1后a变为3，因此会打印3，来看一下运行结果：

```
2
3
```

看来我们分析得没错，全局变量在两个线程分别加1后最终变为3。

接下来，对变量a的定义稍做修改，其他代码不变：

```
__thread int a = 1; // 线程局部存储
```

全局变量a前面加了一个修饰词__thread，意思是告诉编译器把全局变量a放在线程局部存储中，这会影响程序运行结果吗？简单运行一下就知道了：

```
2
2
```

和你想的一样吗？有的读者可能大吃一惊，为什么我们明明对全局变量a加了两次，但第二个线程运行时还是打印2而不是3呢？

原来，这就是线程局部存储的作用所在，线程t1对全局变量a的修改不会影响到线程t2，线程t1在将全局变量a加1后变为2，但对于线程t2来说，此时全局变量a依然是1，因此加1后依然是2。

可以看到，线程局部存储可以让你使用一个独属于线程的变量。也就是说，虽然该变量可以被所有线程访问，但是该变量在每个线程中都有一个副本，一个线程对该变量的修改不会影响到其他线程，如图2.21所示。

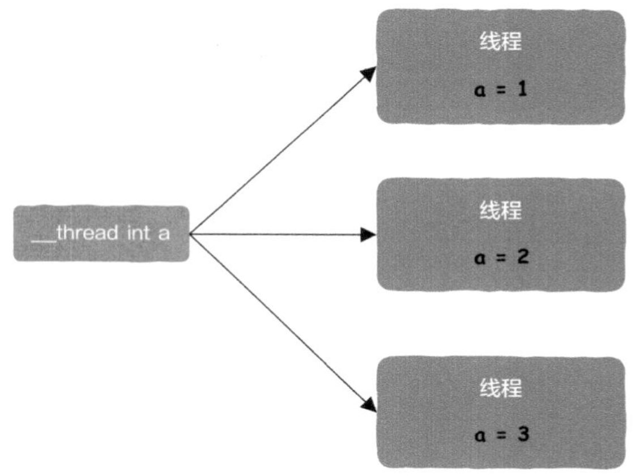

图2.21　每个线程都有自己的副本

在经过2.2.5节和2.2.6节的铺垫后，我们来看怎样正确使用多线程，相信有很多读者在面对多线程编程时都会望而生畏，认为多线程代码就像一头难以驾驭的怪兽，其实仅仅是你不了解它，就好比你用一块红布去驯牛肯定是不正确的，你需要认真理解它的脾气秉性，掌握正确的方法后多线程才能更好地为你所用，并成为你兵器库中的一件利器。

接下来，让我们去看看多线程代码。

2.3　线程安全代码到底是怎么编写的

为什么多线程代码难以正确编写呢?

本质上，有一个词语你可能没有理解透彻，这个词就是线程安全（Thread Safe），如果你不能理解线程安全，那么给你再多的多线程编程方法也无用武之地。

接下来，我们了解一下什么是线程安全，怎样才能做到线程安全。理解了这些问题后，多线程这头怪兽自然就会变成温顺的小猫咪。

2.3.1　自由与约束

大家在自己家里肯定会觉得自由自在，原因很简单：这是你的私人场所，你的活动不受其他人干涉，那什么时候会和其他人有交集呢?

答案就是公共场所。

在公共场所下你不能像在自己家里那样随意，如果你想去公共卫生间就必须遵守规则——排队，因为在公共场所下的卫生间是大家都可以使用的公共资源，只有前一个人使用完后下一个人才可以使用，这就是使用公共资源时受到的约束。

上面这段话的道理足够简单吧！

如果你能理解这段话，那么驯服多线程这头怪兽就不在话下了。

现在，把你自己想象成线程，线程使用自己的私有数据就符合线程安全的要求，如2.2节提到的函数局部变量和线程局部存储等，这类资源你随便怎么折腾都不会影响其他线程。

除此之外，线程读写共享资源时就好比你去公共场所，使用共享资源时必须有相应的约束，线程以某种不妨碍到其他线程的秩序使用共享资源也能实现线程安全。

因此，可以看到，这里有两种情况：

- 线程使用私有资源，能实现线程安全。
- 线程使用共享资源，在不影响其他线程的约束下使用共享资源也能实现线程安全，排队就是一种约束。

本节将围绕上述两种情况来讲解，现在可以开始聊聊线程安全问题了。

到底什么是线程安全呢？

2.3.2 什么是线程安全

给定一段代码，不管其在多少个线程中被调用到，也不管这些线程按照什么样的顺序被调用，当其都能给出正确结果时，我们就称这段代码是线程安全的。

简单地说，就是你的代码不管是在单线程还是多线程中被执行都应该能给出正确的结果，这样的代码就不会出现线程安全问题，就像下面这段代码：

```
int func() {
    int a = 1;
    int b = 1;
    return a + b;
}
```

对于这段代码，无论你用多少线程同时调用、怎么调用、什么时候调用都会返回2，这段代码就是线程安全的。

该怎样写出线程安全的代码呢？

要回答这个问题，我们需要知道代码什么时候待在自己家里使用私有资源，什么时候去公共场所使用公共资源，也就是说你需要识别线程的私有资源和共享资源都有哪些，这是解决线程安全问题的核心所在，如图2.22所示。

这个问题已经在2.2节回答了，这里再简单总结一下。

在此之前，一定要注意关于共享资源的定义，这里的共享资源可以是一个简单的变量，如一个整数，也可以是一段数据，如一个结构体等，最重要的是该资源需要被多个线程读写，这时我们才说它是共享资源。

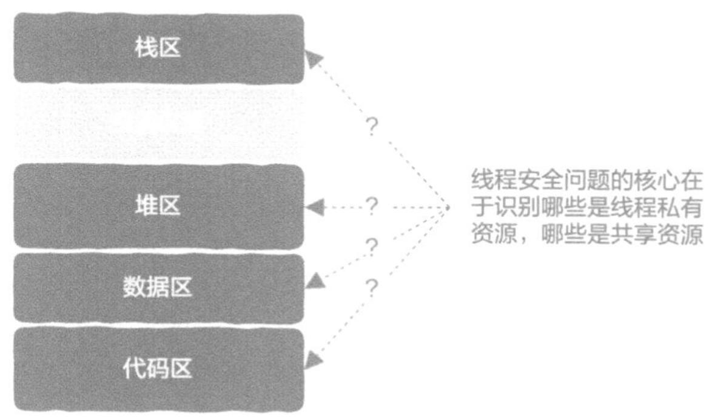

图2.22　解决线程安全问题的关键

2.3.3　线程的私有资源与共享资源

函数中的局部变量或者说线程的栈区及线程局部存储都是线程的私有资源，剩下的区域就是共享资源了，这主要包括：

- 用于动态分配内存的堆区，我们用C/C++中的malloc/new就是在堆区上申请的内存。
- 数据区，这里存放的就是全局变量。
- 代码区，这一部分是只读的，我们没有办法在运行时修改代码，因此这一部分我们不需要关心。

因此，线程的共享资源主要包括堆区和数据区，如图2.23所示。

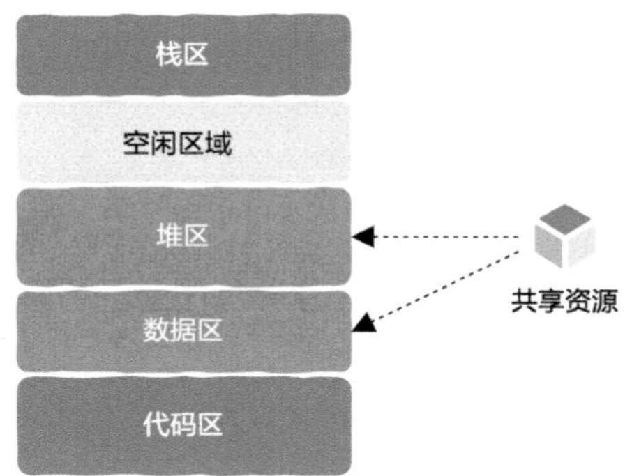

图2.23　可被线程共享的资源

线程使用这些共享资源时必须遵守秩序，这个秩序的核心就是对共享资源的使用不能妨碍到其他线程，无论你使用的是各种锁，还是信号量，其目的都是在维护共享资源的秩序。

知道了哪些是线程私有的，哪些是线程间共享的，接下来就简单了。

值得注意的是，关于线程安全的一切问题全部围绕着线程私有资源与线程共享资源来处理，抓住了这个主要矛盾也就抓住了解决线程安全问题的核心。

接下来，我们看一下在各种情况下该怎样实现线程安全，依然以C/C++代码为例。

2.3.4 只使用线程私有资源

我们来看这段代码：

```
int func() {
    int a = 1;
    int b = 1;
    return a + b;
}
```

这段代码在前面提到过，无论你在多少个线程中调用、怎么调用、什么时候调用，func函数都会确定地返回2，该函数不依赖任何全局变量，不依赖任何函数参数，且使用的局部变量都是线程的私有资源，这些变量运行起来后由栈区管理（不要忘了每个线程都有自己的栈区），如图2.24所示。这样的代码也被称为无状态函数（Stateless），很显然这样的代码是线程安全的。

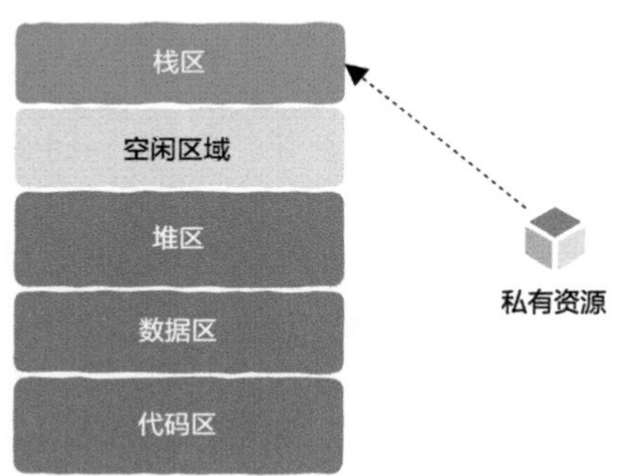

图2.24 栈区是线程私有的

如果需要传入函数参数呢？

2.3.5 线程私有资源＋函数参数

下面这段代码是线程安全的吗？答案是要看情况。

如果你传入函数参数的方式是按值传入的，那么没有问题，代码依然是线程安全的：

```
int func(int num) {
    num++;
    return num;
}
```

这段代码无论在多少个线程中调用、怎么调用、什么时候调用都会正确返回参数加1后的值。

原因很简单，按值传入的参数也是线程的私有资源，如图2.25所示，这些参数就保存在线程的栈区，每个线程都有自己的栈区。

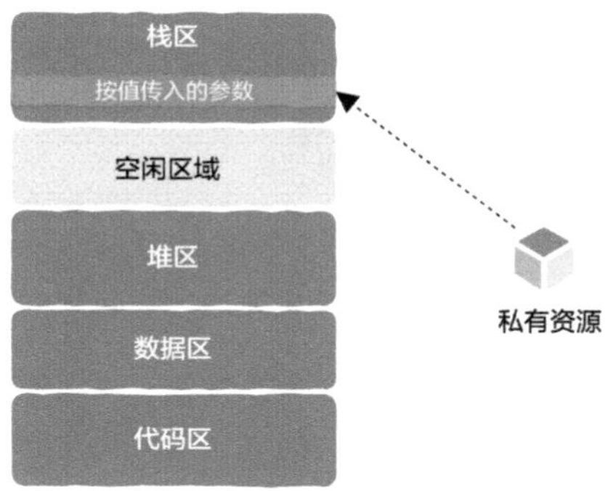

图2.25　传入数值

但如果传入指针，情况就不一样了：

```
int func(int* num) {
    ++(*num);
    return *num;
}
```

如果该参数指针指向全局变量，就像这样：

```
int global_num = 1;

int func(int* num) {
    ++(*num);
    return *num;
}

// 线程1
void thread1() {
    func(&global_num);
}

// 线程2
void thread2() {
    func(&global_num);
}
```

此时，func函数将不再是线程安全的了，因为传入的参数指向了全局变量（数据区），如图2.26所示，这个全局变量是所有线程可共享的资源，这种情况对该全局变量的加1操作必须施加某种秩序，如加锁。

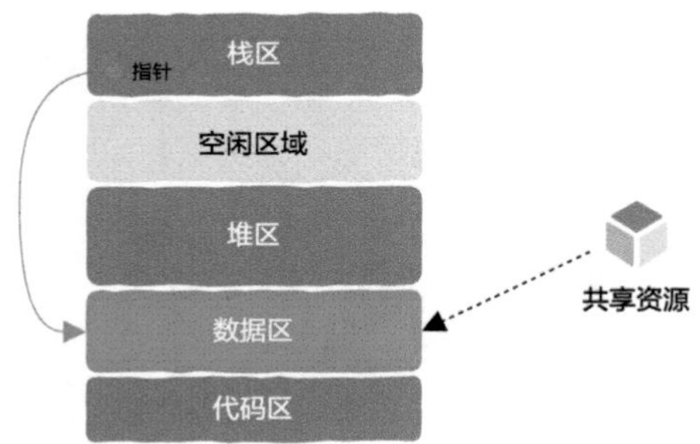

图2.26 指针指向全局变量（数据区）

如果该指针指向了堆区，如图2.27所示，那么这依然可能有问题，因为只要能获取该指针，这些线程就都可以访问该指针指向的数据。

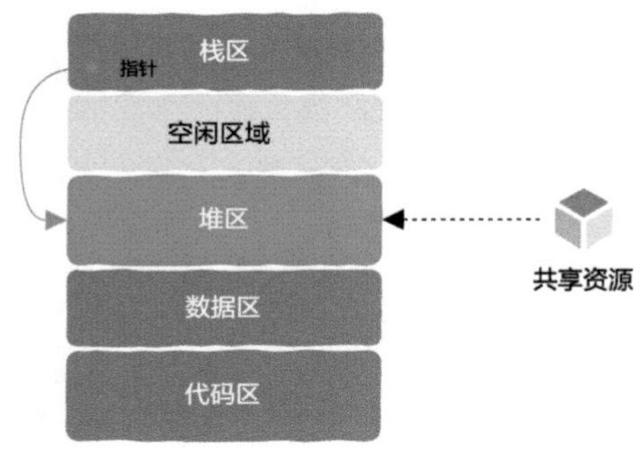

图2.27 指针指向堆区

如果两个线程调用func函数时传入的指针指向了同一个堆上的变量，那么该变量就变成了这两个线程的共享资源，除非有加锁等保护，否则func函数依然不是线程安全的。

改进也很简单，那就是每个线程调用func函数传入一个独属于该线程的资源地址，这样各个线程就不会妨碍到对方了。因此，写出线程安全代码的一大原则就是线程之间尽最大可能不去使用共享资源。

如果线程不得已要使用共享资源呢?

2.3.6 使用全局变量

使用全局变量就一定不是线程安全的代码吗? 答案依然是要看情况。

如果使用的全局变量只在程序运行时初始化一次，此后所有代码对其使用的方式都是只读的，那么没有问题:

```
int global_num = 100; //初始化一次，此后没有其他代码修改其值

int func() {
```

```
    return global_num;
}
```

我们看到，即使func函数使用了全局变量，但该全局变量只在运行前初始化一次，此后的代码都不会对其进行修改，func函数依然是线程安全的。只读与可读可写的全局变量如图2.28所示。

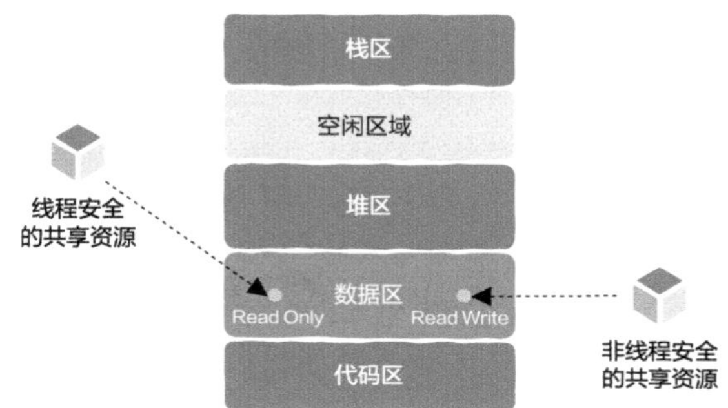

图2.28 只读与可读可写的全局变量

但是，如果我们简单修改一下func函数：

```
int global_num = 100;

int func() {
    ++global_num;
    return global_num;
}
```

这时，func函数就不再是线程安全的了，对全局变量的修改必须有加锁等保护或者确保加法操作是原子的，如使用原子变量等。

2.3.7 线程局部存储

接下来，我们再对上述func函数进行简单修改：

```
__thread int global_num = 100;

int func() {
    ++global_num;
    return global_num;
}
```

我们看到全局变量global_num=100;前加上了__thread，这时，func函数就又是线程安全的了。

在2.2节中讲过，被__thread修饰词修饰过的变量放在了线程私有存储中。

各个线程对global_num=100;的修改不会影响到其他线程，如图2.29所示，因此func函数是线程安全的。

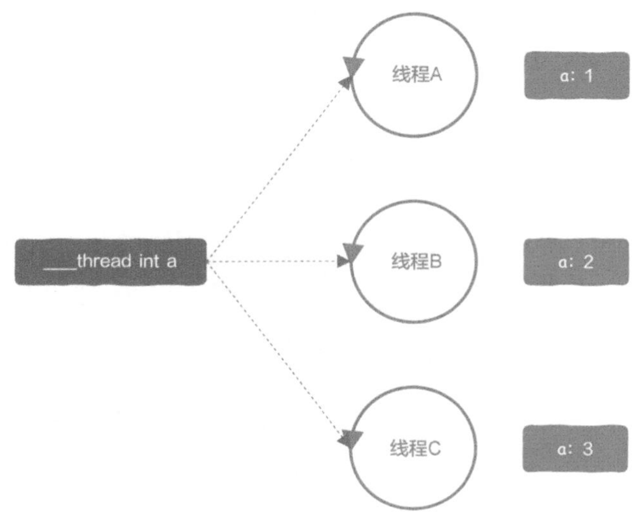

图2.29 每个线程只能看到自己的副本

讲完了局部变量、全局变量、函数参数，接下来就到函数返回值了。

2.3.8 函数返回值

这里也有两种情况：一种是函数返回的是值；另一种是函数返回的是指针。

我们来看这样一段代码：

```
int func() {
    int a = 100;
    return a;
}
```

毫无疑问，这段代码是线程安全的，无论我们怎样调用该函数都会返回确定的值100。

把上述代码简单修改一下：

```
int* func() {
    static int a = 100;
    return &a;
}
```

如果在多线程中调用这样的函数，那么接下来等着你的可能就是难以调试的bug和漫漫的加班长夜。

显然，这段代码不是线程安全的，产生bug的原因也很简单，在使用该变量前其值可能已经被其他线程修改了。因为该函数使用了一个静态局部变量，所以返回其地址让该变量有可能成为线程间的共享资源，如图2.30所示，只要能拿到该变量的地址，所有线程就都可以修改该变量。

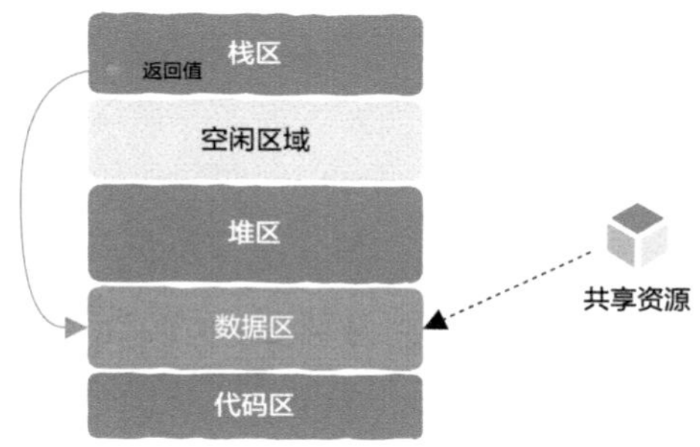

图2.30　返回的指针指向了共享资源

但有一个特例，这种使用方法可以用来实现单例模式：

```
class S {
public:
       static S& getInstance() {
               static S instance;
               return instance;
       }
private:
       S() {}

// 其他省略
};
```

再来看一种情况，如果函数A调用了一个非线程安全的函数，那么函数A还是线程安全的吗？

答案依然是要看情况。

2.3.9　调用非线程安全代码

我们看一下这样一段代码，这段代码在之前讲解过：

```
int global_num = 0;

int func() {
    ++global_num;
    return global_num;
}
```

我们认为func函数是非线程安全的，因为func函数使用了全局变量，并对其进行了修改，但如果我们这样调用func函数：

```
    mutex l;
int funcA() {

    l.lock();
    func();
    l.unlock();
}
```

虽然func函数是非线程安全的，但是在调用该函数前加了一把锁进行保护，这时funcA函数就是线程安全的，原因在于我们用一把锁间接地保护了全局变量。

再来看这样一段代码：

```
int func(int *num) {
    ++(*num);
    return *num;
}
```

一般我们认为func函数是非线程安全的，因为我们不知道传入的指针是不是指向了一个全局变量，但如果调用func函数的代码是这样的：

```
void funcA() {
    int a = 100;
    int b = func(&a);
}
```

那么这时funcA函数依然是线程安全的，因为传入的参数是线程私有的局部变量，无论多少个线程调用funcA函数，都不会干扰到彼此。

总结一下实现线程安全代码的方法。

2.3.10 如何实现线程安全代码

在多线程编程时，我们首先要考虑线程间是否一定要共享某种资源，只要线程之间不读写任何共享资源，就不会有线程安全问题。不管这个共享资源存储在哪个区域，这里的原则就是在多线程编程时尽量不共享任何资源。

如果我们要解决的问题必须要求线程间共享某种资源，那么必须注意代码的线程安全。实现线程安全无非就是围绕线程私有资源和线程共享资源这两点，首先你需要识别出哪些是线程私有的、哪些是线程间共享的，这是核心，然后对症下药即可。

- **线程局部存储**，如果要使用全局资源，那么是否可以声明为线程局部存储？因为这种变量虽然是可以被所有线程使用的，但每个线程都有一个属于自己的副本，对其修改不会影响到其他线程。
- **只读**，如果必须使用全局资源，那么全局资源是否可以是只读的？多线程使用只读的全局资源不会有线程安全问题。

- **原子操作**，其在执行过程中不会被打断，像C++中的std::atomic修饰过的变量，对这类变量的操作不需要传统的加锁保护。
- **同步互斥**，到这里也就确定了程序员不得已自己动手维护线程访问共享资源的秩序，确保一次只能有一个线程操作共享资源，互斥锁、回旋锁、信号量和其他同步互斥机制都可以达到目的。

怎么样，想写出线程安全的代码还是不简单的吧？如果这一节你只能记住一句话，那么笔者希望是下面这句，这也是本节的核心：

实现线程安全无非就是围绕线程私有资源和线程共享资源来进行的，首先你需要识别出哪些是线程私有的，哪些是线程间共享的，然后对症下药即可。

到目前为止，我们的焦点几乎都在线程上，这里所说的线程更多的是指内核态线程。内核态线程是说线程的创建、调度、销毁等工作都是操作系统帮我们完成的，至于线程怎么创建、如何调度都是不受程序员控制的。

我们可以在不依靠操作系统的情况下自己实现线程吗？

答案是肯定的。这就是协程，这是除线程之外的另一种更加轻量级的执行流，让我们来看一下。

2.4　程序员应如何理解协程

作为程序员，想必你多多少少听过协程这个词，这项技术近年来越来越多地出现在程序员视野中，尤其在高性能、高并发领域，当有人提到协程一词时如果你的大脑一片空白、毫无概念，那么这节就是为你量身打造的。

2.4.1　普通的函数

我们先来看一个普通的函数（Python实现），这个函数非常简单：

```
def func():
   print("a")
   print("b")
   print("c")

def foo():
  func();
```

当我们在foo函数中调用func函数时会发生什么？

（1）func函数开始执行，依次打印，直至最后一行代码。

（2）func函数执行完成，返回foo函数。

是不是很简单，func函数执行完成后输出：

```
a
```

```
b
c
```

普通函数遇到return或执行到最后一行代码时才可以返回，并且当再次调用该函数时又会从头开始一行行执行直至返回。

这是程序员最熟悉的函数调用，协程又有什么不同呢？

2.4.2 从普通函数到协程

协程和普通函数在形式上没有差别，只不过协程有一项和线程很相似的本领：暂停与恢复。

这是什么意思呢？

```
def func():
  print("a")
  暂停并返回
  print("b")
  暂停并返回
  print("c")
```

如果func函数运行在协程中，那么当执行完print("a")后，func函数会因“暂停并返回”这段代码返回到调用函数。

你可能会说这有什么神奇的吗？我写一个return也能返回：

```
def func():
  print("a")
  return
  print("b")
  暂停并返回
  print("c")
```

直接写一个return语句确实也能返回，但这样写的话，return后面的代码就都没有机会被执行到了。

协程的神奇之处在于它能保存自身的执行状态，从协程返回后还能继续调用它，并且是从该协程的上一个暂停点（或称为挂起点）后继续执行的，这就好比孙悟空说一声“定”，协程就被暂停了，此时func函数返回。当调用方什么时候想起可以再次调用该协程时，该协程会从上一个返回点继续执行，也就是执行print("b")。

```
def func():
  print("a")
  定
  print("b")
  定
  print("c")
```

只不过孙悟空使用的是口诀“定”字，在编程语言中一般被称为yield（不同类型的编程语言会略有不同）。

需要注意的是，当普通函数返回后，进程地址空间的栈区中不会再保存该函数运行时的任何信息，而协程返回后，函数的运行时信息是需要保存下来的，以便于再次调用该协程时可以从暂停点恢复运行。

接下来，我们用代码看一看协程，采用Python语言，即便你不熟悉该语言，也不用担心，这里不会有理解上的门槛。

在Python语言中，这个“定”字同样采用关键词yield，这样func函数就变成了：

```
def func():
  print("a")
  yield
  print("b")
  yield
  print("c")
```

注意，这时func就不再是简简单单的函数了，而是升级成了协程，该怎么使用协程呢？很简单：

```
1 def A():
2   co = func() # 得到该协程
3   next(co)    # 调用协程
4   print("in function A") # do something
5   next(co)    # 再次调用该协程
```

我们看到，虽然func函数没有return语句，也就是说虽然没有返回任何值，但是依然可以写co = func()这样的代码，意思是说co就是我们得到的协程了。

接下来调用该协程，使用next(co)，运行一下，执行到第3行的结果：

```
a
```

显然，和我们预期的一样，协程func在print("a")后因执行yield而暂停，并返回函数A。

接下来是第4行，这个毫无疑问，函数A在做一些自己的事情，因此会打印：

```
a
in function A
```

接下来第5行是重点，当再次调用协程时该打印什么呢？

如果func是普通函数，那么会执行func的第一行代码，也就是打印a。

但func不是普通函数，而是协程，协程会在上一个暂停点继续运行，因此这里应该执行的是该协程第一个yield之后的代码，也就是print("b")。

```
a
in function A
b
```

看到了吧，协程是一个很神奇的函数，它会记住之前的执行状态，当再次被调用时会从上一次的暂停点之后继续运行。

2.4.3 协程的图形化解释

为了更加彻底地理解协程，我们使用图形化的方式再看一遍，首先是调用普通函数，如图2.31所示。

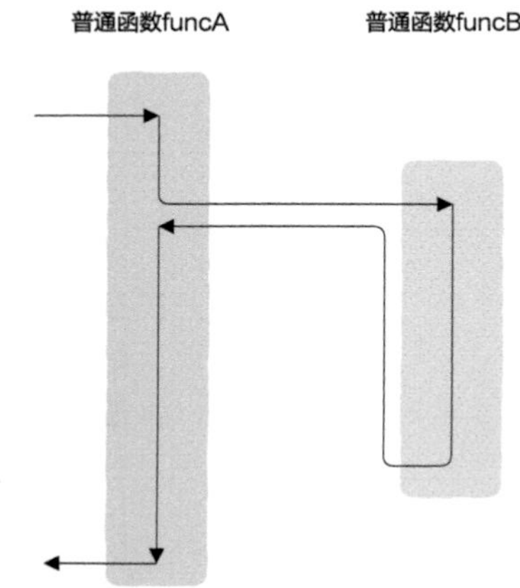

图2.31 调用普通函数的执行流

在图2.31中，方框内箭头表示该函数的执行流方向。

如图2.31所示，我们首先来到funcA函数，执行一段时间后发现调用了另一个函数funcB，这时控制转移到funcB函数，执行完成后回到funcA函数的调用点继续执行。

这是调用普通函数，接下来是调用协程，如图2.32所示。

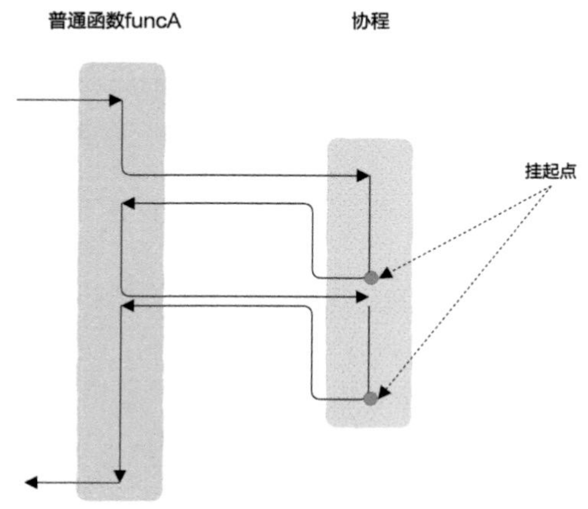

图2.32 调用协程的执行流

从图2.32中可以看到，funcA函数运行一段时间后调用协程，协程开始运行，直至第一个挂起点，此后就像普通函数一样返回funcA函数，funcA函数执行一段时间后再次调用该协程。注意，协程这时就和普通函数不一样了，协程并不是从第一行代码开始执行的，而是从上一次的挂起点之后开始执行的，执行一段时间后遇到第二个挂起点，这时协程再次像普通函数一样返回funcA函数，funcA函数执行一段时间后整个程序结束。

2.4.4 函数只是协程的一种特例

怎么样，神奇不神奇？与普通函数不同的是，协程能知道自己上一次被执行到了哪里。

现在你应该明白了吧，首先协程会在被暂停运行时保存运行状态，然后从保存的状态中恢复并继续运行。

很熟悉的味道有没有，这不就是操作系统对线程的调度嘛，线程也可以被暂停，操作系统先保存线程运行状态然后去调度其他线程，此后该线程再次被分配CPU时还可以继续从被暂停的地方运行，就像没有被停止运行过一样。

实际上，操作系统可以在任意一行代码处暂停你的程序运行，只不过你是感知不到的，因为操作系统如何调度线程对你是不可见的。

计算机系统中会定期产生定时器中断，每次处理该中断时操作系统即可抓住机会决定是不是要暂停当前线程的运行，这就是在线程中不需要程序员显式地指定该什么时候挂起，并让出CPU的原因所在。但在用户态并没有类似定时器中断这样的机制，因此在协程中你必须利用如yield这样的关键字显式地指明在哪里暂停，并让出CPU。

值得注意的是，不管你创建多少个协程，操作系统都是感知不到的，因为协程完全实现在用户态，这就是可以把协程理解为用户态线程的原因（关于用户态及内核态请参见3.5节）。

有了协程，程序员可以扮演类似操作系统的角色了，你可以自己控制协程在什么时候运行、什么时候暂停，也就是说协程的调度权在你自己手上。

在协程的调度这件事上，你说了算。

现在你应该理解为什么说函数只是协程的一种特例了吧，函数其实只是没有挂起点的协程而已。

2.4.5 协程的历史

你可能认为协程是一种比较新的技术，但其实协程这种概念早在1958年就被提出来了，要知道这时线程的概念都还没有出现。

到了1972年，终于有编程语言实现了协程，这两门编程语言就是Simula 67和Scheme，但协程始终没有流行起来，甚至在1993年还有人像考古一样专门写论文挖出协程这种古老的技术。

因为这一时期还没有线程，如果你想写并发程序，那么不得不依赖类似协程这样的技术。后来线程开始出现，操作系统终于开始原生支持程序的并发执行，就这样，协程逐渐淡出了程序员的视线。

近些年，随着互联网的发展，尤其是移动互联网时代的到来，服务器端需要处理大量用户请求，协程在高性能、高并发领域找到了属于自己的位置，再一次重回技术主流，各大编程语言都已经支持或计划支持协程。

协程到底是如何实现的呢？接下来我们探讨一种可能的实现方法。

2.4.6 协程是如何实现的

协程的实现其实和线程的实现没有什么本质上的差别。

协程可以被暂停也可以被恢复，一定要记录下被暂停时的状态信息，并据此恢复协程的运行。

这里的状态信息包括：①CPU的寄存器信息；②函数的运行时状态信息。这主要保存在函数栈帧中，如图2.33所示，关于栈帧在第3章会有详细讲解。

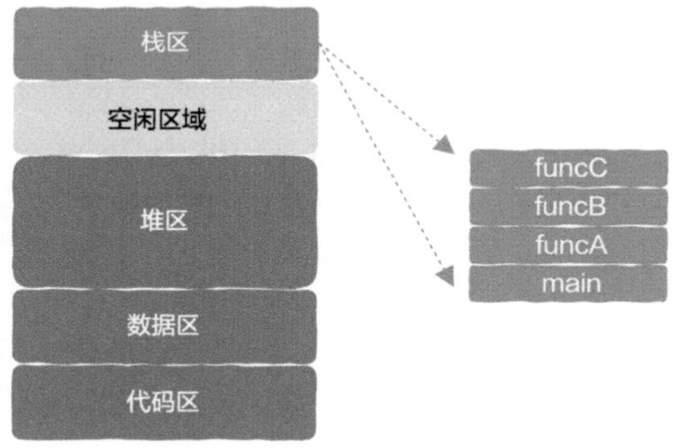

图2.33 函数运行时栈帧

从图2.33中可以看出，该进程中只有一个线程，栈区中有四个栈帧，main函数调用funcA函数，funcA函数调用funcB函数，funcB函数调用funcC函数。

既然进程地址空间中的栈区是为线程准备的，那么协程的栈帧信息该存放在哪里呢？

想一想，进程地址空间中哪一块区域还可以用来存储数据呢？没错，我们可以在堆区中申请一块内存用来存放协程的运行时栈帧信息，如图2.34所示。

从图2.34中可以看出，该程序开启了两个协程，这两个协程的栈区都是在堆区分配的，这样我们就可以随时中断或者恢复协程的运行了。

你可能会问，进程地址空间最上层的栈区现在的作用是什么呢？

栈区依然是用来保存函数栈帧的，只不过这些函数并不是运行在协程中而是运行在普通线程中。

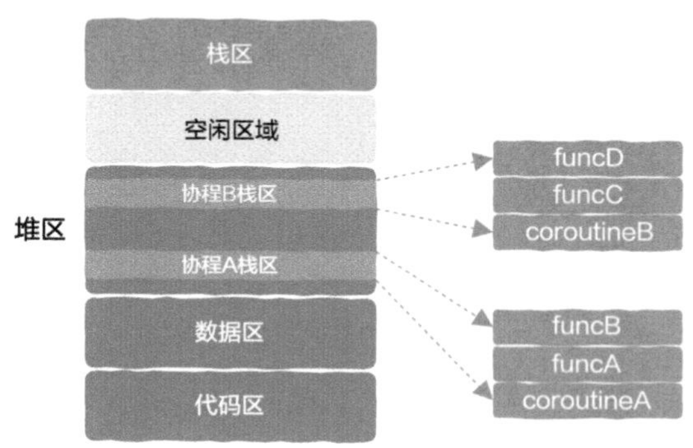

图2.34　协程的实现

现在你应该看到了吧，在图2.34中实际上有三个执行流：

- 一个普通线程。
- 两个协程。

虽然有三个执行流但我们只创建了一个线程，理论上只要内存空间足够我们就可以开启无数协程，且协程的切换、调度完全发生在用户态，不需要操作系统介入，协程切换时需要保存或者恢复的信息更轻量，因此效率也更高。

至此，你大体上应该了解了协程，但还有一个重要的问题，我们为什么需要协程这种技术，它能帮我们解决什么问题呢？

先给出答案，协程最重要的作用之一就是可以让程序员以同步的方式来进行异步编程，你读了这句话可能一脸问号，没关系，这个问题先放到这里，在2.8节我们还会回到这一问题。

到这里，计算机系统中几个非常重要的基础抽象概念包括操作系统、进程、线程、协程就介绍完毕了，这一部分重在理论，主要关注这些基础抽象“是什么（What）、为什么（Why）”，本章的后半部分我们的重点将转移到“怎么用（How）”上来。

在介绍“怎么用”之前，有一些编程上的概念就不得不讲了，这些概念在程序员编程时经常用到，并且我们在后续的内容中也会多次引用到，但鲜有资料介绍它们，这包括回调函数、同步、异步、阻塞、非阻塞，彻底弄清楚这些概念对程序员大有裨益。

我们先看回调函数。

2.5　彻底理解回调函数

不知道你有没有这样的疑惑，我们为什么需要回调函数这个概念？直接调用函数不就可以了吗？回调函数到底有什么作用？本节就来为你解答这些问题，读完后你的武器库又将新增一件功能强大的利器。

2.5.1 一切要从这样的需求说起

假设某公司要开发下一代国民App“明日油条”，它是一款主打解决国民早餐的App，为了加快开发进度，这款App由A小组和B小组协同开发。

其中，核心模块由B小组开发，然后供A小组调用，这个核心模块被封装成了一个函数，这个函数就叫make_youtiao（注，youtiao是油条的汉语拼音）。

如果make_youtiao这个函数执行得很快并可以立即返回，那么A小组只需要简单调用该函数即可，如图2.35所示。

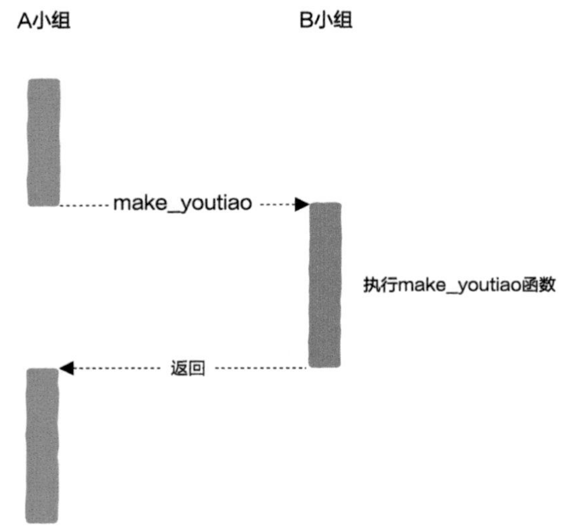

图2.35 调用make_youtiao函数

make_youtiao的定义：

```
void make_youtiao() {
    ...
    formed(); // 油条定型
    ...
}
```

make_youtiao函数中间比较重要的一步是油条外观的定型，用formed函数实现。

代码完成后，“明日油条”App正式上线。“明日油条”App深受大众欢迎，业务规模开始扩大，这时，不止A小组要使用make_youtiao函数，C小组也要使用，但C小组正在开拓新业务，他们制作的油条是圆形的，也就是说C小组现在还不能直接使用make_youtiao函数，formed函数必须针对A、C两个小组来编写，当然这难不倒程序员：

```
void make_youtiao() {
    ...
```

```
    if (TeamA) {
      formed_A();
    } else if (TeamC) {
      formed_C();
    }
    ...
}
```

怎么样，很简单吧？这样C小组也可以调用make_youtiao函数了。

结果C小组的新型业务也大获成功，他们的努力让油条这一国民早餐在全世界流行起来，全世界程序员迫不及待地想使用make_youtiao函数来制作油条，只不过他们要根据自己国民的习惯进行一些本土化定制，即制作出形状各异的油条。

现在问题来了，B小组到底该怎样修改make_youtiao函数来满足全球成千上万个程序员的定制化需求呢？还能像原来那样直接使用if else吗？

```
void make_youtiao() {
    ...
    if (TeamA) {
        form_A();
    } else if (TeamC) {
        form_C();
    } else if (TeamE) {
       ...
    } else if (TeamF) {
        ...
    }...
}
```

如果你依然这样写代码，那么程序中就需要有成千上万的if else，而且只要有新的定制化需求就要修改make_youtiao函数，这显然是很糟糕的设计，该怎样解决这一问题呢？

是时候展示真正的技术了。

2.5.2 为什么需要回调

程序员在写代码时经常会用到变量，如：

```
int a = 10;
```

我们可以针对变量a而不是一个具体的数字10来编程，这样当数字10有改动时其他使用到该变量的代码根本不需要变动，否则代码中所有用到10的地方都要修改。

其实，我们也可以把函数当作变量！

现在重新修改一下make_youtiao函数：

```
void make_youtiao(func f) {
    ...
    f();
```

```
    ...
}
```

这样B小组再也不需要针对不同的油条定制化需求不断地更改代码了，任何想使用make_youtiao函数的程序员只需要传入自定义的定制化函数即可，我们使用函数变量一举解决了问题。

例如，C小组有自己的油条定制化函数formed_C，可以这样使用make_youtiao函数：

```
void formed_C() {
    ...
}

make_youtiao(formed_C);
```

函数变量好像很容易懂的样子，根据“弄不懂”原则，我们将这里的函数变量称为回调函数。

从这里可以看到，一般来说回调函数的代码由你自己实现，但不是由你自己来调用的，通常是其他模块或其他线程来调用该函数的。

2.5.3 异步回调

故事到这里还没完。

由于油条业务过于火爆，随着订单量的增加，make_youtiao函数的执行时间越来越长，有时该函数甚至要半小时后才能返回，假设调用方D小组的代码是这样写的：

```
...
make_youtiao(formed_D);
something_important();  // 重要的代码
...
```

在调用make_youtiao函数之后的半小时里，something_important()这行代码都得不到执行，但是这一行代码又非常重要，我们不希望等待半小时，有没有办法改进一下?

其实我们可以将make_youtiao函数稍加改造，在该函数内部创建线程来执行真正的制作油条逻辑，就像这样：

```
void real_make_youtiao(func f) {
    ...
    f();
    ...
}

void make_youtiao(func f) {
    thread t(real_make_youtiao, f);
}
```

当我们调用make_youtiao函数时，该函数创建一个新的线程后立刻返回并开始运行something_important()这行代码，线程启动后才开始真正地制作油条逻辑。注意，当something_important()这行代码执行时真正的制作油条逻辑可能还没开始，这就是异步（我们将在2.5.4节详解讲解同步与异步）。

就这样我们再也不需要因调用make_youtiao函数而等上半小时了，调用方和被调用方可以在各自的线程中并行运行起来，如图2.36所示。

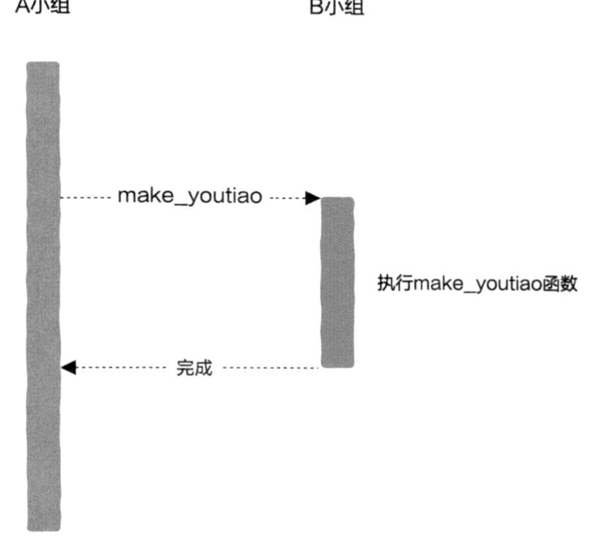

图2.36　异步回调

当调用线程不依赖回调函数的执行时就是异步回调，在2.5.4节我们将重点了解一下同步与异步的概念。

2.5.4　异步回调带来新的编程思维

调用函数时程序员最熟悉的思维模式是这样的：

（1）调用某个函数，获取结果。

（2）处理获取到的结果。

```
res = request();
handle(res);
```

这就是函数的同步调用，只有request函数返回拿到结果后，才能调用handle函数进行处理，request函数返回前我们必须等待，这就是同步调用，如图2.37所示。

现在让我们升级一下，从信息的角度来讲，一个函数其实是缺少参数这一部分信息的，这一部分信息需要调用方在调用函数时补充完整。从计算机的角度来讲，信息有两类：一类是数据，如一个整数、一个指针、一个结构体、一个对象等；另一类是代码，如一个函数。

因此，当程序员调用函数时，不但可以传递普通变量（数据），还可以传递一个函数变量（代码），如我们不去直接调用handle函数，而是将该函数作为参数传递给request：

```
request(handle);
```

我们根本不关心handle函数什么时候才被调用，这是request需要关心的事情。

再让我们把异步加进来。

如果上述函数调用为异步回调，那么request函数可以立刻返回，真正获取结果并处理的过程可能是在另一个线程、进程，甚至另一台机器上完成。

这就是异步调用，如图2.38所示。

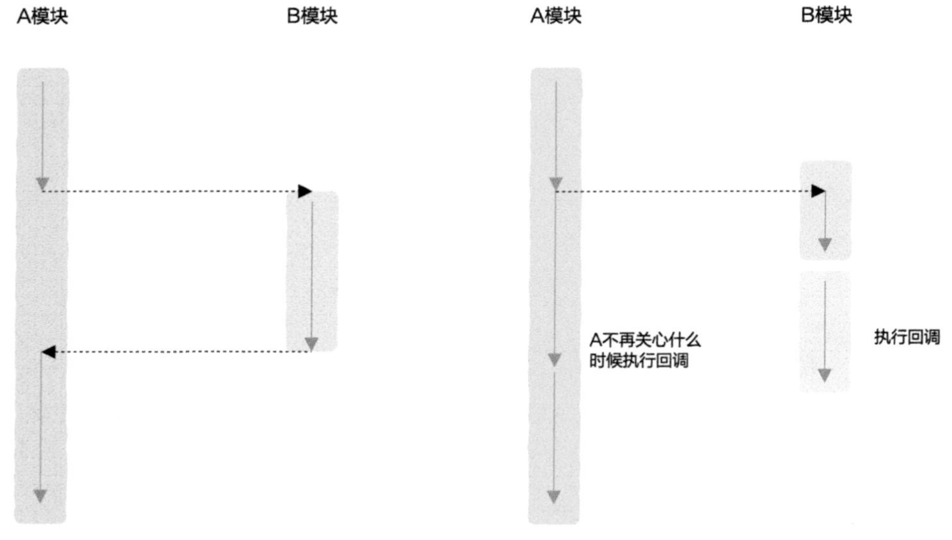

图2.37 同步调用　　　　图2.38 异步调用

从编程思维上来看，异步调用和同步调用有很大差别，如果我们把处理流程当成一个任务来看，那么在同步调用编程方式下整个任务都是在函数调用方线程中处理完成的，但是在异步调用编程方式下任务的处理被分成了两部分。

（1）第一部分是在函数调用方线程中处理的，也就是调用request之前的部分。

（2）第二部分则不在函数调用方线程中处理，而在其他线程、进程，甚至另一个机器上处理。

我们可以看到，由于任务被分成了两部分，第二部分的调用不在我们的掌控范围内，同时只有调用方才知道该做什么。因此，在这种情况下回调函数就是一种必要的机制，也就是说回调函数的本质就是“只有我们才知道做些什么，但是我们并不清楚什么时候去做这些，只有其他模块才知道，因此必须把我们知道的封装成回调函数告诉其他模块”。

现在你应该能明白异步回调这种编程方式了吧?

接下来，我们给回调一个较为学术的定义。

2.5.5 回调函数的定义

在计算机科学中，回调函数是指一段以参数的形式传递给其他代码的可执行代码。

这就是回调函数的定义，回调函数就是一个函数（可执行代码），与其他函数没有任何区别。

注意，回调函数是一种软件设计上的概念，与某个编程语言没有关系，几乎所有的编程语言都能使用回调函数。

一般来说，函数的编写方如果是我们自己，那么调用方也会是我们自己，但回调函数不是这样的。虽然函数编写方是我们自己，但是函数调用方不是我们自己，而是我们引用的其他模块，如第三方库，我们调用第三方库中的函数，并把回调函数传递给第三方库，第三方库中的函数调用我们编写的回调函数，如图2.39所示。

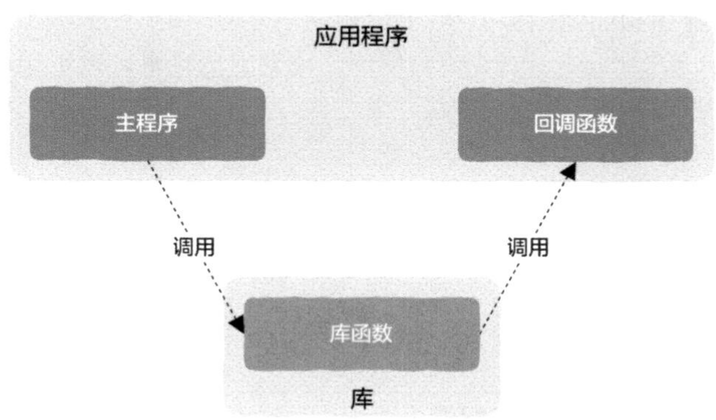

图2.39 回调函数与调用方分属两个不同的层次

之所以需要给第三方库指定回调函数，是因为第三方库的编写方并不清楚在某些特定节点该执行什么操作，这些只有第三方库的使用方才知道，因此第三方库的编写方无法针对具体的实现来写代码，而只能对外提供一个参数，第三方库的使用方来实现该函数并作为参数传递给该第三方库，第三方库在特定的节点调用该回调函数就可以了。

另外，值得注意的是，从图2.39中我们可以看到回调函数和主程序位于同一层中，我们只负责编写该回调函数，但并不由我们来调用。

最后，我们关注一下回调函数被调用的时间节点，一般来说当系统中出现某个我们感兴趣的事件（如接收到网络数据、文件传输完成等）时，我们希望能调用一段代码来处理一下，这时回调函数也可以派上用场，我们可以针对某个特定事件注册回调函数。当系统中出现该事件时将自动调用相应的回调函数，因此从这个角度来看回调函数就是事件处理器（Event Handler），回调函数适用于事件驱动编程，我们将在2.8节再次回到这一话题。

2.5.6 两种回调类型

到目前为止，已经介绍了两种回调：同步回调与异步回调，这里再次讲解一下这两个概念。

首先来看同步回调（Synchronous Callbacks），也有的将其称为阻塞式回调（Blocking Callbacks），这是我们最为熟悉的回调方式。

假设我们要调用函数A，并且传入回调函数作为参数，那么在函数A返回之前回调函数会被执行，这就是同步回调，如图2.40所示。

有同步回调就有异步回调。

依然假设我们调用某个函数A并以参数的形式传入回调函数，此时函数A的调用会立刻完成，一段时间后回调函数开始被执行，此时主程序可能在忙其他任务，回调函数的执行和主程序可能在同时进行，既然主程序和回调函数的执行可以同时发生，那么在一般情况下，主程序和回调函数的执行位于不同的线程或者进程中，这就是异步回调（Asynchronous Callbacks），如图2.41所示，也有的资料将其称为延迟回调（Deferred Callbacks），名字很形象。

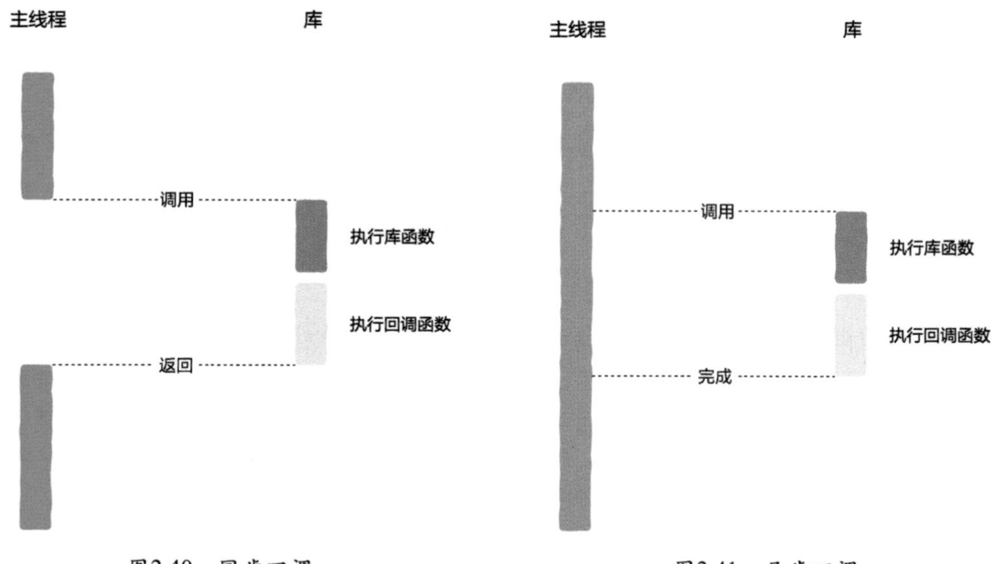

图2.40 同步回调　　图2.41 异步回调

从图2.40和图2.41中我们可以看到，异步回调要比同步回调更能充分利用多核资源，原因就在于在同步回调下主程序会“偷懒”（中间有一段“空隙”），但是异步回调不存在这个问题，主程序会一直运行下去。异步回调常见于I/O操作，适用于Web服务这种高并发场景。

然而，异步回调也有自身的问题，计算机科学中没有一种完美无缺的技术，现在没有，在可预见的将来也不会有，一切都是妥协的结果，异步回调有什么问题呢？

2.5.7 异步回调的问题：回调地狱

实际上我们已经看到了，异步回调这种机制和程序员最熟悉的同步回调不一样，在可理解性上不及同步回调。业务逻辑相对复杂，如我们在服务器端处理某项任务时不止需要调用一项下游服务，而是几项甚至十几项，如果这些服务调用都采用异步回调的方式来处理，那么很有可能陷入回调地狱中。

举个例子，假设处理某项任务我们需要调用四个服务，每一个服务都依赖上一个服务的结果，如果用同步回调的方式来实现，那么可能是这样的：

```
a = GetServiceA();
b = GetServiceB(a);
c = GetServiceC(b);
d = GetServiceD(c);
```

代码很清晰，也很容易理解，但如果使用异步回调的方式来写，那么将会是什么样的呢？

```
GetServiceA(function(a){
    GetServiceB(a, function(b){
        GetServiceC(b, function(c){
            GetServiceD(c, function(d) {
                ....
            });
        });
    });
});
```

不需要再强调什么了吧，你觉得这两种写法哪个更容易理解，代码更容易维护呢？

稍复杂一点的异步回调代码稍不留意就会跌到回调陷阱中，有没有一种更好的办法既能结合异步回调的高效又能结合同步回调代码的简单易读呢？

答案是肯定的。这其实就是2.4节讲解的协程，我们会在2.8节再次回到这一话题。

好啦，关于回调这一话题就到这里，本节中多次出现了同步、异步这样的概念，是时候好好理解一下同步与异步啦！

2.6 彻底理解同步与异步

相信你遇到同步、异步这两个词时会比较茫然，这两个词背后到底是什么意思呢？

我们先从工作场景讲起。

2.6.1 辛苦的程序员

假设现在老板分配给你一项很紧急的任务，下班前必须完成，为了督促进度，老板搬了把椅子坐在一边盯着你写代码。

你心里肯定不爽，心想你就不能去干点其他事情吗，非要在这里盯着！老板仿佛接收到了你的脑电波："我就在这里等着，在你写完前我哪儿也不去！"。

这个例子中老板交给你任务后就在原地等待直至你完成任务，这个场景就是同步，如图2.42所示。

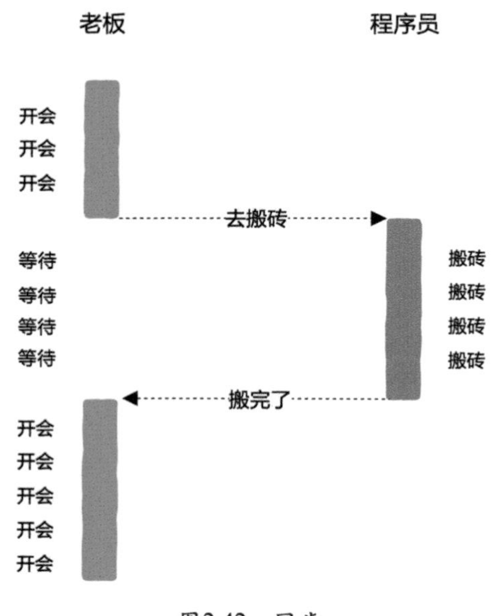

图2.42 同步

第二天，老板又交给了你一项任务。

不过这次就没那么着急，老板轻描淡写道："今天的任务不着急，你写完告诉我一声就行"。说完后老板没有原地等待你完成任务而是转身处理其他事情了，你完成后简单和老板报告了一声："任务完成"。

这就是异步，如图2.43所示。

值得注意的是，在异步这种场景下重点是在你搬砖的同时老板在处理其他工作，这两件事在同时进行，这就是在一般情况下异步要比同步高效的本质所在。

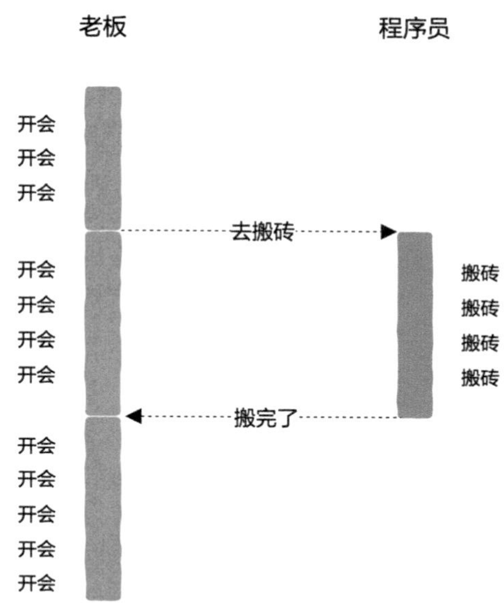

图2.43　异步

我们可以看到，同步这个词往往和任务的“依赖”“关联”“等待”等关键词相关，而异步往往和任务的“不依赖”“无关联”“不需要等待”“同时发生”等关键词相关。

2.6.2　打电话与发邮件

程序员是不能只顾埋头搬砖的，平时工作中免不了沟通，其中一种高效的沟通方式是吵架……啊不，是打电话。

打电话时，一个人说另一个人听，A在说的时候B要在一边等待，等A说完后B才能接着说，因此在这个场景中你可以看到“依赖”“关联”“等待”这些关键词出现了，因此打电话这种沟通方式就是同步，如图2.44所示。

除打电话外，邮件还是一种必不可少的沟通方式，没有人会什么都不做傻等着你回邮件，因此你在写邮件的同时，另一个人可以去处理其他事情；与此同时，当你写完邮件发出去后也不需要干巴巴地等着对方回复，可以转身处理自己的事情，如图2.45所示。

在这里，你写邮件与别人处理自己的任务这两件事又在同时进行，收件人和发件人都不需要相互等待。在这个场景下“不需要等待”这样的关键词出现了，因此邮件这种沟通方式就是异步的。

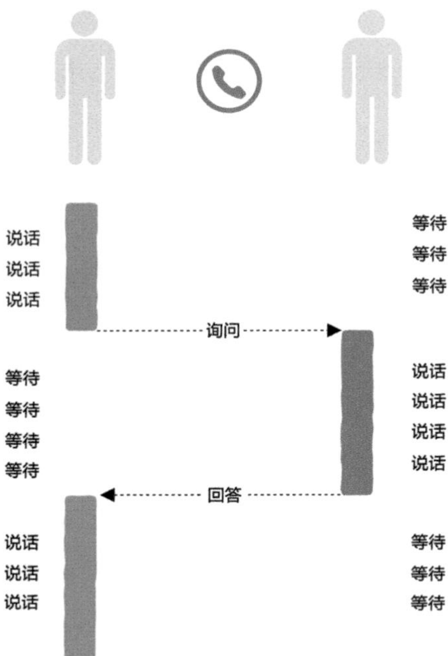

图2.44　打电话是一种同步沟通方式

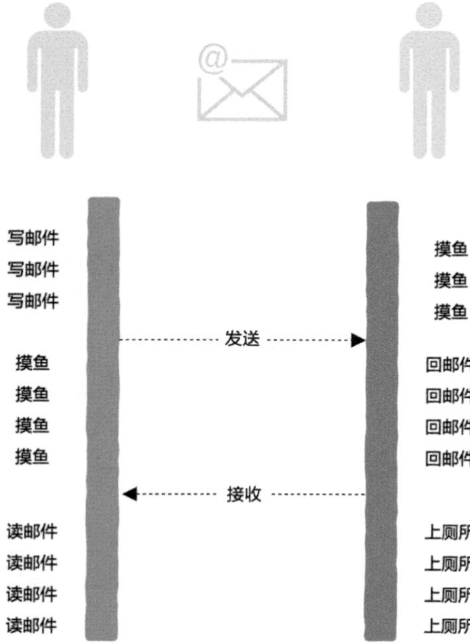

图2.45　邮件是一种异步沟通方式

2.6.3　同步调用

现在回到编程上来，先说同步调用，这是程序员最熟悉的场景。

一般的函数调用都是同步的，就像这样：

```
funcA() {
    // 等待funcB函数执行完成
    funcB();

    // funcB函数返回后继续接下来的流程
    ...
}
```

funcA函数调用funcB函数，在funcB函数执行完之前，funcA函数中的后续代码都不会被执行，也就是说funcA函数必须等待funcB函数执行完成，这就是同步调用，如图2.46所示。

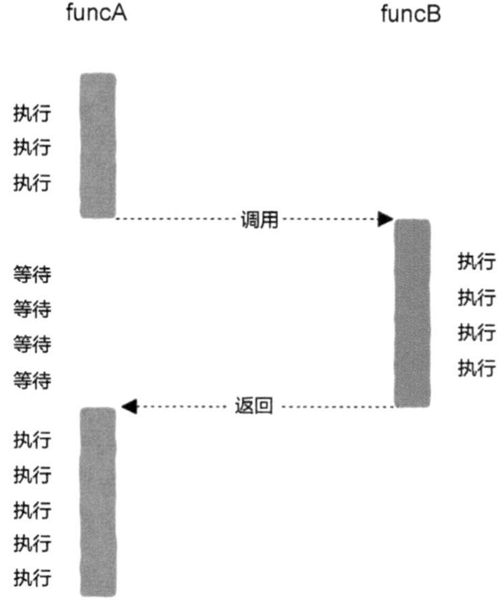

图2.46　同步调用

注意，一般来说，像这种同步调用，funcA函数和funcB函数是运行在同一个线程中的，这是最为常见的情况。

但有一种情况比较特殊，那就是I/O操作。

当我们进行I/O操作时，如调用read函数读取文件时：

```
...
read(file, buf); // 执行到这里线程被暂停运行
```

```
...
// 等待文件读取完成后继续运行
```

底层实际上是通过系统调用的方式向操作系统发出请求的，此时调用线程会因文件读取而被操作系统暂停运行，当内核读取磁盘内容后再唤醒被暂停的线程，这就是阻塞式I/O，如图2.47所示。

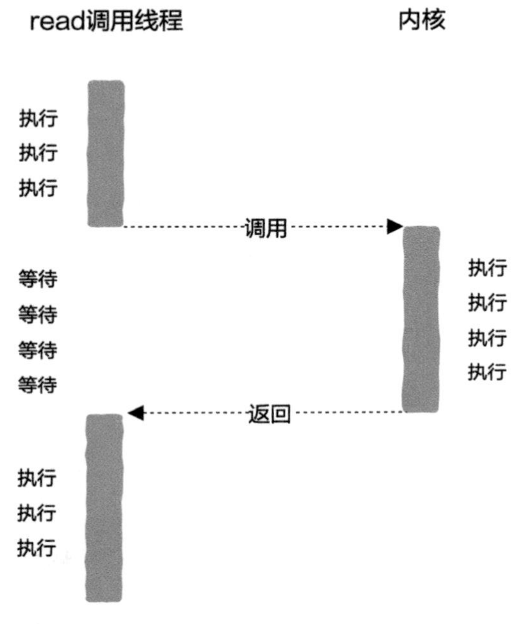

图2.47　阻塞式I/O

显然，这也是同步调用，只是调用方与文件读取方运行在不同的线程中。因此我们可以得出结论，同步调用与调用方和被调用方是否运行在同一个线程是没有关系的。

同步编程对程序员来说是最容易理解的，但容易理解的代价就是在某些场景下（注意，是在某些场景下而不是所有场景），同步并不是高效的，因为调用方必须等待。

接下来，我们看异步调用。

2.6.4 异步调用

一般来说，异步调用总是和I/O等耗时较高的任务如影随形，像磁盘文件读写、网络数据的收发、数据库操作等。

我们还是以读取磁盘文件为例。

如果read函数的调用是同步的，那么在读取完文件之前调用方无法继续向前推进，但如果read函数可以异步调用，情况就不一样了。

假如read函数是异步调用，即使还没有读取完文件，read函数也可以立即返回。

```
read(file, buff); // read函数立即返回
// 不会阻塞当前程序
```

异步调用read函数如图2.48所示。

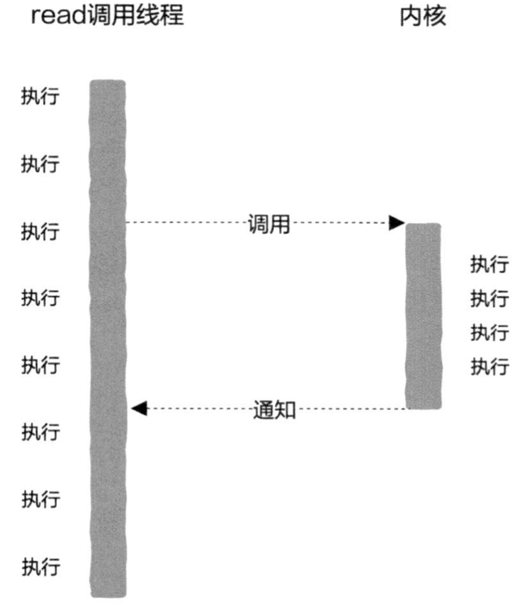

图2.48 异步调用read函数

这就是异步I/O。

在这种情况下，调用方不会被阻塞，read函数会立刻返回，调用方可以立即执行接下来的程序，调用方此后的程序可以与文件读取并行进行，这就是异步的高效之处。

但是，请注意，异步调用对于程序员来说在理解上是一种负担，在代码编写上更是如此，总的来说，在计算机科学中当上帝为你打开一扇门时也会适当关上一扇窗户。

你可能会有这样的疑问，在异步调用方式下我们该怎么知道什么时候任务真正地被处理完成呢？这个问题在同步调用方式下很简单，我们可以确信当函数返回后一定意味着被调函数涉及的任务被处理完成了，如同步调用read函数，当该函数返回后一定意味着读取完文件，但在异步调用下我们怎么能知道什么时候读取完文件呢？又该怎样处理结果呢？

这就分成了两种情况：

（1）调用方根本就不关心执行结果。

（2）调用方需要知道执行结果。

第一种情况的实现方法可以利用2.5节讲到的回调函数，如当异步调用read函数时，把对文件内容的处理方法也传递过去：

```
void handler(void* buf) {
    ... // 对文件内容进行处理
}
read(buf, handler);
```

read(buf, handler);的意思是“快去读取文件，读完后用我给你传递的函数处理一下”，在这种情况下对文件内容的处理就不发生在调用方线程中了，而是在另一个线程（进程等）中执行回调函数，如图2.49所示。

第二种情况的一种实现方法是利用通知机制，也就是说当任务执行完成后发送信号或消息来通知调用方任务完成，在这种情况下对结果的处理依然发生在调用方线程中，因为一般来说函数的异步调用往往涉及两个线程，调用方在一个线程而任务的异步处理通常在另一个线程，因此图2.50中会有两个线程。

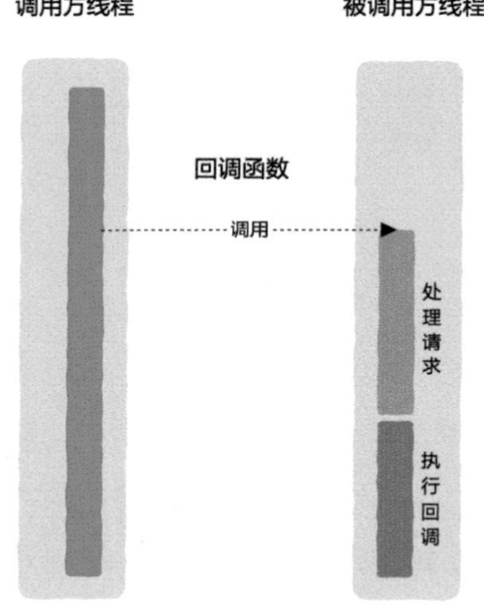

图2.49 异步回调

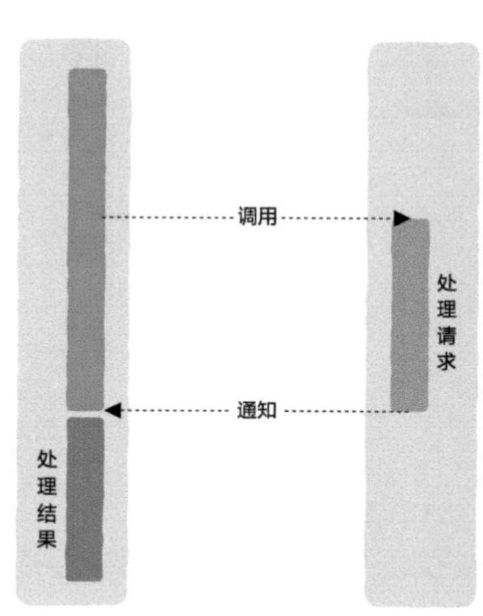

图2.50 异步调用的通知与结果处理

为加深印象，在本节的最后我们用一个具体的例子来讲解一下同步调用与异步调用。

2.6.5 同步、异步在网络服务器中的应用

我们以常见的Web服务器为例来说明这一问题。

一般来说，Web服务器接收到用户请求后会有一些典型的处理逻辑，最常见的就是数据库查询（当然，你也可以把这里的数据库查询换成其他I/O操作，如磁盘读取、网络通信等）。在这里假定处理一次用户请求需要经过步骤A、B、C，然后读取数据库，数据库读取完成后需要经过步骤D、E、F，就像这样：

```
// 处理一次用户请求需要经过的步骤：

A;
B;
C;
数据库读取;
D;
E;
F;
```

其中，步骤A、B、C和步骤D、E、F不涉及任何I/O操作，也就是说这六个步骤不需要读取文件、网络通信等，涉及I/O操作的只有数据库查询这一步。

一般来说，这样的Web服务器有两个典型的线程：主线程和数据库处理线程。注意，这里讨论的只是典型的场景，具体业务在实现上可能会有差别，但这并不影响我们用两个线程来讨论问题。

首先，我们来看一下最简单的实现方式，也就是同步。

这种方式最为自然，也最为容易理解：

```
// 主线程
main_thread() {
  while(1) {
     获取请求
     A;
     B;
     C;
     发送数据库查询请求并等待返回结果;
     D;
     E;
     F;
     返回结果;
  }
}

// 数据库线程
database_thread() {
    while(1) {
        获取请求
        数据库读取
        返回结果;
    }
}
```

这就是最典型的同步方法，主线程在发出数据库查询请求后就会被阻塞而暂停运行，直至数据库查询完毕，这时后面的步骤D、E、F才可以继续运行，如图2.51所示。

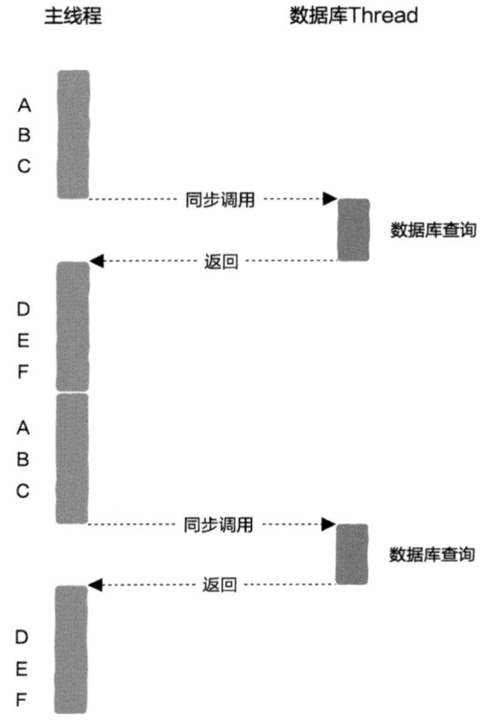

图2.51 同步调用

从图2.51中我们可以看到，主线程中会有“空隙”，这些空隙就是主线程的“休闲时光”，主线程在这段休闲时光中需要等待数据库查询完成才能处理后续流程。在这里主线程就好比监工的老板，数据库线程就好比搬砖的你，在搬完砖前老板什么都不做只是紧紧地盯着你，等你搬完砖后才去忙其他事情。

显然，高效的程序员是不能容忍主线程偷懒的，是时候亮出“秘密武器”了，这就是异步。

在异步这种实现方案下主线程根本不去等待数据库是否查询完成，而是发送完数据库读写请求后直接处理下一个用户请求。

注意，一个请求需要经过A、B、C、数据库查询、D、E、F这七个步骤，如果主线程在完成A、B、C、数据库查询步骤后直接处理接下来的请求，那么上一个请求中剩下的D、E、F三个步骤该怎么办呢?

如果大家还没有忘记2.6.4节内容就应该知道，这有两种情况，我们来分别讨论。

情况一：主线程不关心数据库操作结果。

在这种场景下，主线程根本不关心数据库是否查询完毕，数据库查询完毕后自行处理接下来的D、E、F三个步骤，如图2.52所示。

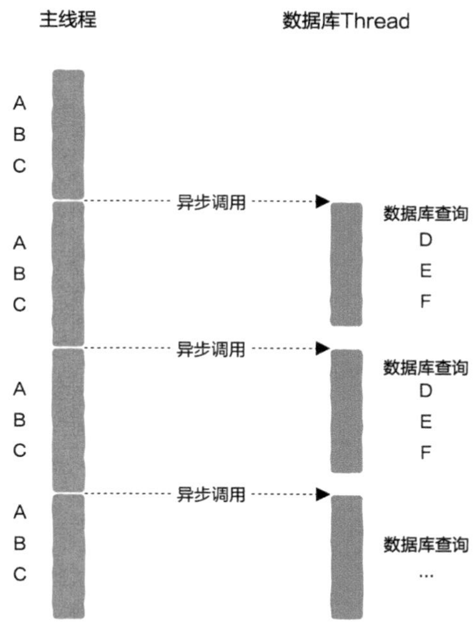

图2.52 异步调用

看到了吧，接下来重点来了哦！

我们说过一个请求需要经过七个步骤，其中前三个是在主线程中完成的，后四个是在数据库线程中完成的，数据库线程是怎么知道查完数据库后要处理D、E、F这三个步骤的呢？这时，我们的另一个主角回调函数就开始登场了，回调函数就是用来解决这一问题的。

将D、E、F这三个步骤封装到第一个函数中，我们将该函数命名为handle_DEF_after_DB_query:

```
void handle_DEF_after_DB_query () {
    D;
    E;
    F;
}
```

这样主线程在发送数据库查询请求时将该函数一并当成参数传递过去：

```
DB_query(request, handle_DEF_after_DB_query);
```

数据库线程处理完查询请求后直接调用handle_DEF_after_DB_query即可，这就是回调函数的作用。

你可能会有疑问，为什么这个函数要传递给数据库线程而不是数据库线程自己定义、自己调用呢？因为从软件组织结构上来讲，这不是数据库线程该做的工作，数据库线程需要做的仅仅是先查询数据库，然后调用一下回调函数，至于该回调函数做了些什么，数据库线程根本不关心，也不应该关心。显然，只有调用方才知道该怎样处理数据库结果，虽然调用方的处理逻辑多种多样，但都可以封装到回调函数并传递给数据库模块，而如果数据库线程自己定义处理函数，这种设计就没有灵活性可言了，这就是回调函数的作用。

仔细观察图2.51和图2.52，你能看出为什么异步调用比同步调用高效吗?

从图2.52中我们可以看到，主线程的“休闲时光”不见了，取而代之的是不断地工作、工作、工作，而且数据库线程也没有那么大段的空隙了，取而代之的也是工作、工作、工作。

主线程处理用户请求和数据库处理查询请求可以同时进行，这样的设计能更加充分地利用系统资源，从而更快地请求处理。从用户的角度来看，系统响应也会更加迅速，这就是异步的高效之处。

异步编程并不如同步编程容易理解，在系统可维护性上也不如同步编程。

接下来，我们看第二种情况，即主线程关心数据库操作结果。

情况二：主线程关心数据库操作结果。

在这种场景下，数据库线程需要将操作结果利用通知机制发送给主线程，主线程在接收到消息后继续处理上一个请求的后半部分，如图2.53所示。

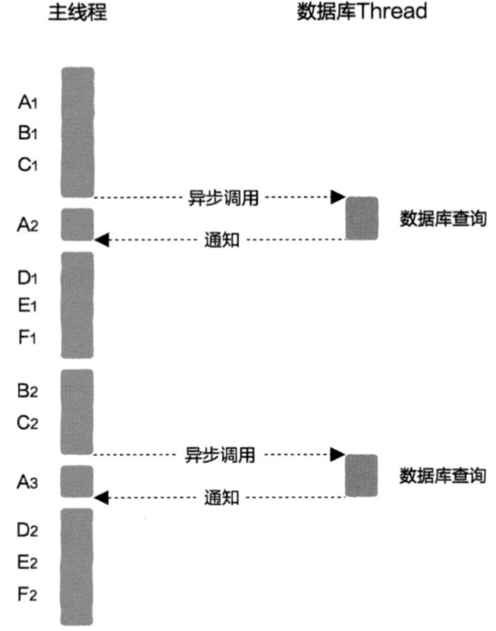

图2.53 主线程关心数据库操作结果

与图2.51相比，图2.53中的主线程也没有了“休闲时光”，只不过在这种情况下数据库线程是比较清闲的，这个示例并没有如图2.52所示的异步调用高效，但是依然要比同步调用高效一些。

需要注意的是，并不是所有情况下的异步调用都一定比同步调用高效，要具体情况具体分析。

现在你应该能理解到底什么是同步、什么是异步，以及为什么通常来说异步调用更加高效了吧？接下来我们看另外两个相似的概念：阻塞与非阻塞。

2.7 哦！对了，还有阻塞与非阻塞

在2.6节我们理解了同步与异步，这两个词其实所适用的领域非常宽泛，不仅适用于编程领域，还可以用在通信领域等。

当我们说同步或者异步时所指的一定是两个角色，这里的角色在编程中就是指两个交互的模块或者函数，在通信中就是指通信双方，如图2.54所示。

图2.54 同步、异步会涉及两个角色

同步指的是两个角色紧耦合，如A和B两个角色，A的某个操作必须依赖B的某个操作，存在这种依赖关系时A、B是同步的，如图2.55所示。

图2.55 A、B相互依赖：同步

如果A和B没有紧耦合这种限制，可以各干各的，那么A、B是异步的，如图2.56所示。

图2.56 A、B相互独立：异步

同步、异步一定指的是双方，且不仅限于编程领域。

2.6节中老板等待员工完成任务、双方打电话或者发邮件等都是典型的同步、异步

场景。

接下来，我们看一下阻塞与非阻塞。

2.7.1 阻塞与非阻塞

阻塞与非阻塞在编程语境中通常用在函数调用上。

假设两个函数A和B，函数A调用函数B，当函数A所在的线程（进程）因调用函数B被操作系统挂起而暂停运行时，我们说函数B的调用是阻塞式的，否则就是非阻塞式的。

线程因阻塞调用被暂停如图2.57所示。

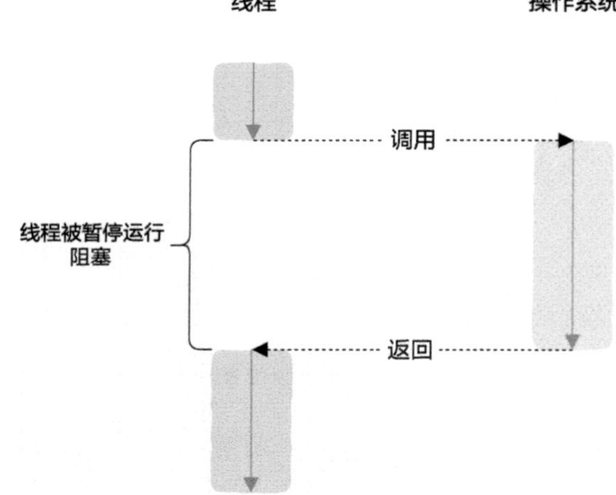

图2.57 线程因阻塞调用被暂停

可以看到，阻塞式调用的关键在于线程（进程）被暂停运行。注意，不是所有的函数调用都会使调用方所在线程被暂停运行，就像这样：

```
int sum(int a,int b) {
    return a + b;
}

void func() {
    int r = sum(1,1);
}
```

func函数所在的线程不会因为调用sum函数而被操作系统暂停。

什么情况下会因调用某个函数导致调用方所在线程（进程）被操作系统暂停运行呢？

2.7.2 阻塞的核心问题：I/O

一般情况下，阻塞几乎都与I/O有关。

原因也很简单，以磁盘为例，通常磁盘完成一次在涉及寻道的I/O请求时耗时能达到毫秒（ms）量级，而我们的CPU工作频率已经在GHz量级了，在毫秒的时间内CPU可以完成大量有用的工作（执行机器指令），因此一旦当我们的程序（线程、进程）涉及此类操作时，就应该把CPU从该线程（进程）上拿走分配给其他可以运行的线程（进程），当I/O操作完成后将CPU再次分配给该线程（进程），在此之前该线程（进程）一直是被阻塞而暂停运行的，如图2.58所示。

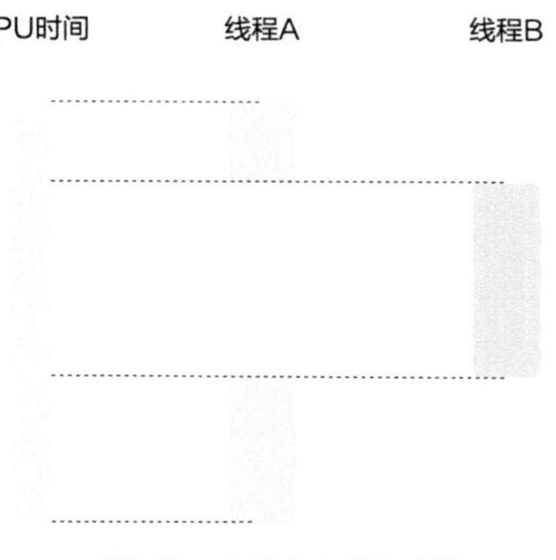

图2.58 高效分配CPU时间

从图2.58中可以看出，线程A因执行I/O操作被阻塞而暂停运行，此时CPU被分配给线程B，线程B运行一段时间后操作系统发现I/O操作完成，此后将CPU再次分配给线程A。操作系统需要高效地在各个线程间分配CPU时间以充分利用CPU资源，这就是我们需要阻塞式I/O调用的核心所在。

因此，当涉及耗时较高的I/O操作时调用方线程往往会被阻塞暂停运行。

你可能会说，既然I/O操作这么慢，直接调用相关函数会导致线程（进程）被阻塞，那么有没有一种办法可以既能发起I/O操作又不会导致调用线程被暂停运行的方法呢?

答案是肯定的。这就是非阻塞式调用。

2.7.3 非阻塞与异步I/O

我们以读取网络数据为例来看一下非阻塞式调用。

假设数据接收函数为recv，如果recv函数是非阻塞式的，那么调用该函数时操作系统不会暂停我们的线程，recv函数会立刻返回，此后我们的线程该干什么干什么，内核负责帮我们接收数据，这两件事是并行的，如图2.59所示。

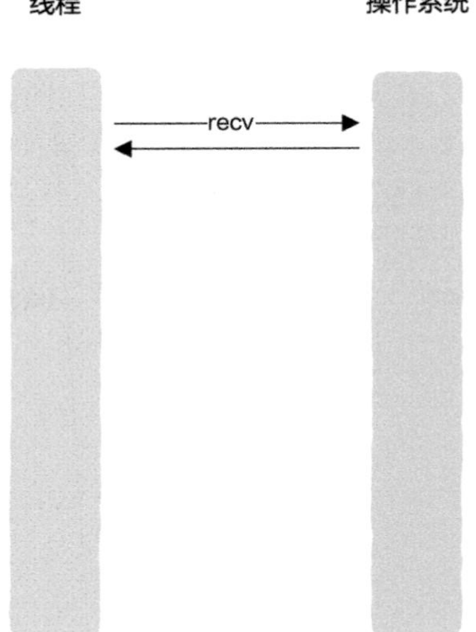

图2.59　函数的非阻塞式调用

现在请求发出去了，我们怎么能知道什么时候接收到数据呢？有三种方法：

（1）除了非阻塞式的recv函数，再给我们提供一个结果查询函数，通过调用该查询函数我们就能知道是否有数据接收到。

（2）通知机制，接收到数据后给我们的线程发送消息或信号等。

（3）回调函数，我们在调用recv函数时把对数据的处理逻辑封装成回调函数传递给recv函数，前提是recv函数支持传入回调函数。

这就是非阻塞式调用，这类I/O操作也叫异步I/O，我们可以看到相比阻塞式调用来说，这种异步I/O在编程上不是很直观。

为加深你的印象，我们用一个例子再来形象地讲解一下阻塞与非阻塞。

2.7.4　一个类比：点比萨

阻塞式调用就好比你去比萨店点比萨，此时如果比萨没有制作完成，那么你只能原地等待，这时你就因为点比萨而被“阻塞”住了，当比萨烤好后你才能拿着比萨去做其他事情。

而非阻塞式调用就好比点外卖，一个电话打过去后接下来你该干什么就干什么，不会有人打完电话在门口傻等着，这时我们就说用外卖的方式点比萨就是非阻塞的。

在非阻塞的情况下你该怎么知道比萨是否制作完成了呢？这时根据你的耐心程度可能有两种情况：

（1）非常有耐心，你根本不关心比萨什么时候制作完成、什么时候送到，反正外卖来了会给你打电话，这期间你该干什么就干什么，在这里你和制作比萨是异步的。

（2）没有耐心，你每隔5分钟就去问一下（调用）比萨是否制作好了，除了每隔5分钟问一下，你还是该干什么就干什么，在这里你和制作比萨依然是异步的；但如果你极度没有耐心，频繁打电话问进度，比萨到来前你什么都不想做，这时你和制作比萨就不再是异步的而是同步的了，如图2.60所示，因此我们可以说非阻塞不一定代表异步。

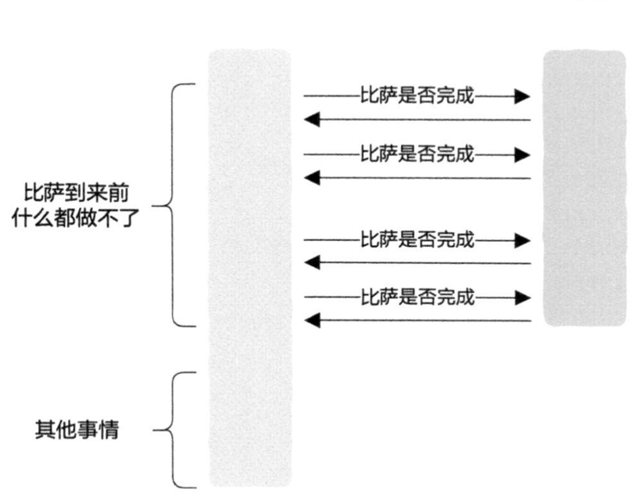

图2.60 非阻塞不一定代表异步

讲解完阻塞与非阻塞后，我们来看一下同步、异步、阻塞、非阻塞这几个的组合。

2.7.5 同步与阻塞

同步与阻塞有些相似，从编程角度来看同步调用不一定是阻塞的，但阻塞调用一定是同步的，还是以调用加和函数为例：

```
int sum(int a, int b) {
    return a + b;
}

void funcA() {
    sum(1, 1);
}
```

在这里，调用sum函数就是同步的，但funcA函数不会因调用sum函数被阻塞导致其所在线程被暂停运行，但如果某个函数是阻塞式调用的，那么其一定是同步的，这无须多言。

接下来，我们看一下异步与非阻塞。

2.7.6 异步与非阻塞

以接收网络数据为例来说明，假设数据接收recv函数，添加NON_BLOCKING_FLAG标识将其置为非阻塞式调用，我们可以这样来接收网络数据：

```
void handler(buf) { // 处理接收到的网络数据
    ...
}

while(true) {
    fd = accept();
    recv(fd, buf, NON_BLOCKING_FLAG, handler); // 调用后直接返回，不阻塞
}
```

由于recv函数为非阻塞式调用，因此需要将网络数据处理handler函数作为回调传递给recv函数，上述代码即异步非阻塞的。

但如果系统还给我们提供了一个检测函数check，专门用来检测是否有网络数据到来，那么你的代码可能是这样的：

```
void handler(buf) { // 处理接收到的网络数据
    ...
}

while(true) {
    fd = accept();
    recv(fd, buf, NON_BLOCKING_FLAG); // 调用后直接返回，不阻塞
    while(!check(fd)) {  // 循环检测
      ;
    }
    handler(buf);
}
```

这里，recv函数依然是非阻塞式调用的，但你用了一个while循环不断检测，在数据到来之前handler函数是不可能被调用到的，因此尽管recv函数是非阻塞的，但从整体上看是同步的，这就像那个点了外卖一直催单的人，这种情况就属于同步非阻塞。注意，上述代码非常低效，导致CPU白白消耗在while循环处，不要写出这样的代码。

可以看到，非阻塞不一定就意味着整体上是异步的，这取决于代码实现。

2.6节和2.7节内容上可能略显单调，但这些概念对程序员来说的确很重要，希望你还能看到这里，我们会发现回调函数适用于异步处理，而异步又和线程（进程）等密切相关，脱离了这些单独谈任何一方都不够彻底。

好啦，本章到目前为止讲解了操作系统、进程、线程、协程、回调函数、同步、异步、阻塞、非阻塞，接下来就是实践环节了，这些技术可以让我们实现什么有用的功能呢？

就像图2.61中那样，这些技术可以让我们实现高性能服务器，这就是下一节要重点关注的内容。

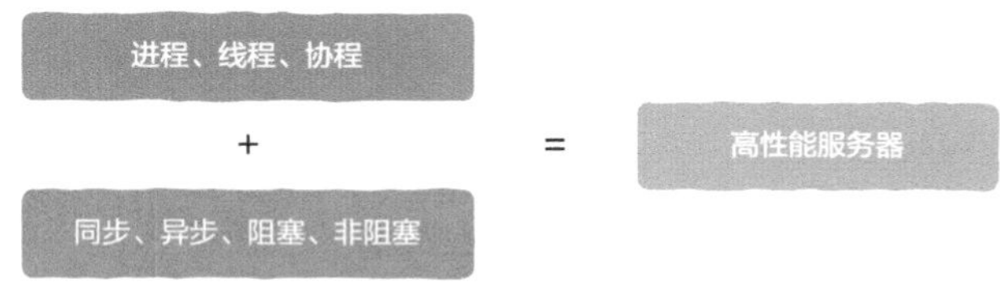

图2.61　高性能服务器实现需要哪些技术

2.8　融会贯通：高并发、高性能服务器是如何实现的

移动互联网的出现极大地方便了我们的生活，我们利用手机即可浏览资讯、购物、点外卖、打车等，在享受这些便利的同时你有没有想过这背后的服务器是如何并行处理成千上万个用户请求的？这里面涉及哪些技术？

2.8.1　多进程

历史上最早出现也是最简单的一种并行处理方法就是利用多进程。

例如，在Linux世界中，我们可以使用fork方法创建出多个子进程，父进程首先接收用户请求，然后创建子进程去处理用户请求，也就是说每个请求都有一个对应的进程，即Process-per-connection，如图2.62所示。

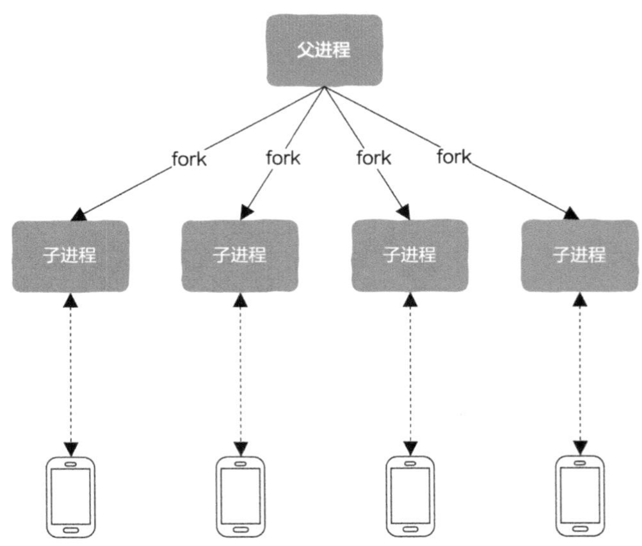

图2.62　利用子进程处理用户请求

这种方法的优点就在于：

（1）编程简单，非常容易理解。

（2）各个进程的地址空间是相互隔离的，因此一个进程崩溃后并不会影响其他进程。

（3）充分利用多核资源。

多进程并行处理的优点很明显，但是缺点同样明显：

（1）各个进程地址空间相互隔离，这一优点也会变成缺点，进程间要想通信就会变得比较困难，需要借助进程间通信机制。

（2）创建进程的开销比较大，频繁地创建、销毁进程无疑会加重系统负担。

幸好，除了进程，我们还有线程。

2.8.2 多线程

不是创建进程开销大吗？不是进程间通信困难吗？这些对于线程来说统统不是问题。

由于线程共享进程地址空间，因此线程间“通信”不需要借助任何通信机制，直接读取内存就好了，前提是确保2.3节讲解的线程安全。

要知道线程就像寄居蟹一样，房子（地址空间）都是进程的，自己只是一个租客，因此非常的轻量级，创建、销毁的开销也非常小。

我们可以为每个请求创建一个线程，即Thread-per-connection，即使其中某个线程因执行I/O操作，如读取文件等，被阻塞暂停运行也不会影响到其他线程，如图2.63所示。

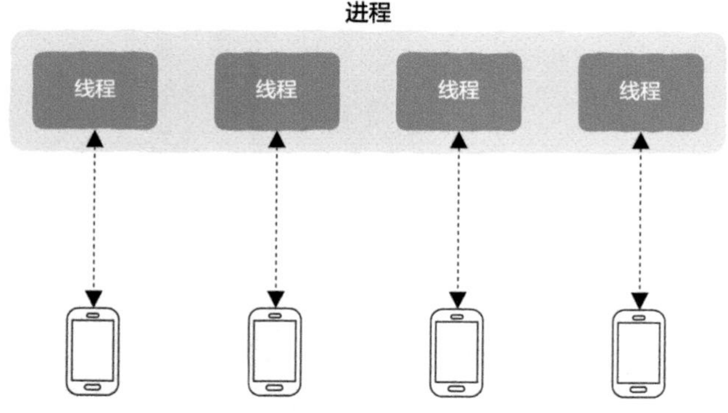

图2.63　利用多线程来处理用户请求

但线程就是完美的吗？显然，计算机世界没那么简单。

由于线程共享进程地址空间，这在为线程间“通信”带来便利的同时也带来了无尽的麻烦。

正是由于线程间共享地址空间，因此一个线程崩溃会导致整个进程崩溃退出，同时这种共享地址空间却可以有多个执行流（线程）的机制，带来的副作用就是多个线程不可以同时读写它们之间共享的数据资源，否则会有线程安全问题，必须借助同步互斥等机制，而这又会带来死锁等一系列问题，无数程序员宝贵的时间就有相当一部分用来解决多线程带来的这些麻烦。

虽然线程也有缺点，但是相比多进程来说，线程更有优势。如果用户规模不大，那么多线程能应付得过来，一旦面临海量高并发请求，单纯地利用多线程就有点捉襟见肘了，C10K说的就是这个问题。

虽然线程创建开销相比进程创建开销小，但依然也是有开销的，对于动辄每秒数万个，甚至数十万个请求的高并发服务器来说，创建数万个线程会有性能问题，这包括内存占用、线程间切换的性能损耗等。

因此，我们需要进一步思考。

2.8.3 事件循环与事件驱动

到目前为止，我们提到“并行”二字就会想到进程、线程，并行编程只能依赖这两项技术吗？并不是这样的。

还有另一项技术，其广泛应用在GUI编程及服务器编程中，这就是事件驱动编程，event-based concurrency。

大家不要觉得这是一项很难懂的技术，实际上事件驱动编程的原理非常简单。

事件驱动编程技术需要两种原料：

（1）事件（event）。事件驱动嘛，必须得有事件，由于本节主要关注服务器，因此这里的事件更多与I/O相关，如是否有网络数据到来、文件是否可读可写等。

（2）处理事件的函数。这一函数通常被称为event.handler。

剩下的就简单了：

你只需要安静地等待事件到来就好，当事件到来之后，检查一下事件的类型，并根据该类型找到对应的事件处理函数，也就是event.handler，然后直接调用该event.handler函数就好了。

以上就是事件驱动编程的全部内容，是不是很简单！

事件会源源不断到来，对于服务器来说这里的事件就是用户请求，我们需要不断地接收事件然后处理事件，因此这里需要一个循环（用while或者for循环都可以），这个循环被称为事件循环（event loop），如图2.64所示。

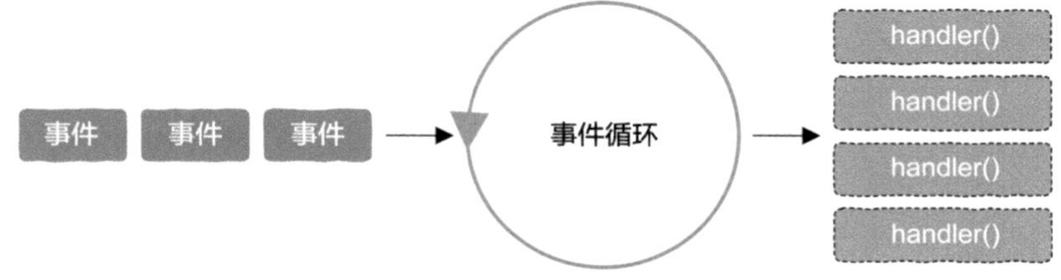

图2.64　事件驱动编程

使用伪代码表示就是这样：

```
while(true) {
  event = getEvent();      // 等待事件到来
  event.handler(event);    // 处理事件
}
```

事件循环中要做的事情其实非常简单，只需要等待事件的到来并调用相应的事件处理函数即可。

看起来不错，但我们还需要解决两个问题：

（1）事件来源问题，我们怎么能在一个函数，如上述伪代码getEvent()中获取多个事件呢？

（2）处理事件的handler函数要不要和事件循环函数运行在同一个线程中？

先看第一个问题，以服务器编程领域为例，其解决方案就是I/O多路复用技术。

2.8.4 问题1：事件来源与I/O多路复用

在Linux/UNIX世界中一切皆文件，而我们的程序都是通过文件描述符来进行I/O操作的，socket也不例外，我们该如何同时处理多个文件描述符呢？

现在假设有10个用户链接，也就是10个socket描述符，服务器在等待接收数据，最简单的处理方法是这样的：

```
recv(fd1, buf1);
recv(fd2, buf2);
recv(fd3, buf3);
recv(fd4, buf4);
...
```

一般来说，软件的设计及实现方案应该尽量简单，但不能过于简单，显然上述过于简单的代码是有问题的。如果用户1没有发送数据，那么recv(fd1, buf1)这行代码就不会返回，服务器也就没有机会接收并处理用户2的数据。

显然，不管三七二十一地顺序处理每个描述符并不是一个好方法，一种更好的方法是利用某种机制告诉操作系统："你替我看管好这 10 个 socket 描述符，谁有数据到来就告诉我"，这种机制就是 I/O 多路复用，如 Linux 世界中大名鼎鼎的 epoll：

```
// 创建epoll
epoll_fd = epoll_create();
// 告诉epoll替我们看管好这一堆描述符
epoll_ctl(epoll_fd, fd1, fd2, fd3, fd4...);

while(1) {
    int n = epoll_wait(epoll_fd);
    for (i = 0; i < n; i++) {
        // 处理具体的事件
```

```
    }
}
```

看到了吧，epoll就是为事件循环而生的，这里的epoll_wait()就相当于伪代码中的getEvent()，这样I/O多路复用技术就成了事件循环的发动机，源源不断地给我们提供各种事件，这样关于事件来源的问题就解决了，如图2.65所示。

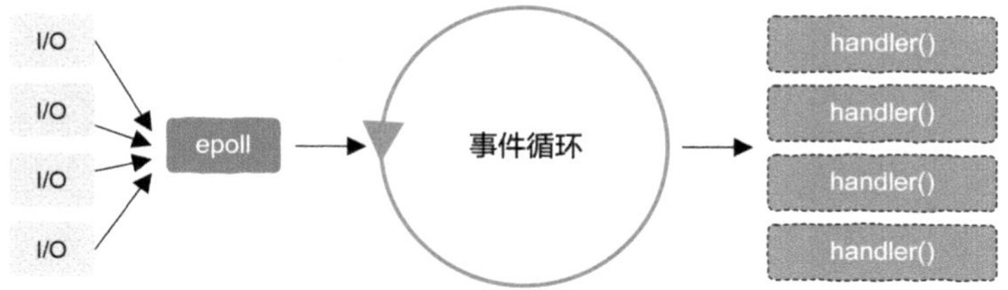

图2.65 I/O多路复用技术是事件循环的发动机

我们还会在第6章详解I/O多路复用技术，当然你现在也可以翻到那里看完后再回来。

我们再来看第二个问题，处理事件的handler函数要不要和事件循环函数运行在同一个线程中？

答案是看情况。看什么情况呢？

2.8.5 问题2：事件循环与多线程

如果事件处理函数具备以下两个特点：

（1）不涉及任何I/O。

（2）处理函数非常简单，耗时很少。

那么这时我们可以放心地让事件处理函数和事件循环函数运行在同一个线程中，如图2.66所示。

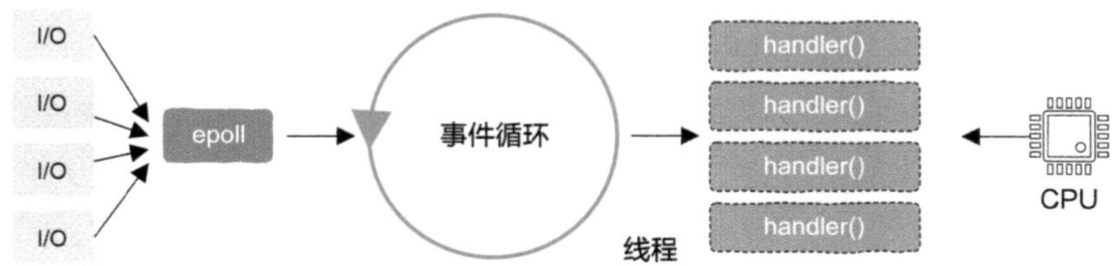

图2.66 事件循环函数与事件处理函数运行在同一个线程中

在这种情况下，请求是被串行处理的，而且是在单线程中被串行处理的，由于假设的前提是处理请求耗时很少，因此服务器可在一段时间内处理完大量请求，即使串行处理，用户也不会察觉到明显的响应延迟。

现在问题来了，如果处理用户请求需要消耗大量的CPU时间呢？

这时如果还采用单线程，那么用户会抱怨我们的系统响应时间太长，事件循环在处理请求A时没有办法响应请求B，因为只有一个线程。为加速请求处理并充分利用现代计算机系统中的多核，我们需要借助多线程的帮助，如图2.67所示。

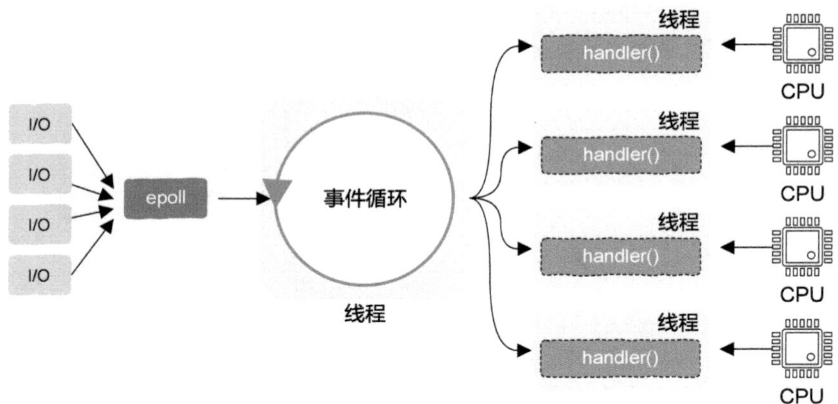

图2.67 事件处理函数运行在多线程中

现在，事件处理函数不再和事件循环运行在同一个线程中了，而是放在独立的线程中，如图2.67所示，这里创建了四个工作线程及一个事件循环线程，事件循环接收到请求后简单处理一下即可分发给各个工作线程，多线程并行执行充分利用系统多核加速请求处理，当然这里的工作线程也可以用线程池来实现。

这种设计方法有自己的名称：Reactor模式。

接下来，我们用一个类比讲解一下该模式。

2.8.6 咖啡馆是如何运作的：Reactor模式

假设有一家咖啡馆，你在前台接待喝咖啡的顾客，生意还不错，来这里喝咖啡的人络绎不绝。

有时，有的顾客点的东西很简单，如来一杯咖啡或者牛奶之类，对这类请求你可以快速准备好并交给顾客，但也有一些顾客会点如意大利面等复杂菜品。作为前台的你，如果亲自去制作意大利面，就没有办法在这期间接待后续到来的顾客，信奉顾客就是上帝的你显然是不会这样做生意的。

幸好，后台有几位大厨，因此你只需要简单地把制作意大利面的命令交代下去就好了："张三去煮面条，李四去制作酱料，制作好后通知我。"

就这样，即便前台只有你一个人也能快速接待顾客的点餐，在这里你就相当于事件循环，后台的大厨就相当于工作线程，整个咖啡馆就按照Reactor模式运行。

2.8.7　事件循环与I/O

现在，我们把场景升级一下，让它更复杂一些，假设处理请求的过程中同时涉及I/O操作。

对于I/O操作也要分两种情况讨论：

（1）该I/O操作有对应的非阻塞式接口，在这种情况下直接调用非阻塞式接口不会导致线程暂停，且该接口可立即返回，因此我们可以直接在事件循环中调用。

（2）该I/O操作只有阻塞式接口，在这里必须提醒一点，事件循环中一定不能调用任何阻塞式接口，绝对不能！否则会导致事件循环线程被暂停运行，这时事件循环这台发动机就熄火了，整个系统都不能继续向前推进，因此同样可以把涉及阻塞式I/O调用的任务交给工作线程，即使某个工作线程被阻塞也不会妨碍其他工作线程。

现在系统就是这样了，如图2.68所示。

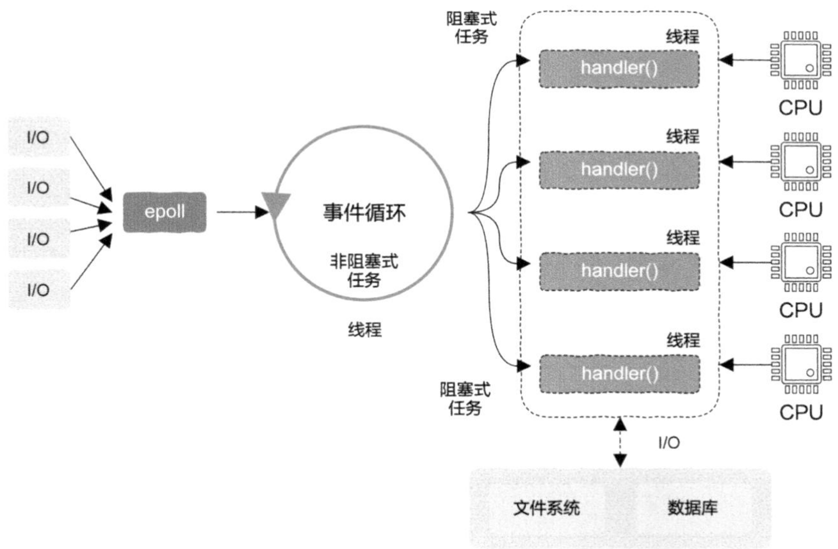

图2.68　事件循环与I/O

至此，本节提出的两个问题解决完毕。

实际上，只要确定了整体框架，业务开发者只需要针对handler函数进行编程即可，接下来我们把目光聚焦到工作线程中的handler函数上来。

2.8.8　异步与回调函数

在项目初期，handler函数的逻辑可能非常简单，如只需要简单地查询一下数据库即可返回，但随着业务发展，服务器逻辑也会变得越来越复杂，通常会将服务器逻辑根据用途进行拆分，每一部分都放在单独的服务器上，这些服务器之间相互配合，一次用户请求的处理可能涉及多种服务，如图2.69所示。

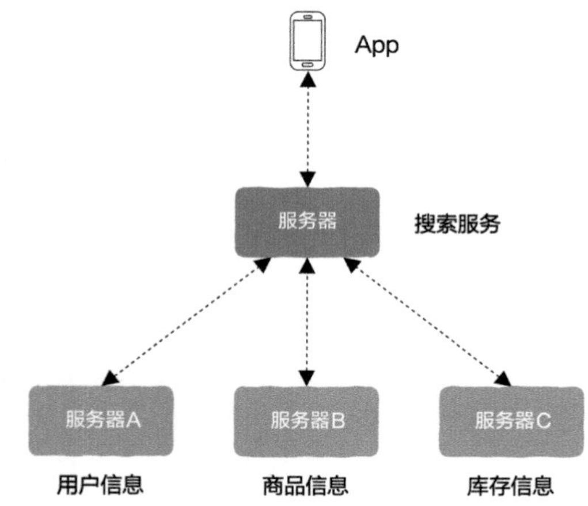

图2.69　用户通过手机搜索商品

例如，用户在电商App中搜索某商品，并假设一次搜索请求在后端涉及四类服务，请求首先被发送到搜索服务器上，简单处理后请求服务器A获取用户的详细信息，如用户画像之类，然后结合用户搜索词与用户画像去请求服务器B进行检索，获取匹配的商品后再次查询库存服务，搜索服务拿到结果后过滤掉无库存的商品将最终结果返回给用户。

各服务器之间一般通过远程过程调用RPC进行通信，RPC封装了网络建立链接、数据传输、数据解析等烦琐的工作，让程序员可以像调用普通函数一样进行网络通信：

```
GetUserInfo(request, response);
```

从外表来看，这是一个普通函数，但该函数的底层会进行网络通信，把请求发送到目标服务器上，获取响应后存放在参数response中，该函数返回后即可从response中得到结果。

现在该服务器对应的handler函数可能是这样写的：

```
void handler(request) {
    A;
    B;
    GetUserInfo(request, response); // 请求服务器A
    C;
    D;
    GetQueryReslut(request, response); // 请求服务器B
    E;
    F;
    GetStorkInfo(request, response); // 请求服务器C
    G;
```

```
    H;
}
```

其中，以Get开头的为RPC调用，注意，这些RPC调用是阻塞式的，下游服务在没有响应之前该函数不会返回。上述handler函数实现方法的优点在于代码清晰易懂，唯一的问题是阻塞式调用会导致线程被暂停运行，多次阻塞式调用使得线程被频繁中断，这样的系统极有可能无法充分利用CPU资源，因为工作线程大量时间都在等待下游服务，系统中没有那么多就绪线程供CPU执行，你可能会说多开启一些工作线程不就可以了，但该方法将导致线程调度及切换的开销显著增加，CPU的计算资源都浪费在了无用功上。

一种更好的方法是将RPC的同步调用修改为异步调用，RPC调用的形式为

```
GetUserInfo(request, callback);
```

由于函数的异步调用不会阻塞调用线程，该函数会立刻返回。当其返回时我们可能还没有得到下游服务的响应结果，这时就必须将GetUserInfo()之后的逻辑封装成回调函数传入RPC调用中，现在整个处理流程就变成了这样：

```
void handler_after_GetStorkInfo(response) {
    G;
    H;
}

void handler_after_GetQueryInfo(response) {
    E;
    F;
    GetStorkInfo(request, handler_after_GetStorkInfo); // 请求服务器C
}

void handler_after_GetUserInfo(response) {
    C;
    D;
    GetQueryReslut(request, handler_after_GetQueryInfo); // 请求服务器B
}

void handler(request) {
    A;
    B;
    GetUserInfo(request, handler_after_GetUserInfo); // 请求服务器A
}
```

现在我们的主流程被拆分成了四段，且回调中嵌入回调，这样的代码容易理解吗？这还是在仅仅只有三个下游服务的场景，如果下游服务更多，那么这样的代码几乎难以维护，尽管异步编程能更充分地利用系统资源。

有没有一种技术，它既有异步编程的高效又有同步编程的简单易懂？答案是肯定的。2.4节讲解的协程可以解决该问题，我们终于回到了协程这一话题。

2.8.9 协程：以同步的方式进行异步编程

实际上，如果你的编程语言或者框架支持协程，那么我们可以将handler函数放到协程中运行，如图2.70所示。

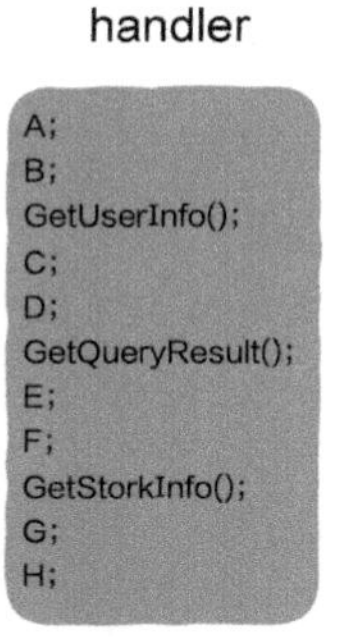

图2.70 把handler函数放到协程中运行

handler函数的代码实现依然以同步的方式编写，只不过当发起RPC通信后会主动调用，如yield释放CPU（通过改造RPC调用或者网络数据发送函数来实现这一点）。注意，这里最关键的一点在于协程挂起后并不会阻塞工作线程，这是协程与利用线程进行阻塞式调用的最大区别。

当该协程被挂起后，工作线程将转而去执行其他准备就绪的协程，当下游服务响应并返回处理结果后主动暂停的协程将再次具备可执行条件并等待调度执行，此后该协程将从上一次的挂起点继续运行下去，如图2.71所示。

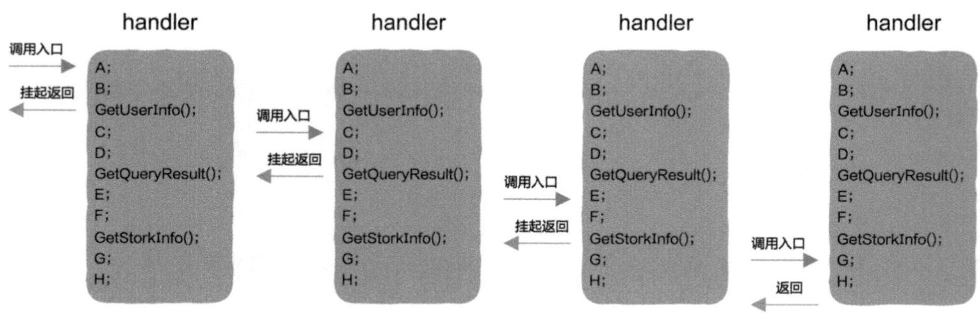

图2.71 协程从上一次挂起点继续运行

借助协程我们达到了以同步方式编程却可以获得异步执行效果的目的。

最终，增加协程后服务器整体框架如图2.72所示。

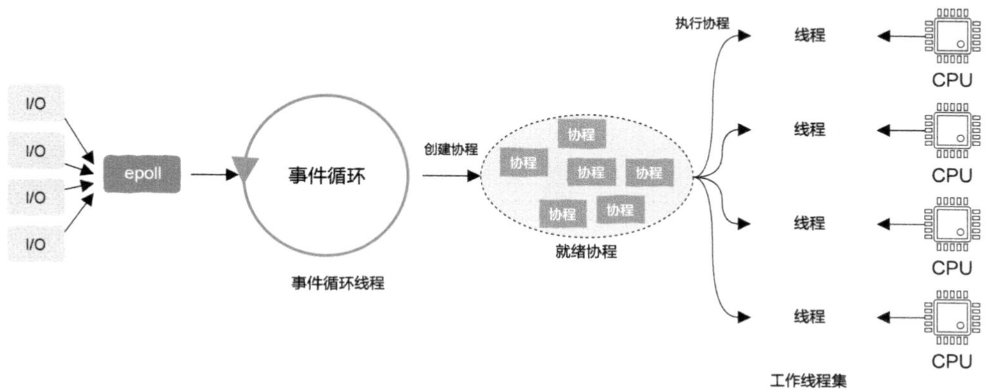

图2.72　增加协程后服务器整体框架

事件循环接收到请求后，将我们实现的handler方法封装为协程并分发给各个工作线程，供它们调度执行，工作线程拿到协程后开始执行其入口函数，也就是handler函数。当某个协程因发起RPC请求主动释放CPU后，该工作线程将去找到下一个具备运行条件的协程并执行，这样在协程中发起阻塞式RPC调用就不会阻塞工作线程，从而达到高效利用系统资源的目的。

2.8.10　CPU、线程与协程

再次强调一下CPU、线程、协程这几者的关系，如图2.73所示。

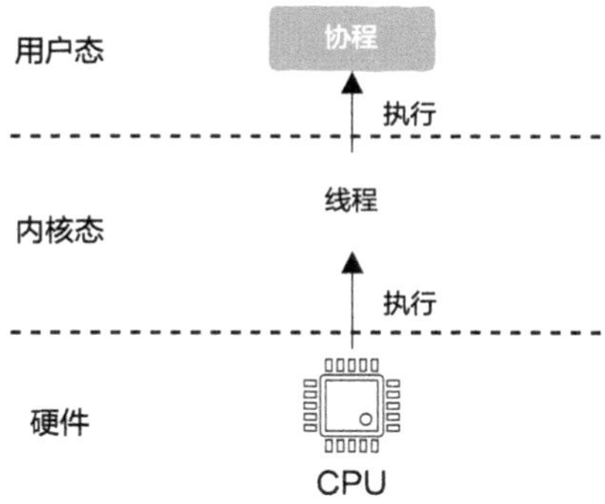

图2.73　CPU、线程与协程分属不同的层次

CPU无须多言，正是CPU执行机器指令驱动着计算机运行的；线程，一般来说也称为内核态线程，这是内核创建调度的，内核按照线程的粒度来分配CPU计算资源；而协程对内核来说是不可见的，无论创建多少协程，内核依然是按照线程来分配CPU时间片的，在线程被分配到的时间片内程序员可自行决定运行哪些协程，这本质上就是CPU时

间片在用户态的二次分配，如图2.74所示，由于这次分配出现在用户态，因此协程也被称为用户态线程。

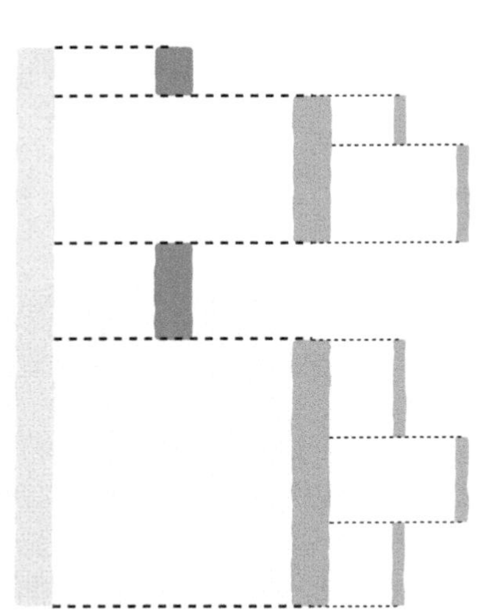

图2.74 协程本质上是线程CPU时间片在用户态的二次分配

怎么样，我们把本章前几节学到的操作系统、进程、线程、协程、同步、异步、阻塞、非阻塞全用上了，这些知识是真正能解决实际问题的。值得注意的是本节的架构设计仅用作示例，在真实场景下一定要根据自己的需求进行设计，实事求是，切不可生搬硬套，满足自己需求的架构设计就是好的设计。

好啦，这节内容就到这里，既然你已经了解了很多重要的概念，是时候来一次有趣的计算机系统漫游啦！

2.9 计算机系统漫游：从数据、代码、回调、闭包到容器、虚拟机

我们的起点是代码，这是计算机系统的灵魂所在。

2.9.1 代码、数据、变量与指针

在没有高级编程语言之前，程序直接用机器指令来编程，但我们会发现总有一些指令会被反复使用到，如果这些指令总要重复编写，那么显然是很低效的，因此我们发明了函数，用一个代号即可指代一段指令，当下一次又用到这段指令时直接使用代号即可，这就是函数，如图2.75所示，假设这是一段计算加法的指令。

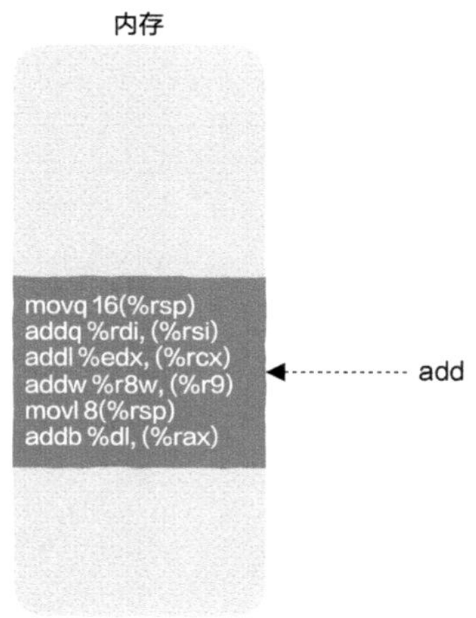

图2.75　用一个代号指代一段指令，函数诞生了

同时，我们知道内存中不仅仅可以用来存放指令（代码），指令操作的数据也可以存放在内存中，内存中的一段数据可能是一个结构体实例，也可能是一个对象，还可能是一个数组，但这不重要，重要的是我们可以使用一个代号来指代这一段数据，变量就诞生了，如图2.76所示。

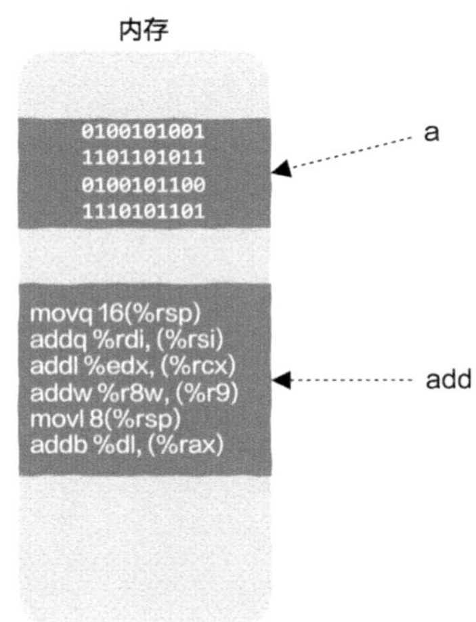

图2.76　使用一个代号来指代一段数据，变量就诞生了

实际上，我们可以用多个变量来指代同一段数据，如图2.77所示。变量a、b、c都指代同一段数据（结构体/对象/数组），如果在C语言中，变量a、b、c就叫指针，在不支持指针这个概念的语言中就叫引用，关于内存、指针、引用等概念会在第3章进行详细讲解。

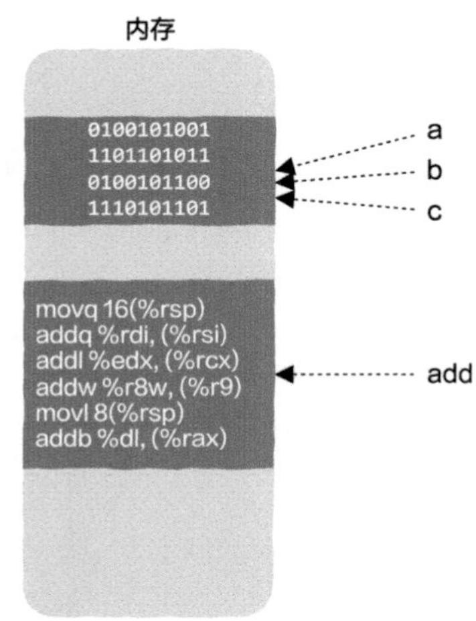

图2.77 多个变量来指代同一段数据

2.9.2 回调函数与闭包

既然可以有多个变量指代同一段数据，就没有理由不让多个变量指代同一段代码，如图2.78所示。

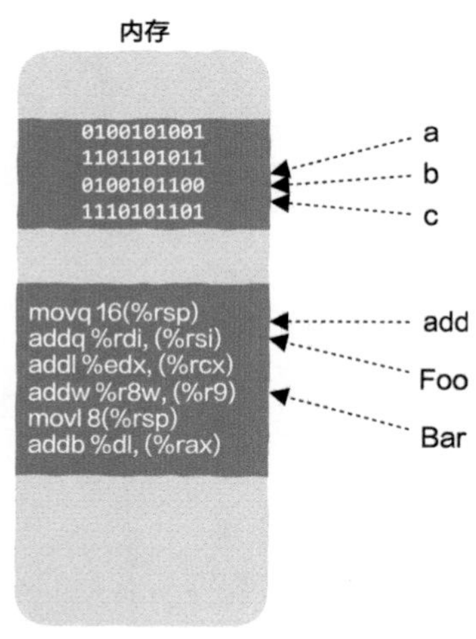

图2.78 多个变量指代同一段代码

当一段代码可以像普通变量一样来回赋值、使用、当作参数传递、作为返回值使用时，我们就说在这样的编程语言中函数是一等公民，如在C语言中函数就不是一等公民，你不能在函数中返回另一个函数，但在Python中函数就是一等公民，你可以像普通变量那样返回一个函数。

当函数作为参数传递给其他函数时，我们将其称为回调函数（Callback），就像下面这段代码，f 函数就是我们常说的回调函数，这在本章已经讲解过了。

```
void bar(foo f){
    f();
}
```

现在，我们了解了变量、函数及回调函数，接着往下看。

尽管回调函数非常有用，但回调函数有一个小小的问题，回调函数其实是说一段代码在A处定义，在B处被调用，定义与调用位于不同的地方，但有时我们不仅仅希望一段代码可以在A处定义，也希望这段代码能携带一部分在A处产生的数据。换句话说，我们希望回调函数可以绑定一部分运行时环境（数据），这部分运行时环境（数据）只能在A处获得，而无法在B处获得，即无法在调用该回调函数的地方获得。当回调函数与一部分数据绑定后统一作为一个变量对待时，闭包（Closure）诞生了，如图2.79所示。

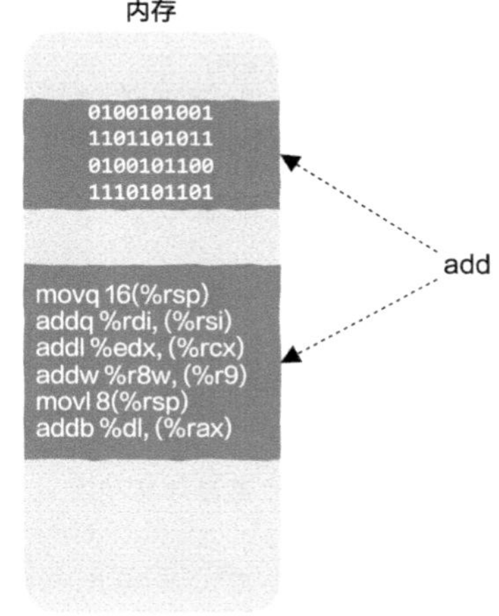

图2.79 把一段代码和数据绑定在一起作为变量使用

例如，下面这段代码：

```
def add():
  b = 10

  def add_inner(x):
    return b + x
  return add_inner

f = add()
print(f(2))
```

我们在add函数中定义了一个函数add_inner，该函数依赖两部分数据：一部分定义在了add函数中，也就是变量b；另一部分是由使用者决定的，也就是传入的参数2，当调用f函数时我们才能最终集齐add_inner函数依赖的所有数据。

可以看到，add_inner函数不仅是一段代码，还绑定了一些运行时环境（变量b），这就是闭包。

2.9.3 容器与虚拟机技术

我们的思绪再进一步游离，当一个函数可以主动让CPU暂停运行并且下次调用该函数时可以从暂停点继续执行时，该函数就是我们所说的协程，而如果函数的暂停运行与恢复运行实现在内核态，这就是线程。

而线程加上依赖的运行时资源，如地址空间等，这就是进程，关于线程和进程我们已经在本章讲解过了。

如果把程序与程序依赖的运行时环境，如配置、库等打包在一起，那么这就是容器（Container），如图2.80所示。

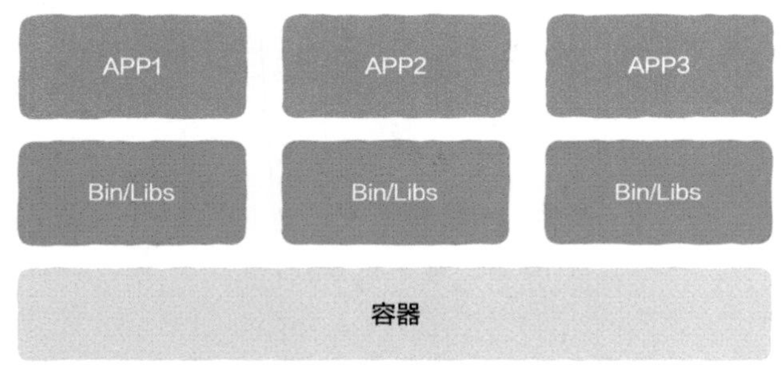

图2.80 把程序与程序依赖的运行时环境打包起来构成容器

容器一词的英文是Container，其实Container还有集装箱的意思，集装箱绝对是商业史上了不起的一项发明，大大降低了海洋贸易运输成本。让我们来看看集装箱的好处：

- 集装箱之间相互隔离。
- 长期反复使用。
- 快速装载和卸载。
- 标准尺寸，在港口和船上都可以摆放。

回到计算机世界的容器，其实容器和集装箱在概念上是很相似的，但这有什么用呢？

假设你写了一个很酷的程序，这段程序依赖mysql服务、若干系统库及配置文件，现在所有人都想用你的程序。这时每个人都需要在自己的环境上安装配置好mysql、装好依赖的系统库及创建若干配置。由于其中某几个步骤极其容易出错，因此几乎每个人在部署程序时都会来找你问问题，你不得不一遍遍解释该怎样安装、怎样部署。

作为程序员，对这种机械式的、重复的、枯燥的工作应该有天生的敏感性，这类工作非常适合让计算机去自动化处理。

因此，你会想有没有什么办法能把程序和程序依赖的mysql服务、若干系统库、配置文件打包起来，其他人开箱即用，再也不用一遍遍配置环境了，就这样，容器技术诞生了。

实际上，容器也是一种虚拟化技术，虚拟的是操作系统，如图2.81所示。

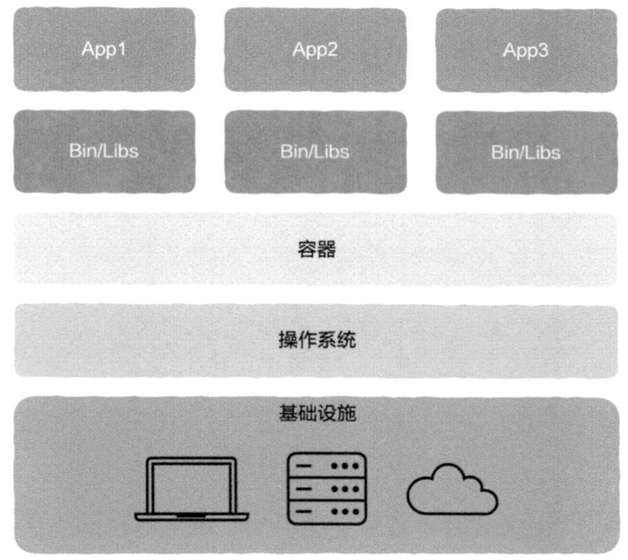

图2.81　容器也是一种虚拟化技术，虚拟的是操作系统

容器利用操作系统提供的能力将进程隔离起来，并控制进程对CPU、内存及磁盘的访问，让每个容器里的进程认为整个操作系统中只有这些进程存在。

实际上，容器技术很早就出现了，2013年Docker的出现让这一技术迅速普及开来，从此系统运维也可以程序化、自动化，这让大规模集群管理更方便、快捷。

可以看到，容器虚拟的是操作系统这层软件资源，实际上硬件资源也可以被虚拟化，这就是虚拟化技术。

虚拟化技术是说通过软件在计算机硬件之上进行抽象，将硬件资源分割为多个虚拟计算机，在这些计算机之上运行操作系统，这些操作系统可以共享硬件资源，完成这一工作的软件被称为虚拟机监控器（Hypervisor），如图2.82所示。

运行在虚拟机监控器之上的操作系统被称为虚拟机，与容器中的进程认为自己独占操作系统类似。运行在虚拟机监控器之上的操作系统认为自己独占硬件资源，虚拟化技术通常被认为是第一代云计算的基石，容器加虚拟机构成了现代云计算的基石。

从虚拟化的角度来讲，我们会发现一些很有趣的现象，与虚拟机监控器和容器类似，CPU的虚拟化形成进程让每个进程认为自己独占CPU；内存虚拟化形成虚拟内存让每个进程认为自己独占内存。

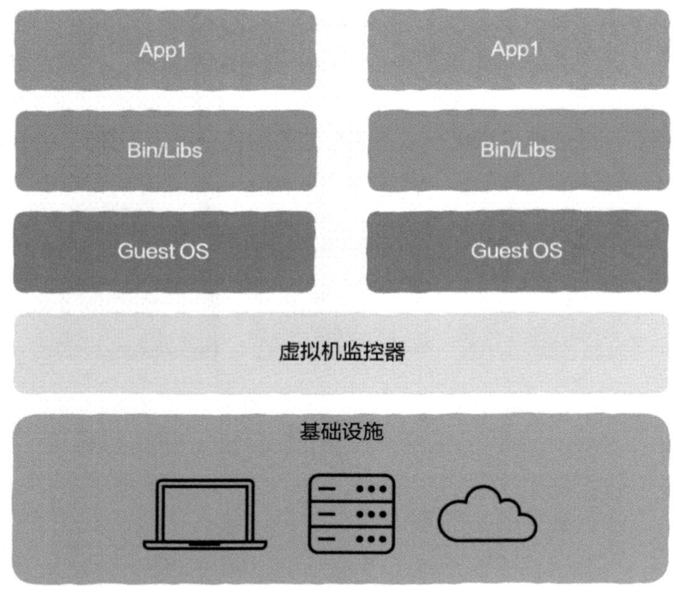

图2.82 硬件虚拟化

好啦，这次计算机系统漫游就到这里，我们从机器指令开始，途径函数、协程、线程、操作系统一路来到了容器和虚拟机，它们有一个共同点，那就是都是软件；同时，我们可以看到软件千变万化，新的概念层出不穷，用软件我们可以相对容易地在一层抽象之上叠加另一层抽象，无论上层软件多么复杂，在底层这一切又都依托于CPU，即硬件，而CPU又是利用非常简单的晶体管构建出来的，很神奇吧！想一想，从晶体管到应用程序这中间经过了多少层抽象？

由于硬件制造出来后几乎不可能修改，而软件则不存在这个问题，因此在软件上总是很容易创新的，甚至过度创新——必要的和非必要的；而硬件则相对困难一些。

2.10 总结

计算机系统中之所以有操作系统、进程、线程等概念是有其原因的，任何技术都不会无缘无故产生，它必然是解决了某类棘手的问题，带来了相当的价值，只有了解了这一点才能真正用好技术，这也是为什么笔者强调了解技术历史与演进是很有必要的。

本次旅行的前两站我们基本上了解了软件的方方面面，包括静态的代码与动态的程序运行，接下来我们继续探索计算机底层世界，先了解一下内存的奥秘，这对理解程序的运行原理至关重要。

Let's go！

第3章

底层？就从内存这个储物柜开始吧

CPU的运行离不开内存的帮助，这和人类的大脑略有不同，我们的记忆（存储）和计算都在大脑中完成，而计算机系统中负责计算与存储的分别是CPU与内存，本章重点关注内存，第4章我们将去了解CPU。

内存，从概念上讲非常简单，不就是存放0和1的储物柜嘛，但人类偏偏就在这样简单的储物柜上创意百出：堆区、栈区、全局区、虚拟内存、内存申请、内存释放、内存泄漏等，程序员可以在编程语言上吵得不可开交，但说到内存他们又会一致对外，因为无论用什么语言编写程序，程序都必须在内存中运行，大家在这里遇到的问题都是相通的。

欢迎来到本次旅行的第三站，我们将一起探索内存的奥秘。

3.1 内存的本质、指针及引用

我们首先来看一下到底什么是内存，以及由此衍生出来的一系列概念：字节、结构体、对象、变量、指针与引用。

3.1.1 内存的本质是什么？储物柜、比特、字节与对象

经常去超市的你想必都用过储物柜，每个柜子都有一个编号，使用时会为你找到一个空闲的柜子，然后给你一个号码，告诉你正在使用第几号储物柜，你可以在这里存放不便于带进超市的物品。当你的东西比较多时，可以将它们分散存放在多个储物柜中，如图3.1所示。

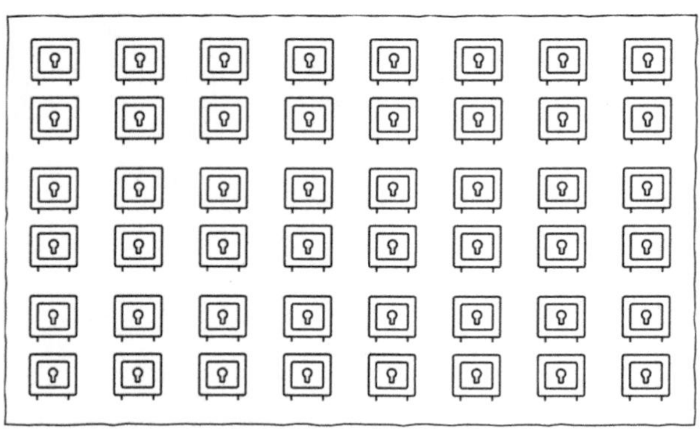

图3.1 储物柜

其实内存就好比你使用的储物柜，其原理没什么本质的不同。

从最细粒度来看，内存也是由一个个储物柜组成的，不过这里不叫作储物柜，而叫作存储单元（memory cell），为了便于理解，接下来我们依然用“储物柜”这个词而不用“存储单元”来讲解内存，这两个词在本节的讲解中可以认为是同义词。

内存的每个储物柜不能存放手机、钱包、钥匙等这么多类型的东西，而只能存放0或者1，就是这么简单，储物柜存放的0或者1被称为1个比特（bit），如图3.2所示。

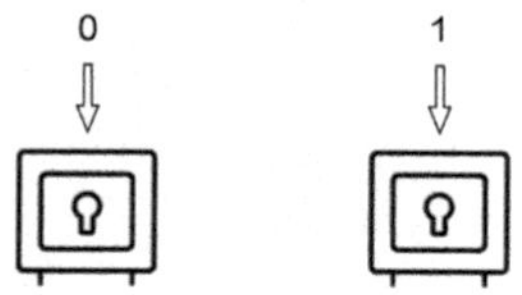

图3.2 内存的储物柜中要么存放1要么存放0

因此，1个比特要么是0要么是1。

然而，在通常情况下，1个比特对人类来说用处不大，1个比特只能表示两种信息，

如是或者否、真或者假，为了表示更多信息我们需要更多的比特，因此我们将8个比特作为1个单位来表示信息，这8个比特形成1字节，如图3.3所示。

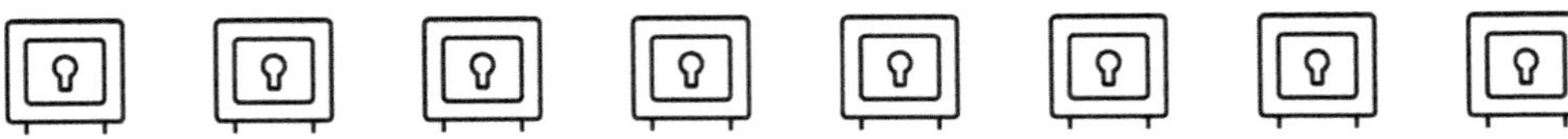

图3.3　内存中的8个储物柜可以存放1字节

这时，我们不再单独为每个储物柜编号，而是为每字节编号，每字节在内存中都有自己的地址，这就是我们通常所说的内存地址，通过1个内存地址我们可以唯一地找到这8个储物柜，这就是寻址（addressing）。

然而，由于1字节只有8个比特，因此其表达信息的能力有限，8个比特只有256种（2的8次方）组合，如果想将其解释为无符号整数，就只能表示为0~255这样的范围，但对于人类来说，这么小的数字通常意义不大，因为我们周围的事物轻而易举就可以超过这个数量，如你的藏书有1 000本、1年有365天、1小时有3 600秒等，因此我们通常用4字节为1个单位来表示整数，4字节有32个比特，这32个比特有4 294 967 296种组合（2的32次方），足以应对我们对数字的表达需求，这就是编程语言，如C语言中1个int变量占据4字节的原因。

但除了需要表达整数，我们还想表达一种信息的组合，如描述一个人的身高、体重、三围等，尽管这几项都是整数，但它们属于某一个主体，如张三，这时4字节的内存就不够用了，我们需要表达3个维度总计12字节的内存，用这12字节来表达这类组合信息，这在编程语言中就是结构体或者对象。

因此我们可以看到，编程语言中任何从简单到复杂的概念来到内存后无非就是储物柜中简单的0或者1，一切都看我们怎么解释：你可以把8个比特当作1字节、可以把4字节当作一个整数、把一段连续的内存用来存放结构体或者对象等，但从内存的角度来讲，它并不关心这些，任何东西在内存看来都是0或者1，因为内存中的储物柜只能存放0或者1，从这里也能看到为什么我们总说计算机只认识0和1。

既然你已经理解了什么是内存，是时候来看一下变量这个概念了。

3.1.2　从内存到变量：变量意味着什么

假定给你一块非常小的内存，这块内存只有8字节，这里也没有高级编程语言，你操作的数据单位是字节，你该怎样读写这块内存呢？

注意这里的限制，没有高级编程语言，在这样的限制之下，**你必须直面内存读写的本质。**

这个本质是什么呢？

本质是你需要意识到内存就是一个储物柜，8个一组可以装入1字节，每8个储物柜给定一个唯一的编号，这就是内存地址，如图3.4所示。

这时，如果你想计算1加2，那么首先要将数字1和数字2存储在内存中，CPU从内存中读取寄存器后才能进行加法计算。

假设我们用1字节来表示数字1和数字2，那么首先需要将这两个数字分别放到两组储物柜中，我们决定将数字1放到编号为6的一组储物柜中，假设向内存存储信息使用store指令，这样存储数字1可以这样表示：

```
store 1 6
```

注意看这条指令，这里出现了1和6两个数字，虽然都是数字，但这两个数字的含义是不同的：**一个代表数值；一个代表编号，也就是内存地址。**

与写对应的是读，假设我们使用load指令，就像这样：

```
load r1 6
```

现在依然有一个问题，这条指令的含义到底是把数字6写入r1寄存器，还是把编号为6号的一组储物柜中保存的数字写入r1寄存器？

可以看到，数字在这里是有歧义的，它既可以表示数值也可以表示地址，为加以区分，我们需要给数字添加一个标识，如对于前面加上$符号的就表示数值，否则就表示地址：

```
store $1 6
load r1 6
```

这样就不会有歧义了。

现在编号为6的一组储物柜中存放了数值1，如图3.5所示。

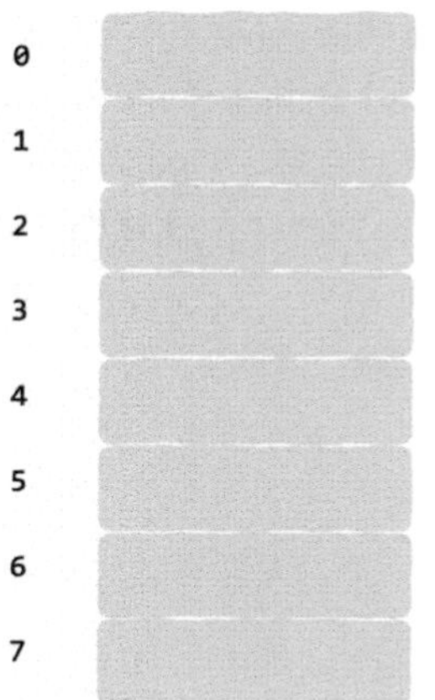

图3.4 容量为8字节的内存

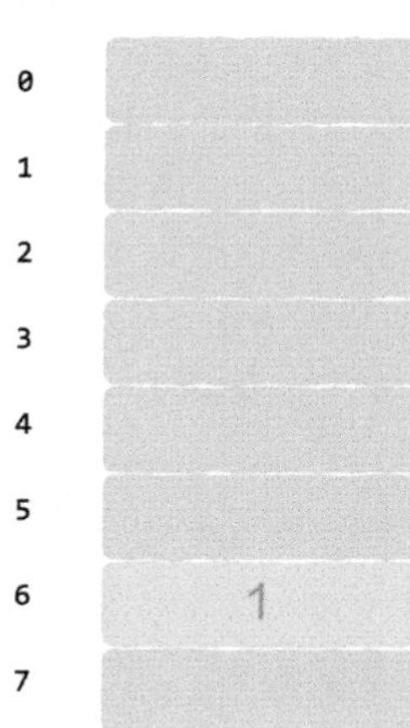

图3.5 内存地址为6的存储单元装入数字1

即地址6代表数字1：

```
地址6 -> 数字1
```

但“地址6”对人类来说太不友好了，人类更喜欢代号，也就是起名字，假设我们给“地址6”换一个名字，叫作a，a代表的就是地址6，a中存储的值就是1，如图3.6所示，人类在代数中直观地表示：

```
a = 1
```

就这样，变量一词诞生了。

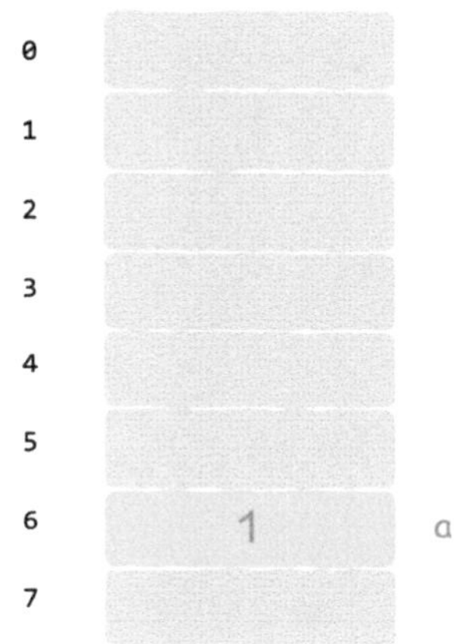

图3.6　将变量a代表的数字放到编号为6的一组储物柜中

我们可以看到，从表面上来看变量a等价于数值1，但背后还隐藏着一个重要的信息，**那就是将变量a代表的数字1存储在6号内存地址上**，即变量a或者说代号a背后的含义有两个：

（1）表示数值1。

（2）该数值存储在6号存储单元上。

到现在为止，第2个信息好像不太重要，先不用管它。

既然有变量a，就会有变量b，如果有这样一个表示：

```
b = a
```

把a的值给到b，这个赋值从内存的角度来看其含义到底是什么呢？

很简单，我们为变量b也找一组储物柜，假设将变量b放到编号为2的一组储物柜中，如图3.7所示。

可以看到，我们完全复制了一份变量a的数据。

现在有了变量，接下来让我们升级一下，假设变量a不仅可以表示占用1字节的数据，还可以表示占用多字节的数据，如一个结构体或者对象，如图3.8所示。

现在，变量a占据5字节，足足占用了整个内存的一大半空间，此时如果我们依然想要表示b=a会怎样呢？

如果你依然采用复制的方法，那么就会发现我们的内存空间已经不够用了，因为整个内存大小就8字节，采用复制的方法仅这两个变量代表的数据就将占据10字节。

那么怎么办呢？

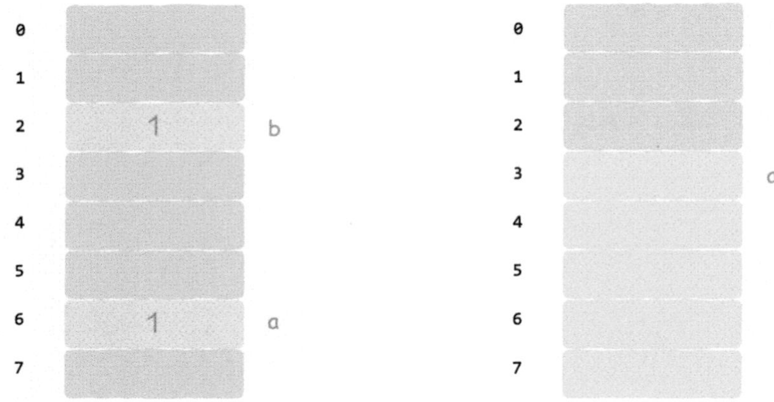

图3.7　将变量b放到编号为2的一组储物柜中　　图3.8　变量a占据5字节

3.1.3 从变量到指针：如何理解指针

不要忘了变量a背后可是有两个含义的，我们再来看一下：

（1）表示数值1。

（2）该数值存储在3号内存地址，如图3.8所示。

重点看一下第2个含义，这个含义告诉我们什么呢？

它告诉我们不管一个变量占据多少内存空间，我们总可以通过它在内存中的地址找到该数据，而内存地址仅仅就是一个数字，这个数字与该数据占用内存空间的大小无关。

啊哈！现在变量的第2个含义终于派上用场了，如果我们想用变量b也去指代变量a，干吗非要直接复制一份数据呢？直接使用地址不就好了，如图3.9所示。

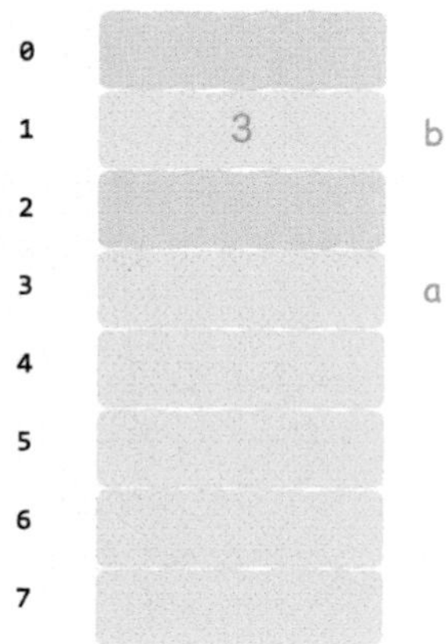

图3.9　变量的值不再解释为数值而是内存地址

变量a在内存地址中为3，因此关于变量b，我们可以仅仅存储3这个数字。

现在变量b就开始变得非常有趣了。

变量b没什么特殊的，只不过变量b存储的数字不再按照数值来解释了，而按照地址来解释。

当一个变量不仅可以用来保存数值还可以保存内存地址时，指针就诞生了。

有很多资料仅仅提到指针就是地址，实际上这仅仅停留在汇编层面来理解，在高级语言中，指针首先是一个变量，只不过这个变量保存的恰好是地址而已，**指针是内存地址的更高级抽象。**

如果仅仅把指针理解为内存地址，你就必须知道间接寻址。

这是什么意思呢？

想一想，该怎样使用汇编语言来加载图3.9中变量b指向的数据呢？你可能会这样写：

```
load r1 1
```

这会不会有问题？这样写的话，该指令会把数值3（位于1号内存地址中）加载到r1寄存器中，然而我们想要把内存地址1中保存的数值解释为内存地址，这时必须再次为1添加一个标识，如@：

```
load r1 @1
```

这样该指令会首先把内存地址1中保存的值读取出来，其值为3，然后把3按照内存地址进行解释，3指向的才是真正的数据，也就是变量a所表示的数据，这个过程是这样的：

```
地址1 -> 地址3 -> 数据
```

这就是间接寻址（Indirect addressing），在汇编语言下你必须能意识到这一层间接寻址，因为在汇编语言中没有变量这个概念。

然而，高级语言则不同，这里有变量的概念，此时地址1代表变量b，使用变量的一个好处就在于很多情况下我们只需要关心其第一个含义，也就是说，我们只需要关心变量b中保存了地址3，而不需要关心变量b本身到底存储在哪里（尽管有时会需要，这就是双重指针），这样使用变量b时我们就不需要在大脑中想一圈间接寻址这个问题了，在程序员的大脑中变量b直接指向数据：

```
b -> 数据
```

再来对比一下：

```
地址1 -> 地址3 -> 数据    # 汇编语言层面
b -> 数据                 # 高级语言层面
```

这就是为什么说指针是内存地址的更高级抽象，这个抽象的目的就在于屏蔽间接寻址。

当变量既可以存放数值也可以存放内存地址时，一个全新的时代到来了：**看似松散的内存在内部竟然可以通过指针组织起来，同时这让程序员直接处理复杂的数据结构成为可能**，如图3.10所示。

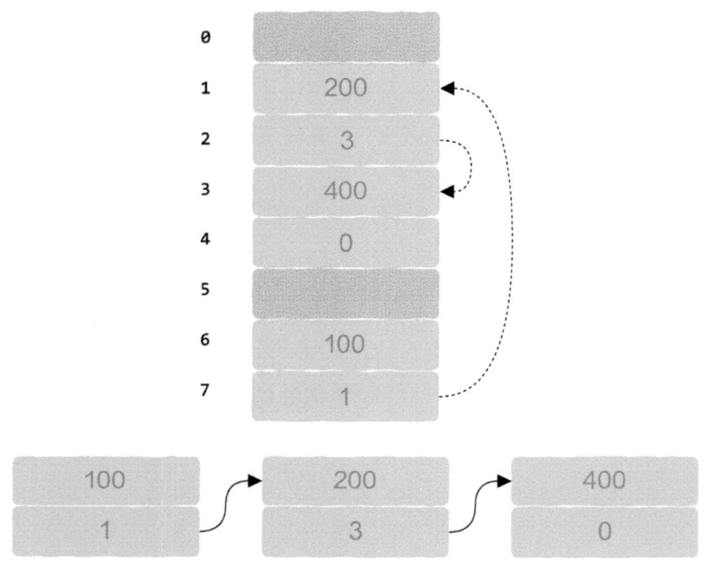

图3.10 用指针构建链表

指针这个概念首次出现在PL/I语言中，当时为了增加链表处理能力而引入了这个概念，大家不要以为链表这种数据结构是司空见惯的，在1964年处理链表并不是一件容易的事情。

值得一提的是，Multics操作系统就是用PL/I语言实现的，这也是第一个用高级语言实现的操作系统，然而Multics操作系统在商业上并不成功，参与该项目的Ken Thompson和Dennis Ritchie后来决定自己写一个更简捷的操作系统，就这样UNIX和C语言诞生了，或许是在开发Multics操作系统时见识到了PL/I语言中指针的威力，C语言中也就有了指针的概念。

3.1.4 指针的威力与破坏性：能力与责任

当在不支持指针的编程语言中写下c = a + b这行代码时，我们是没有地址这个概念的，地址这个概念被变量抽象掉了，我们不需要关心a、b、c存储在哪里，我们只需要知道这几个变量“存在”即可，这是很多语言，如Java、Python等的现状，没有指针，也就是说，在这类语言中你无法直接操作某个内存位置上的数据，这类编程语言没有把内存地址直接暴露出来，你也就看不到内存地址。

然而，C语言没有把内存地址抽象掉，而是更具灵活性，直接把内存地址暴露给了程序员，在Java、Python这类语言中，变量“看上去”只能存储数值，而C语言中的变量既能存储数值也能存储内存地址，这就是我们刚刚介绍的指针。

有了指针这个概念，程序员可以直接操作内存这种硬件，在没有指针概念的编程语言中这是无法做到的，这就是C语言对底层有强大控制力，以及C语言是系统编程首选语言的重要原因。

在有指针这个概念的语言中，对于变量的理解也将更加贴近底层，因为你可以通过获取这个变量的地址直观地看到该变量到底存储在了内存的哪个位置上，如这段代码：

```
#include <stdio.h>

void main(){
  int a= 1;
  printf("variable a is in %p\n",&a);
}
```

编译并运行这段代码，在笔者的机器上会输出：

```
variable a is in 0x7fffd8ca7954
```

该程序的输出明白、无误地告诉我们，刚才运行这个程序时，变量a存储在了0x7fffd8ca7954这个无比精确的内存位置上。

在有指针的语言中，变量不再是一种看上去比较模糊的概念，它很清晰，清晰到你可以直接看到这个变量具体存储在了内存的哪个位置上，这显然是其他语言所不具备的，在其他语言中，你只知道变量a代表了如一个整数100，除此之外，你再也不知道关于该变量的其他任何信息了。

你可能意识不到能直接看到内存地址其实是一种非常强大的能力，但也是破坏力非常强的能力，这意味着你可以绕过一切抽象直接对一段内存进行读写，而一旦你的指针计算有误，这也意味着会直接破坏程序的运行时状态。指针在赋予你直接操作内存能力的同时，也提出了更高要求，即你需要确保不会错误地操作指针。当然这也是很多程序员对指针避之不及的原因之一，因为对指针的误操作很容易导致程序运行时错误。

然而，直接读写内存这一能力并不是任何场景都需要的，因为Java、Python等语言已经证明了这一点。在这些语言中即便没有指针，你一样可以编程解决问题，尽管这里没有指针，但有一个相对于指针更进一步的抽象：引用。

3.1.5 从指针到引用：隐藏内存地址

什么是引用呢？

假如你有一个邻居叫小明，小明有很多称呼，你称呼他“小明”，家人可能称呼他“明明”，同事可能称呼他“明读者”，不管怎样，你还有他的家人及同事说起小明时都能知道这个人，在这里“小明”“明明”“明读者”就是对小明这个人的引用。

假如小明现身在北纬39.55°、东经116.24°这个具体的位置上，当他的家人及同事聊起小明不再用代号而是用“在北纬39.55°、东经116.24°上的这个人”时，这个位置就是指针。

同样的道理，在不支持指针而是提供引用这个概念的编程语言中，使用引用时，我们无法得到变量具体的内存地址，也无法对引用进行类似指针一样的算术运算，如你可以对示例中北纬、东经的位置进行简单的算数运算，东加一点西减一点，这样你可以看到在各个位置上的人，同样地，对内存位置加加减减，你可以看到在各个内存地址上保存的数据，但引用没有这样的功能，对“小明”这个代号加1或者减1是没有任何意义的。

在使用引用时，我们也可以达到使用指针的效果，即不需要复制数据。当你和他的家人针对“小明”这个引用聊天时，你们不需要真的把小明拉过来指着他聊；从这里我们也应该能看到，在大部分情况下，没有指针我们其实一样可以编程。

简单总结一下：指针是对内存地址的抽象，而引用可以说是对指针的进一步抽象。

现在你应该明白内存是怎么一回事，以及它的作用了吧。然而内存本身也可以进一步抽象，这就是虚拟内存，在支持虚拟内存的系统中，进程看到的内存地址其实并不是真实的物理内存地址；顺便说一句，现代操作系统基本都具备虚拟内存能力，如我们刚刚提到的这段代码中打印出变量a的地址为0x7fffd8ca7954，这个内存地址并不是真实的物理内存地址，物理内存甚至可能都没有这样一个地址，这就是虚拟内存，我们在1.3节提到过该技术，接下来，我们将从另一个角度来了解它，这就要从进程说起了。

3.2 进程在内存中是什么样子的

进程在内存中的样子，如图3.11所示，以64位系统为例。

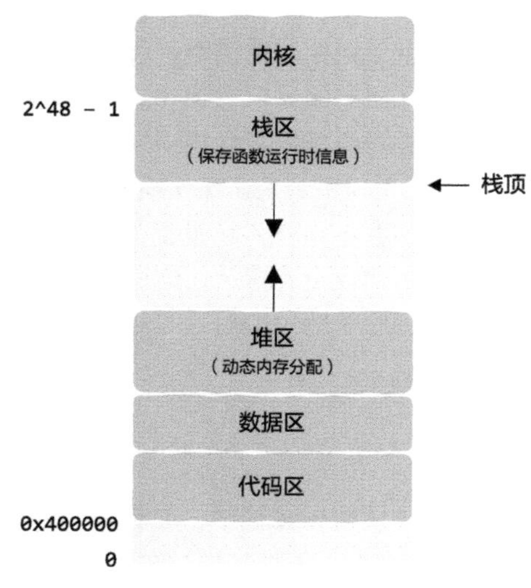

图3.11　进程地址空间布局

每个进程在内存中都是这个样子的，都有代码区、数据区、堆区及栈区，其中代码区和数据区根据可执行程序初始化而来；堆区用于动态内存分配，C/C++中调用malloc申请的内存就是在堆区分配的；栈区用于函数调用，保存函数的运行时信息，包括参数、返回地址、寄存器信息等。

3.2.1　虚拟内存：眼见未必为实

图3.11最有趣的地方在于每个进程的代码区都是从0x400000开始的，并且如果两个进程去调用malloc分配内存很有可能返回同样的起始地址，如都返回0x7f64cb8。接下来，这两个进程都向地址0x7f64cb8写数据，这会不会有问题呢？

其实我们已经讲过了，答案是不会，因为0x7f64cb8这个内存地址是假的，这个地址在传送给内存之前会被修正为真实的物理内存地址。

这就是虚拟内存，这里的地址就是虚拟内存地址，或者虚地址。

图3.11所示的其实只是一个假象，**真实的物理内存中从来不会有这样一张布局图**，该进程在真实的物理内存中可能是这样的，如图3.12所示。

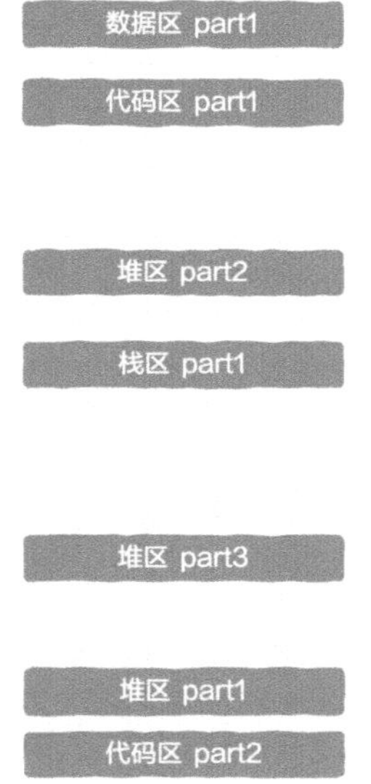

图3.12　进程与物理内存

怎么样，是不是看起来乱糟糟的，图3.12有两点值得注意：

（1）进程被划分成了大小相同的“块”存放在物理内存中，如该进程的堆区被划分成了大小相同的3块。

（2）所有的块随意散落在物理内存中。

虽然这看起来不够美观，但这并不妨碍操作系统给进程一个整齐划一的地址空间（假象），这是怎么做到的呢？

答案其实很简单，只需要维护好虚拟内存与物理内存之间的映射关系即可，这就是页表存在的目的。

3.2.2　页与页表：从虚幻到现实

虚拟内存地址空间映射到物理内存如图3.13所示，看到了吧，只要维护好虚拟内存地址到物理内存地址的映射关系，我们根本就不需要关心进程地址空间中的数据到底存放在物理内存的哪个位置上。

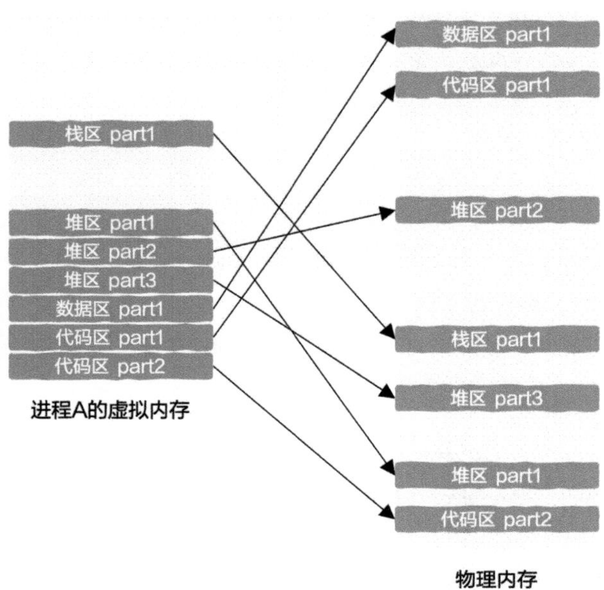

图3.13 虚拟内存地址空间映射到物理内存

维护这种映射关系的就被称为页表，显然，每个进程都必须有一张独一无二、独属于自己的页表。

这里还有一点值得注意，那就是我们不需要维护每一个虚拟地址到物理地址的映射，而是将进程地址空间划分为大小相等的“块”，这里的一块被称为页（page），如图3.14所示。

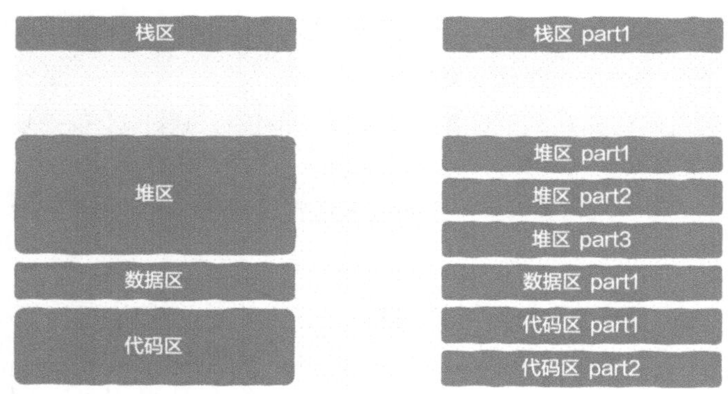

图3.14 将进程地址空间划分为大小相等的页

因此，这里的映射是页粒度的，显然，这大大减少了页表项的数量。

现在你应该能明白为什么即使两个进程向同一个内存地址写数据也不会有问题了吧，因为这一内存地址所在的页被存放在了不同的物理内存地址上，如图3.15所示。

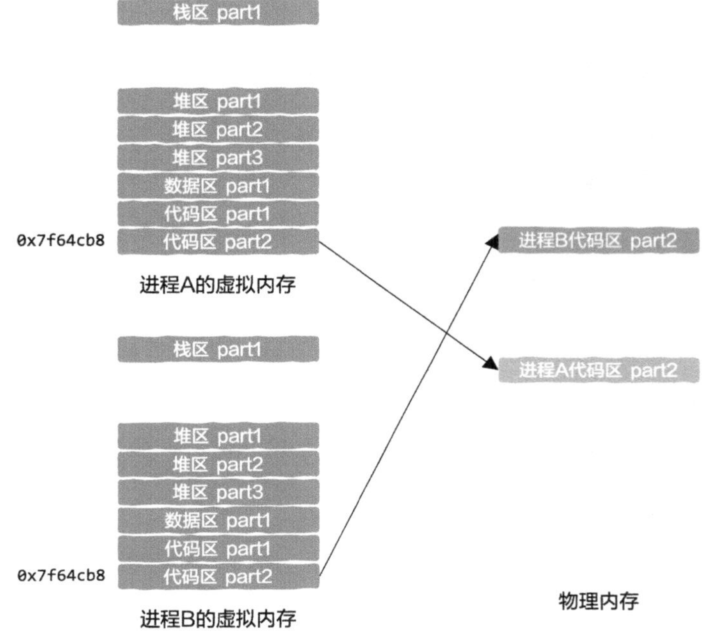

图3.15　同一个虚拟内存地址映射到不同的物理内存地址

显然，这个标准的、非常整齐的虚拟地址空间在现实中是不存在的，仅仅是逻辑上的一种表示，以上就是虚拟内存的基本实现原理，这是现代操作系统中非常重要的一项功能。

在讲解了图3.11的来龙去脉之后，我们重点关注一下该图中的各个区域，其中代码区和数据区在第1章已经讲解了，因此接下来的几节依次讲解栈区和堆区。

首先来看栈区，准备好了吗，出发喽！

3.3　栈区：函数调用是如何实现的

先来看一段代码，你能看出有什么问题吗？

```
void func(int a) {
    if (a > 100000000) return;

    int arr[100] = {0};
    func(a + 1);
}
```

没看出来？那太好啦！本节就是为你准备的，你需要理解一样东西，那就是函数运行时栈，或函数调用栈（call stack）。

3.3.1 程序员的好帮手：函数

初学编程时，有读者可能习惯把所有代码都堆在main函数中，就像流水账一样，简单的玩具代码的确可以这样写。即使像这样的练手项目，读者也会发现自己总是在重复实现一些功能，实际上可以将这些重复的代码封装在函数中供下次调用，这样相同功能的代码就不用重复编写了。

函数就是最基础、最简单的代码复用方式，Don't Repeat Yourself，这也是函数最重要的作用之一。此外，函数也可帮助程序员屏蔽实现细节，调用函数时你仅需要知道函数名、参数及返回值即可，至于函数内部是如何实现的，则不需要关心，这其实也是一种抽象。

程序员编程是离不开函数的，即使你用的是汇编语言。

本章的主题并不是编程，我们对底层更感兴趣，既然函数这么重要，那么函数调用是如何实现的呢？

3.3.2 函数调用的活动轨迹：栈

玩游戏的读者应该知道，有时为了完成一项主线任务而不得不去打一些支线任务，支线任务中可能还有支线任务，当一个支线任务完成后退回到前一个支线任务，这是什么意思呢？举个例子你就明白啦！

假设主线任务是去西天取经，我们将其命名为任务A，任务A依赖支线任务收服孙悟空，这是任务B；任务B又依赖拿到紧箍咒，这是任务D，只有当任务D完成后才能回到任务B，任务B完成后才能回到任务A。

此外，主线任务还依赖收服猪八戒，这是任务C。

最终，整个任务的依赖关系如图3.16所示。

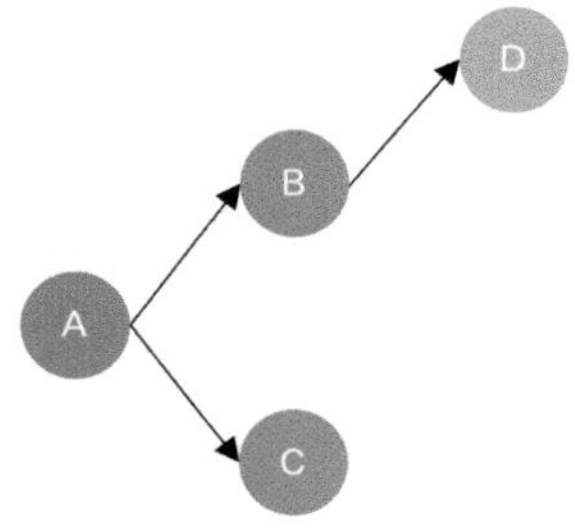

图3.16 整个任务的依赖关系

现在，我们来模拟一下任务执行过程，首先来到任务A，执行主线任务，如图3.17所示。

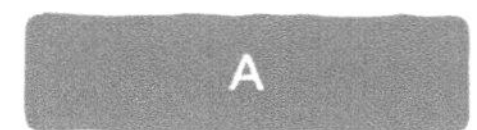

图3.17　主线任务

执行任务A的过程中发现依赖任务B，即收服孙悟空，现在跳转到任务B，如图3.18所示。

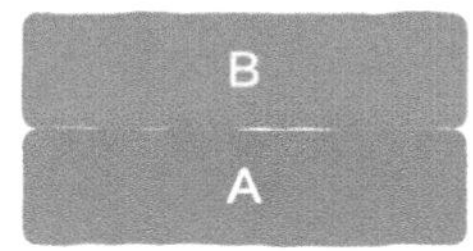

图3.18　从主线任务A跳转到支线任务B

执行任务B的时候，我们又发现依赖任务D，即拿到紧箍咒，现在跳转到任务D，如图3.19所示。

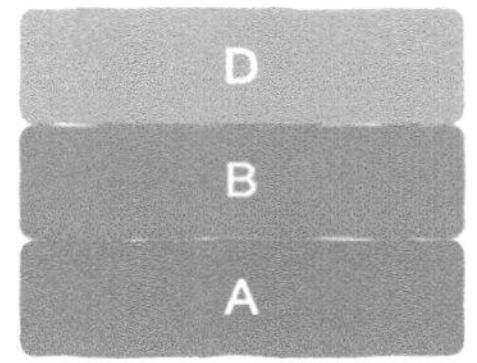

图3.19　从支线任务B跳转到支线任务D

执行任务D的时候，我们发现该任务不再依赖其他任何任务，因此任务D完成后便可退到前一个任务，也就是任务B，如图3.20所示。

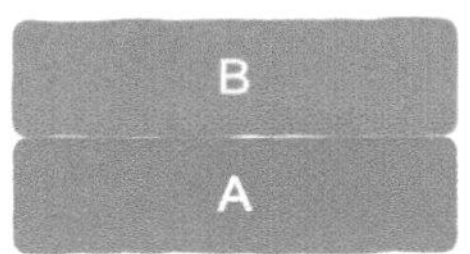

图3.20　返回到任务B

任务B除了依赖任务D，也不再依赖其他任务，这样任务B执行完毕即可回到任务A，如图3.21所示。

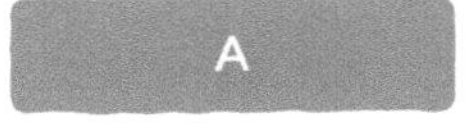

图3.21　从任务B返回到任务A

现在我们回到了主线任务A，依赖的任务B执行完成，接下来是任务C，即收服猪八戒，如图3.22所示。

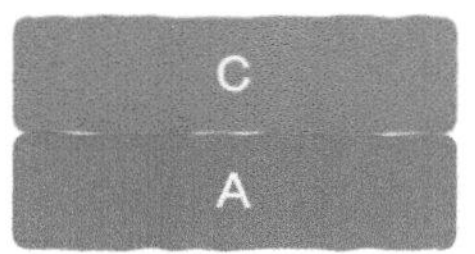

图3.22 从主线任务A跳转到支线任务C

与任务D一样，任务C不依赖其他任何任务，任务C完成后就可以再次回到任务A，之后任务A执行完毕，全部任务执行完成。

让我们来看一下整个任务的执行轨迹，如图3.23所示。

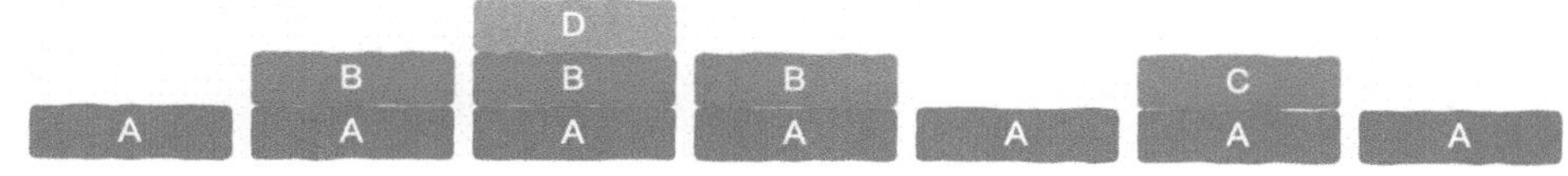

图3.23 任务完成轨迹

仔细观察，实际上你会发现这是一个先进后出（First In Last Out）的顺序，天生适用于栈这种数据结构来处理。

再仔细看一下栈顶的轨迹，也就是A、B、D、B、A、C、A，实际上你会发现这里的轨迹就是任务依赖树（二叉树）的遍历过程，是不是很神奇，这也是树这种数据结构的遍历除了可以用递归实现也可以用栈实现的原因。

3.3.3 栈帧与栈区：以宏观的角度看

函数调用和上面打怪升级完成任务的道理一样，与游戏中的每个任务类似，每个函数在运行时也要有自己的一个“小盒子”，这里保存了该函数在运行时的各种信息，这些小盒子通过栈这种结构组织起来，我们称每个小盒子为栈帧（stack frame），也有的被称为call stack，是它们构成了通常所说的进程中的栈区。

你把上面的任务A、B、C、D换成函数A、B、C、D，那么当函数A在内存中运行时会在栈区留下与图3.24一样的轨迹，注意，进程栈区的高地址在上，栈区向低地址方向增长。

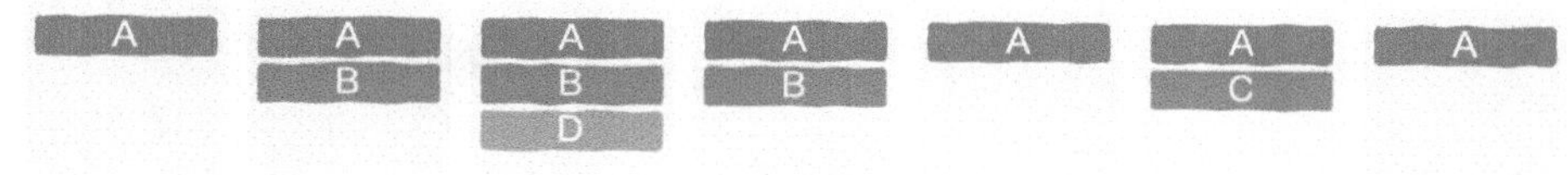

图3.24 函数运行时栈区的变化

也就是说，栈区占用的内存会随着函数调用深度的增加而增大，随着函数调用完成而缩小。

现在我们已经明白了栈帧与栈区的作用，那么这些小盒子也就是栈帧中装了些什么呢？要回答这个问题，你需要明白在函数调用时都涉及哪些信息，本节以x86平台为例来说明。

3.3.4 函数跳转与返回是如何实现的

当函数A调用函数B的时候，控制从函数A转移到了函数B，控制其实就是指CPU执行属于哪个函数的机器指令，CPU从开始执行属于函数A的指令跳转到执行属于函数B的指令，我们就说控制从函数A转移到了函数B。

控制转移时我们需要这两样信息：

- 我从哪里来（返回）。
- 要到哪里去（跳转）。

是不是很简单，就好比你出去旅游，你需要知道去哪里，还需要记得回家的路，函数调用也是同样的道理。

当函数A调用函数B时，我们只要知道：

- 函数A对应的机器指令执行到了哪一条（我从哪里来）。
- 函数B第一条机器指令所在的地址（要到哪里去）。

有这两条信息就足以让CPU从函数A跳转到函数B去执行指令，当函数B执行完毕后跳转回函数A。

这些信息是怎么获取并保持的呢？这显然需要我们的小盒子也就是栈帧的帮助。

假设函数A调用函数B，如图3.25所示。

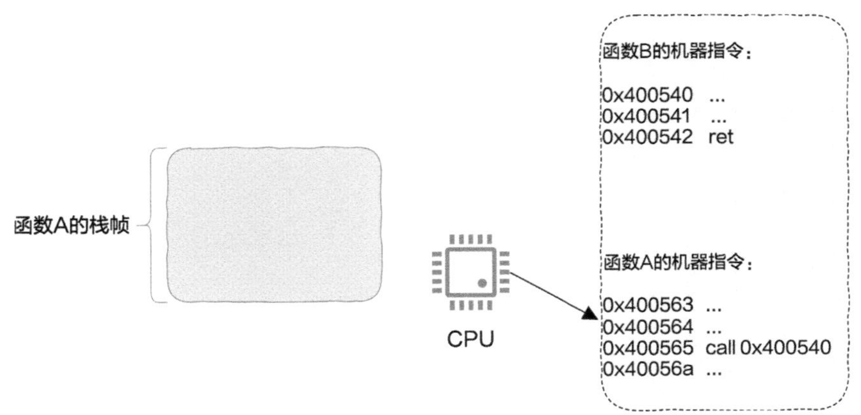

图3.25　CPU正在执行函数A的机器指令

当前，CPU正在执行函数A的机器指令，该指令的地址为0x400564，接下来CPU将执行下一条机器指令：

```
call 0x400540
```

这条机器指令对应的就是代码中的函数调用，注意call后有一个指令地址，注意观察图3.25，**该地址就是函数B的第一条机器指令**，执行完call这条机器指令后，CPU将跳转到函数B。

现在我们已经解决了“要到哪里去”的问题，当函数B执行完毕后怎么跳转回来呢？

原来，执行call指令除了可以跳转到指定函数，还有这样一个作用，即将其下一条指令的地址，也就是0x40056a放到函数A的栈帧中，如图3.26所示。

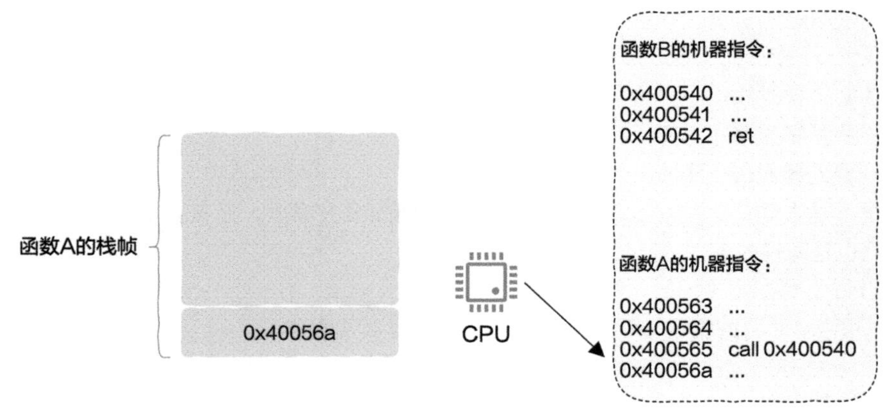

图3.26　执行call指令时会将返回地址放到栈帧中

现在，函数A的小盒子变大了一些，因为装入了返回地址（栈是向低地址方向增长的），如图3.27所示，我们暂时先忽略栈帧中的空白内容，本节后续会有讲解。

图3.27　函数A的栈帧中装入返回地址

现在准备工作就绪，可以跳转啦！CPU开始执行函数B对应的机器指令，注意观察，函数B也有一个属于自己的小盒子，也就是函数B的栈帧，同样可以往里面装入一些必要的信息，这时由于调用函数B增加新的栈帧，栈区占用的内存增加了，如图3.28所示。

如果在函数B中又调用其他函数呢？那么道理和函数A调用函数B是一样的，这时又会有新的栈帧，该进程的栈区进一步增加。

这样，函数B开始运行，直到最后一条机器指令ret为止，这条机器指令的作用是告诉CPU跳转到保存在函数A栈帧上的返回地址，这样当函数B执行完毕后就可以跳转回函数A继续执行了。可以看到，函数A的栈帧中保存的是0x40056a，而这正是函数A中call指令的下一条机器指令的地址。

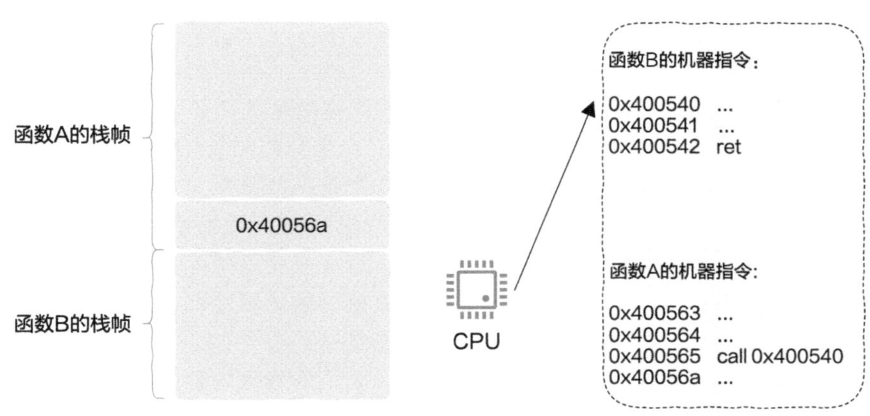

图3.28　每个函数都有独属于自己的栈帧

至此，控制转移中“我从哪里来”的问题解决了。

接下来，我们看看栈帧中除了保存函数返回地址还有哪些信息。

3.3.5　参数传递与返回值是如何实现的

CPU执行机器指令时可以跳转与返回，这使得我们可以进行函数调用，但调用函数时除了提供函数名称，还需要传递参数及获取返回值，这又是怎样实现的呢？

在x86-64中，多数情况下参数的传递与获取返回值是通过寄存器来实现的。

假设函数A调用了函数B，函数A将一些参数写入相应的寄存器，当CPU执行函数B时可以从这些寄存器中获取参数；同样地，函数B也可以将返回值写入寄存器，当函数B执行结束后可以从该寄存器中获取返回值。

然而，CPU内部的寄存器数量是有限的，当传递的参数数量多于可用寄存器的数量时该怎么办呢？这时那个属于函数的小盒子也就是栈帧又开始发挥作用了。

原来，当参数数量多于寄存器数量时，剩下的参数可以直接放到栈帧中，这样被调函数即可从前一个函数的栈帧中获取参数。

现在栈帧的模样又丰富了，如图3.29所示。

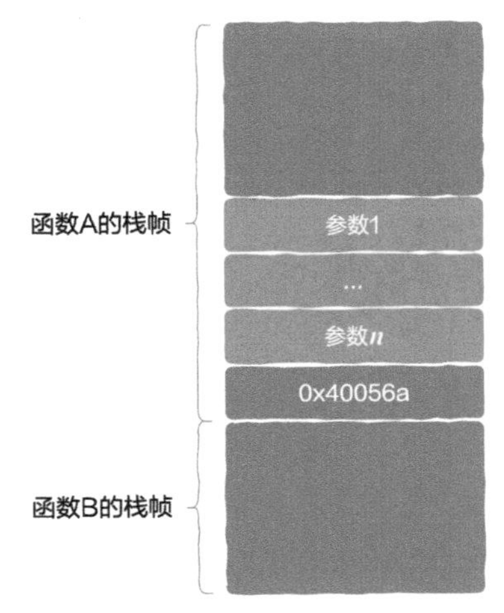

图3.29　栈帧中保存函数调用需要的参数

从图3.29中可以看到，调用函数B时有部分参数放到了函数A的栈帧中。

3.3.6 局部变量在哪里

我们知道，在函数外部定义的是全局变量，这些变量放在了可执行程序的数据段中，程序运行时被加载到进程地址空间的数据区；而函数内部定义的变量被称为局部变量，这些变量是函数私有的，外部不可见，它们在函数运行时被放在了哪里呢？

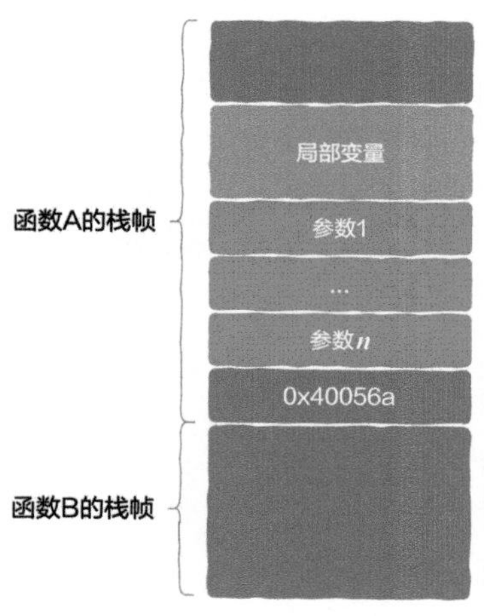

图3.30 栈帧中保存函数局部变量

原来，这些变量同样可以放在寄存器中，但是当局部变量的数量超过寄存器时，这些变量就必须放到栈帧中了。

因此，我们的栈帧内容又丰富了，如图3.30所示。

细心的读者可能会问，我们知道寄存器是CPU的内部资源，CPU执行函数A时会使用这些寄存器，当CPU执行函数B时也要用到这些寄存器，那么当函数A调用函数B时，函数A写入寄存器的局部变量信息会不会被函数B覆盖掉了呢？这样会有问题吧？

3.3.7 寄存器的保存与恢复

是的，这的确会有问题，因此在向寄存器写入局部变量之前，一定要先将寄存器中的原始值保存起来，当寄存器使用完毕后再恢复原始值就可以了，那么我们该将寄存器中的原始值保存在哪里呢？

你没有猜错，依然是保存在函数的栈帧中，如图3.31所示。

最终，我们的小盒子就变成了如图3.31所示的样子，当函数执行完毕后，根据栈帧中保存的初始值恢复相应寄存器的内容就可以了。

现在你应该知道函数调用到底是怎么实现的了吧？

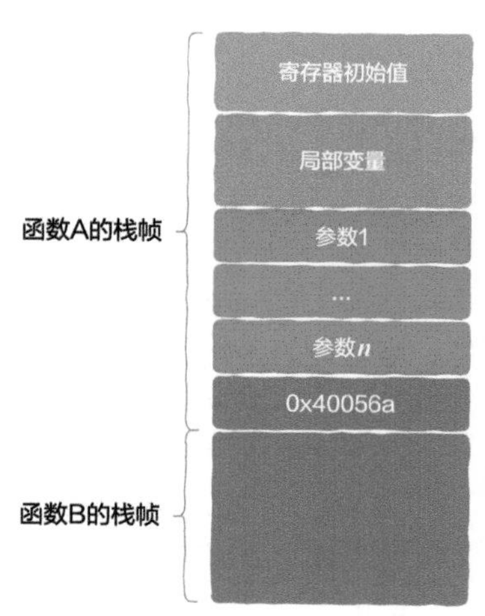

图3.31 栈帧中保存寄存器初始值

3.3.8 Big Picture：我们在哪里

这里再次强调一下，上述讨论的栈帧就位于我们常说的栈区。栈区，属于进程地址空间的一部分，如图3.32所示，我们将栈区放大就是左边图的样子。

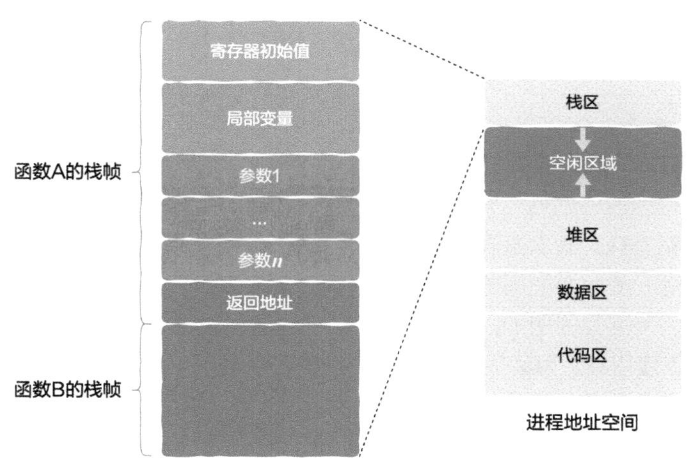

图3.32　进程地址空间中的栈区与栈帧

最后，让我们回到本节开始的这段代码：

```
void func(int a) {
    if (a > 100000000) return;

    int arr[100] = {0};
    func(a + 1);
}

void main(){
    func(0);
}
```

该代码重复调用自己100 000 000次，每次函数调用就需要相应的栈帧来保存函数运行时信息，随着函数的调用层次增加，导致栈区占用的内存越来越多，而栈区是有大小限制的，当超过限制后就会出现著名的栈溢出问题，显然上述代码会导致这一问题的出现。

因此，对程序员来说需要注意：①不创建过大的局部变量；②函数调用层次不宜过多，看到了吧，理解函数调用原理能帮我们避免很多问题。

以上就是进程地址空间中栈区的全部秘密。

这里留下一个小的思考题，本节提到假如参数过多会有部分参数被保存在栈中，也会把部分寄存器内容保存在栈帧中，那么参数过多导致寄存器装不下的这一信息是怎么被发现的呢？栈区的增加和减少具体是怎么实现的呢？谁来负责实现呢？这些问题留给读者思考。

再来看一下图3.11中的进程地址空间，栈区以下是一片空闲区域，除了栈区增长可以占用空闲区域，这一部分也有自己的作用：程序依赖的动态库会被加载到这一部分，当然前提是程序依赖动态库，关于动态库的话题第1章已经讲解过了。

空闲区域以下将是进程地址空间中最后一片还没有讲解过的区域：堆区。我们赶紧来看一下。

3.4 堆区：内存动态分配是如何实现的

现在我们知道栈区其实是和函数调用息息相关的。每个函数都有自己的栈帧，这里保存着返回地址、函数中的局部变量、调用参数及使用的寄存器等信息，栈帧组成了栈区，随着函数调用层数的增加，栈区占用的内存增多；随着函数调用完成，原来的栈帧信息将不会再被使用到，因此栈区占用的内存相应减少。

对程序员来说，以上有两个信息值得注意：

（1）假设函数A调用函数B，当函数B调用完成后其栈帧内容将无任何用途，此时程序员不应对已经无用的栈帧内容进行任何假设，不要使用已经无用的栈帧信息，如函数B返回一个指向栈帧数据的指针，就像这样：

```
int* B() {
  int a = 10;
  return &a;
}
```

这样的代码如果能正常工作纯属侥幸，你不应该写出这样的代码。

（2）局部变量的生命周期与函数调用是一致的，这样做的好处在于程序员不需要关心局部变量所占用内存的申请和释放问题，当调用函数时可以直接将局部变量保存在栈帧中，函数调用完成后栈帧内容将不再被使用到，该栈帧占据的内存将可以用作其他函数调用，因此我们不需要关心局部变量的内存申请与释放问题；其坏处在于局部变量注定是无法跨越函数使用的（除非你能确认该局部变量被使用时其所在栈帧依然存在，如函数A调用函数B，在函数B中使用函数A中的局部变量就不会有问题），因为函数返回后局部变量占用的内存将无效，同时这就意味着局部变量的管理是不受程序员控制的。

3.4.1 为什么需要堆区

现在的问题是，如果某个数据的使用需要跨越多个函数，那么该怎么办呢？有的读者可能会说使用全局变量，但全局变量是所有模块都可见的，有时我们并不想把自己的数据暴露给所有模块，很明显，我们需要将这类数据保存在一片特定的内存区域上，该区域的内存是程序员自己管理的，程序员自行决定什么时候申请这样一块内存，以及申请多大的内存装入数据，此后这块内存将一直有效而不管跨越多少函数调用，直到程序员自己确信这块内存使用完毕为止，此后将该内存置为无效即可，这就是动态内存分配与释放。

因此，我们需要一大片内存区域，这片区域中内存的生命周期是完全由程序员自己控制的，这片区域就是堆区。

C/C++中通过使用malloc/new函数在堆区申请内存，当确信不再使用时通过free/delete将其释放。

以上就是堆区的全部秘密，相比栈区来说，堆区乏善可陈，仅仅提供一块可由程序员自行决定生命周期的内存。

因此，在这里我们真正感兴趣的是在堆区中内存的申请和释放到底是怎样实现的，要想弄清楚这个问题莫过于自己实现一个类似malloc的内存分配器。

3.4.2 自己动手实现一个malloc内存分配器

在C/C++中，内存的动态申请与释放请求统一交给一段程序来处理，这段程序专门负责在堆区分配及释放内存，这段程序就是malloc内存分配器。

实际上，在生成可执行程序时，链接器会自动将C标准库链接进来，标准库中自带malloc内存分配器，这就是程序员可直接在程序中调用malloc申请内存而不需要自己实现的原因。

接下来，我们实现一个自己的malloc内存分配器，也就是自己接管堆区的内存管理工作。

从内存分配器的角度来看，它只需要给你一块大小合适的内存，至于这块内存里装入什么内容，分配器根本就不关心，你可以用来存放整数、浮点数、链表、二叉树等任何从简单到复杂的数据结构，这些在内存分配器眼里不过就是一个字节序列而已。

现在再来看堆区这个区域，它实际上是非常简单的，你可以将其看成一个大数组，如图3.33所示。

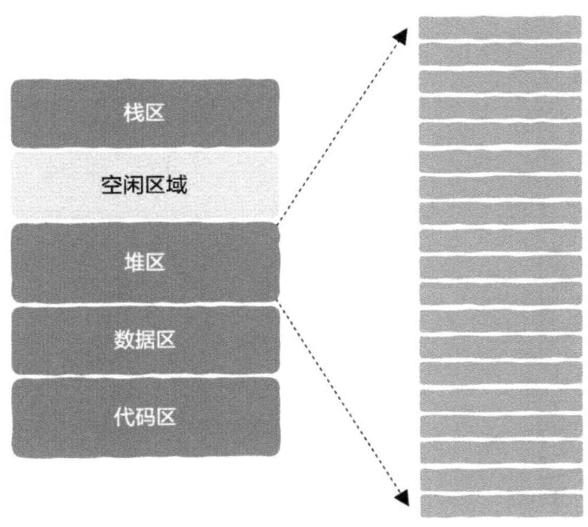

图3.33 堆区

我们要在堆区上解决两个问题：

- 实现一个malloc函数，也就是如果有人向我申请一块内存，我该怎样从堆区中找到一块内存返回给申请者。
- 实现一个free函数，也就是当某块内存使用完毕后，我该怎样还给堆区。

这是内存分配器要解决的两个最核心的问题，接下来先去停车场看看能找到什么启示。

3.4.3 从停车场到内存管理

实际上，你可以把内存想象成一个长长的停车场，申请内存就是要找到一个停车位，释放内存就是把车开走让出停车位，如图3.34所示。

图3.34 停车场与内存分配

只不过内存这个停车场比较特殊，不止可以停放小汽车，也可以停放占地面积很小的自行车及占地面积很大的卡车，重点就是申请的内存大小不一，在这样的条件下你该怎样实现以下两个目标呢？

- 快速找到停车位，这涉及以最快的速度找到一块满足要求的空闲内存。
- 最大限度利用停车场，我们的停车场应该能停放尽可能多的车。在申请内存时，这涉及在给定内存大小下尽可能多地满足内存申请需求。

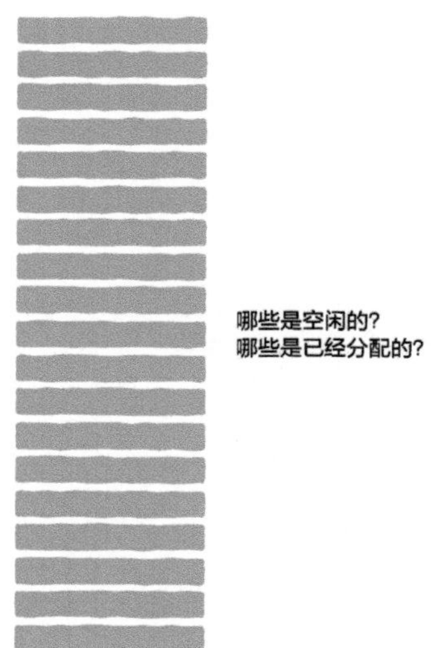

图3.35 如何区分已分配及空闲内存块

该怎么实现呢？

现在我们已经明确了要实现什么，以及衡量其好坏的标准，接下来开始设计实现细节，可以自己先想一下内存从申请到释放都会涉及哪些问题。

申请内存时需要在内存中找到一块大小合适的空闲内存，我们怎么知道哪些内存是空闲的，哪些是已经分配的呢？如图3.35所示。

第一个问题出现了，我们需要把内存块用某种方式组织起来，这样才能追踪到每块内存的分配状态。

假设现在空闲内存块组织好了，一次内

存申请可能有很多个空闲内存块满足要求，该选择哪一个空闲内存块分配给用户呢？如图3.36所示。这是第二个问题。

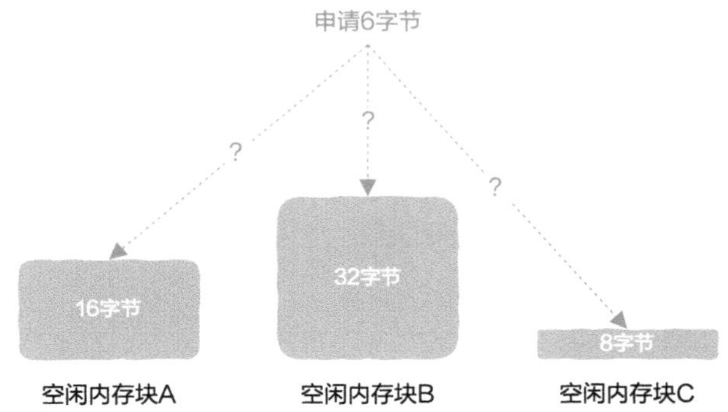

图3.36　选取空闲内存块的策略是什么

此外，假设需要申请16字节内存，而我们找到的空闲内存块大小为32字节，分配完毕后还剩下16字节，剩余内存该怎样处理呢？如图3.37所示。这是第三个问题。

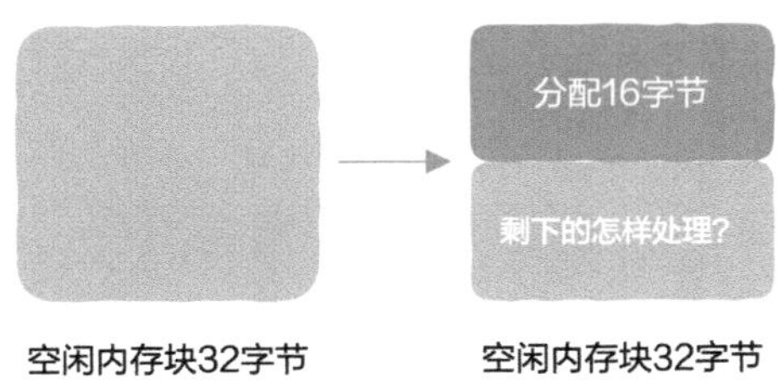

图3.37　剩余内存该怎样处理

最后，分配出去的内存使用完毕，这时第四个问题出现了，该怎么处理用户还给我们的内存呢？

以上四个问题是任何一个内存分配器必须回答的，接下来我们就一一解决这些问题，解决完后一个崭新的内存分配器就诞生啦！

3.4.4　管理空闲内存块

管理空闲内存块的本质是需要某种办法来区分哪些是空闲内存，哪些是已经分配出去的内存。

链表是一种比较简单的实现方法，可以把所有内存块用链表管理起来，并标记好哪些是空闲的，哪些是已经分配出去的。用链表记录内存使用信息如图3.38所示。

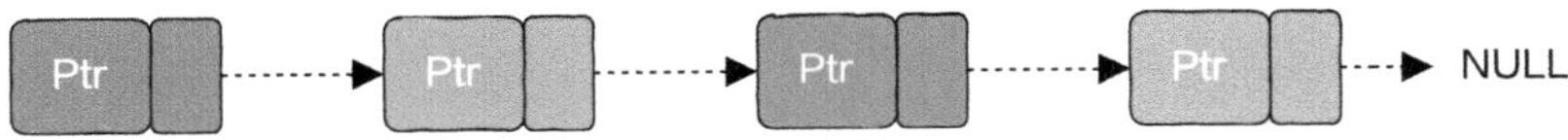

图3.38　用链表记录内存使用信息

但是要注意，你不能像在数据结构课中那样先创建出链表，再用来记录信息，因为创建链表不可避免地要申请内存，申请内存就需要通过内存分配器（当然也可以绕过，但非常不方便），可是你要实现的就是一个内存分配器，你没有办法向一个还没有实现的内存分配器申请内存。

因此，我们必须把链表与内存的使用信息及内存块本身存放在一起，这里的内存块指的是分配出去的或者空闲的整块内存；这个链表没有一个显示的指针告诉我们下一个节点在哪里，但我们可以通过内存使用信息推断出下一个节点的位置。

实现方法非常简单，只需要记录两个信息：

- 一个标记，用来标识该内存块是否空闲。
- 一个数字，用来记录该内存块的大小。

为了简单起见，我们的内存分配器不对内存对齐有要求，同时一次内存申请允许的最大内存块为2GB。注意，这些假设是为了方便讲解内存分配器的实现而屏蔽了一些细节，常用的malloc等分配器不会有这样的限制。

因为我们的内存块上限为2GB，所以我们可以使用31个比特位来记录块大小，剩下的一个比特位用来标识该内存块是空闲的还是已经被分配出去了的，如图3.39所示，图中的f/a表示free/allocated，f为空闲，a为已分配；这32个比特位被称为header（信息头），用来存储内存块的使用信息。

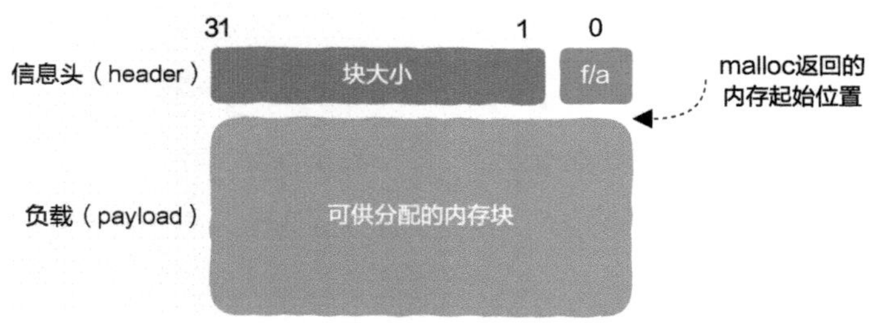

图3.39 保存内存的使用信息

图3.39中可供分配的内存块被称为负载（payload），我们调用malloc返回的内存地址正是从这里开始的。

现在你能看出为什么这样能形成一个链表了吧？原来维护内存块的header部分大小都是固定的32比特，并且我们也知道每个内存的大小，只要知道header的内存地址，那么ADDR(header) 加上该内存块的大小就是下一个节点的起始地址，很巧妙吧，如图3.40所示，图中的数字代表该内存块的大小。

堆区上的内存并不能全部分配出去，这里必然有一部分拿出来维护内存块的一些必要信息，就像这里的header。

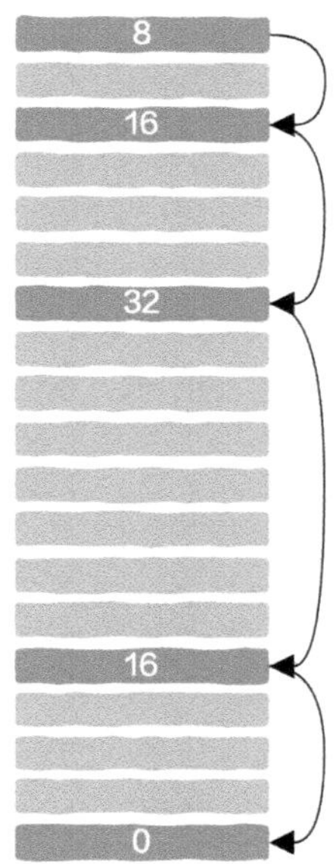

图3.40 利用header信息可以遍历所有内存块

3.4.5 跟踪内存分配状态

有了图3.40的设计，我们就可以将堆区组织起来进行内存分配与释放了，如图3.41所示。

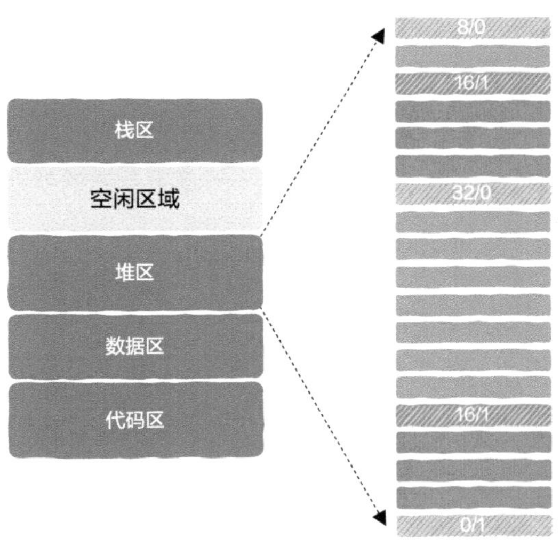

图3.41 跟踪堆区的内存分配请求

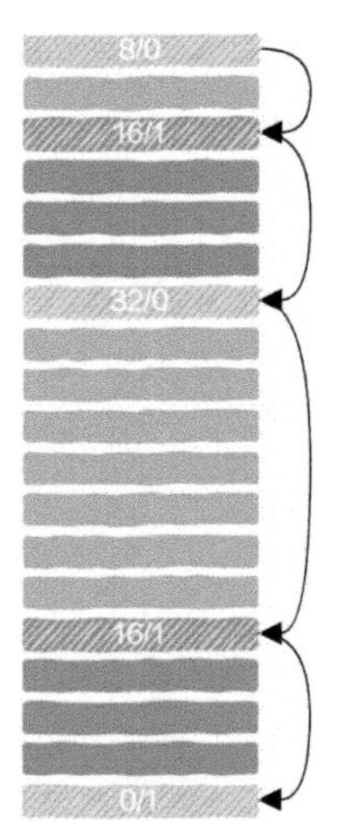

图3.42 利用header信息遍历全部内存块

图3.41中展示的堆区很小，每个方框代表4字节，其中深色区域表示已分配出去的内存块，浅色区域表示空闲内存；每块内存都有自己的header信息，用带斜线的方框表示，如16/1，就表示该内存块大小是16字节，1表示已经分配出去了；而32/0表示该内存块大小是32字节，0表示该内存块当前空闲。

细心的读者可能会问，那最后一个方框0/1表示什么呢？原来，我们需要某种特殊标记来告诉内存分配器是不是已经到堆区末尾了，这就是最后4字节的作用。

通过引入header这种设计可以很方便地遍历整个堆区，遍历过程中通过检查每个header最后一个比特位就能知道该内存块是空闲的还是已分配的，这样我们就能追踪到每个内存块的分配信息。这样，上文提到的第一个问题就解决了，如图3.42所示。

接下来看第二个问题。

3.4.6 怎样选择空闲内存块：分配策略

申请内存时，内存分配器需要找到一个大小合适的空闲内存块，假设当前的内存分配情况如图3.41所示，现在需要申请4字节内存。从图3.41中我们可以看到，有两个空闲内存块满足要求，第一个大小为8字节的内存块及第三个大小为32字节的内存块，到底该选择哪一个返回呢？这就是分配策略问题，实际上有很多策略可供选择。

1）First Fit

最简单的就是每次从头开始找起，找到第一个满足要求的就返回，这就是First Fit方法，一般被称为首次适应方法，如图3.43所示。

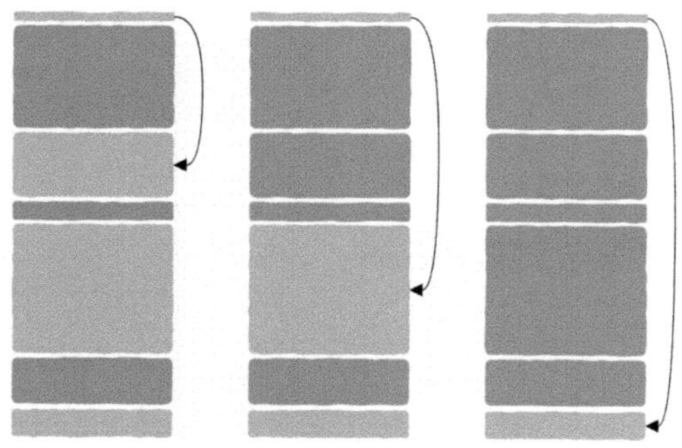

图3.43 First Fit总是从头开始找到第一个满足要求的空闲内存块

这种方法的优势在于简单，但该策略总是从开头的空闲内存块找起，因此很容易在前半部分因分配内存留下很多小的内存块，导致下一次内存申请搜索的空闲内存块数量会越来越多。

2）Next Fit

Next Fit方法是KMP算法的其中一位笔者Donald Knuth提出来的。

该方法和First Fit很相似，只是申请内存时不再从头开始搜索，而是从上一次找到合适的空闲内存块的位置找起，因此Next Fit搜索空闲内存块的速度在理论上快于First Fit搜索空闲内存块的速度，如图3.44所示，虚线方框为上一次分配出去的内存块。

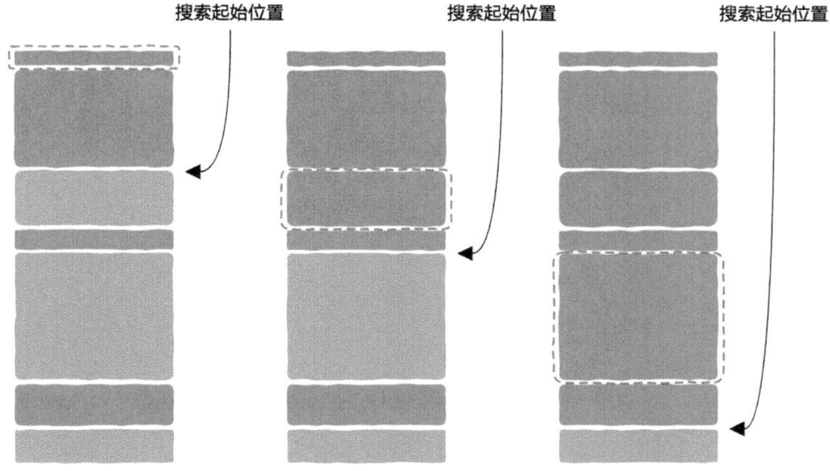

图3.44　虚线方框为上一次分配出去的内存块

然而，也有研究表明，Next Fit方法在内存使用率上不及First Fit方法。

3）Best Fit

First Fit方法和Next Fit方法在找到第一个满足要求的空闲内存块时就返回，但Best Fit方法并不这样。

Best Fit方法会先找到所有的空闲内存块，然后将满足要求的并且大小为最小的那个空闲内存块返回，这样的空闲内存块才是最适合的。如图3.45所示，虽然有三个空闲内存块满足要求，但是用Best Fit方法会选择大小为8字节的空闲内存块。

显然，从直觉上就能看出Best Fit方法会比First Fit方法和Next Fit方法能更合理地利用内存，然而Best Fit方法最大的缺点就是分配内存时需要遍历所有的空闲内存块，在速度上显然不及First Fit方法和Next Fit方法。

假设在这里我们选择了First Fit方法。

以上介绍的几种方法在各种内存分配器中很常见，当然分配方法远不止这几种，值得注意的是，上述方法没有一种是完美的，每一种方法都有其优点与缺点，我们能做的只有取舍与权衡，其实不止内存分配器，在设计其他软件系统时我们也一样没有万全之策。

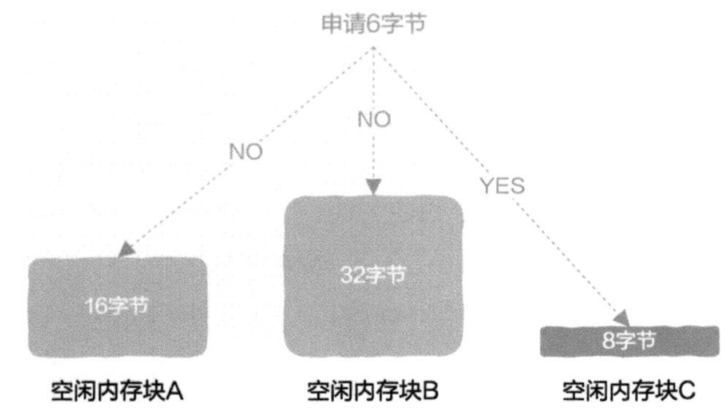

图3.45 Best Fit返回大小最合适的空闲内存块

因此，实现内存分配器时其设计空间是很大的，本节仅仅讲述基本原理，实现通用的工业级内存分配器远不像这里介绍得这么轻松。

3.4.7 分配内存

现在我们找到了合适的空闲内存块，接下来着手分配内存。

首先假设申请12字节内存，而找到的空闲内存块大小可供分配出去的恰好也为12字节（16字节减去4字节的header），如图3.46所示。这时我们只需要将该内存块标记为已分配并将该内存块header之后的内存地址返回给申请者即可。从这里可以看到，保存header信息的内存是不可以返回给申请者使用的，一旦该信息被破坏，我们的内存分配就将没有办法正常运行。

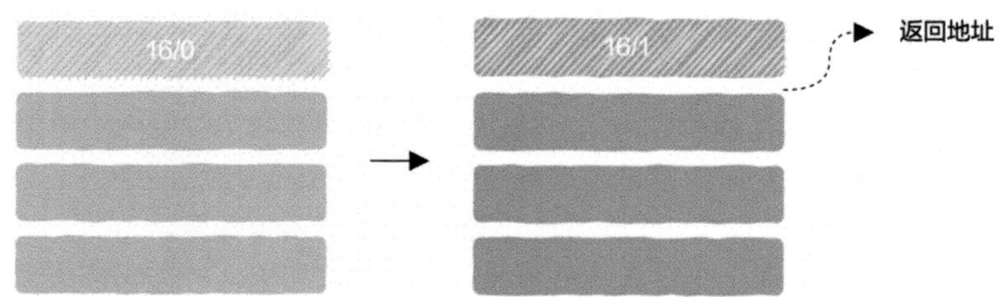

图3.46 返回header之后的内存地址并将其标记为已分配

就这样，我们完成了一次分配内存。

然而上述理想的情况可能不多，更可能的情况是申请12字节内存，但找到的空闲内存块要比12字节多，假设为32字节，那么我们要将这32字节的整个空闲内存块都分配出去吗？如图3.47所示。

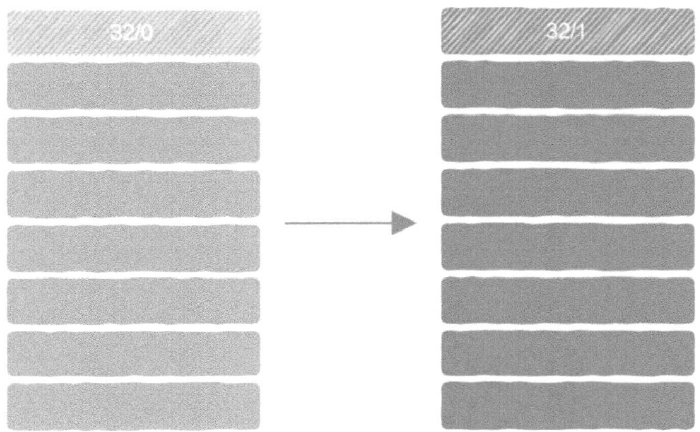

图3.47　是否将整个空闲内存块都分配出去

这样虽然速度最快，但显然会浪费内存，形成内部碎片，即该内存块剩余的空间将无法被使用，如图3.48所示。

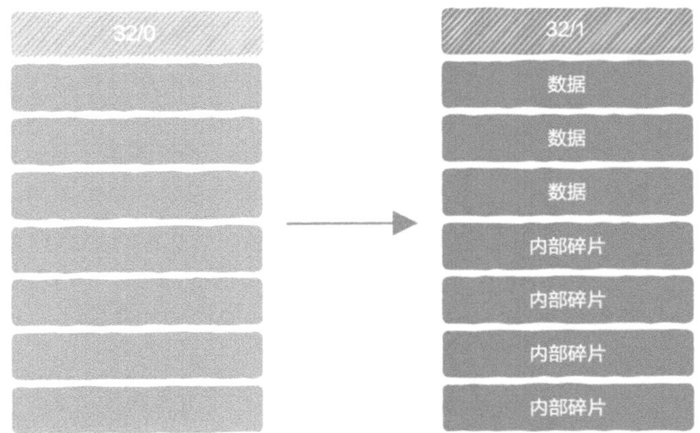

图3.48　剩余的内存块成为内部碎片

一种显而易见的方法就是将空闲内存块进行划分，前一部分设置为已分配并返回，后一部分变为一个新的空闲内存块，只不过大小会更小而已，如图3.49所示。

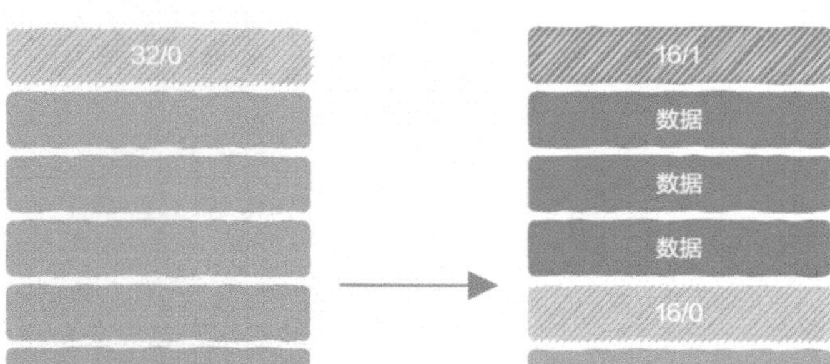

图3.49 剩余的成为更小的空闲内存块

我们需要将空闲内存块大小从32字节修改为16字节，其中消息头（header）占据4字节，剩下的12字节被分配出去，并将标记置为1，表示该内存块已被分配；分配出去16字节后，还剩下16字节，我们需要拿出4字节作为新的header并将其标记为空闲内存块。

至此，分配内存部分设计完成。

3.4.8 释放内存

到目前为止，我们的malloc已经能够处理分配内存请求了，还差最后的释放内存。

单纯地释放内存相对简单，假设在用户申请内存时得到的首地址为ADDR，那么释放内存时也仅仅需要将其传递给释放函数，如free即可，即free（ADDR），free函数在得到参数ADDR后只需要将该地址减去header的大小（4字节）就可以获取该内存块对应的header信息内存首地址，然后将其标记为空闲即可，如图3.50所示，这就是释放内存时不需要给free函数传递被释放内存块大小而只需要传递一个地址的原因。

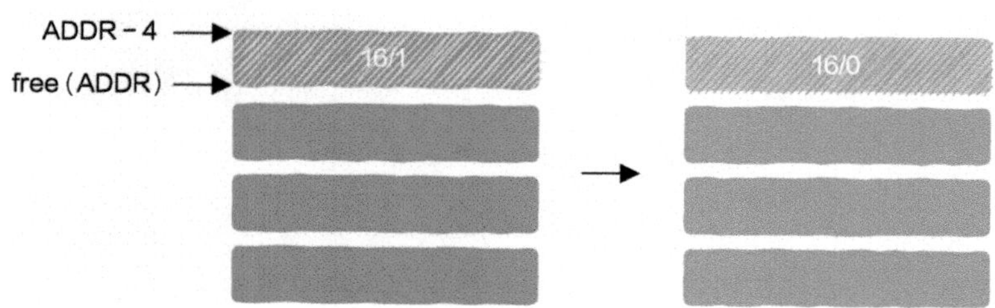

图3.50 释放内存

与此同时，释放内存时有一个关键点，与被释放的内存块相邻的内存块可能是空闲的，如果释放一个内存块后我们仅仅将其简单地标记为空闲，则会出现如图3.51所示的场景。

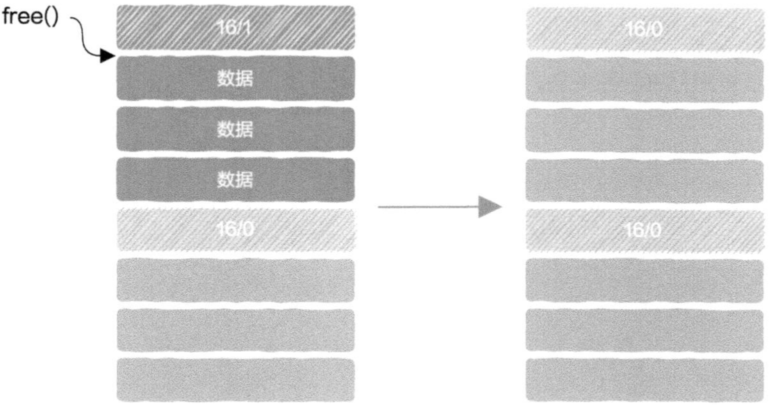

图3.51 相邻内存块也是空闲的

在图3.51中，与要被释放的内存块相邻的下一个内存块也是空闲的，仅仅将这16字节的内存块标记为空闲的话，当下一次申请20字节时图中的这两个内存块都不能满足要求，尽管这两个空闲内存块的总和要超过20字节。

因此，一种更好的方法是如果相邻内存块是空闲的，就将其合并成更大的空闲内存块，如图3.52所示。

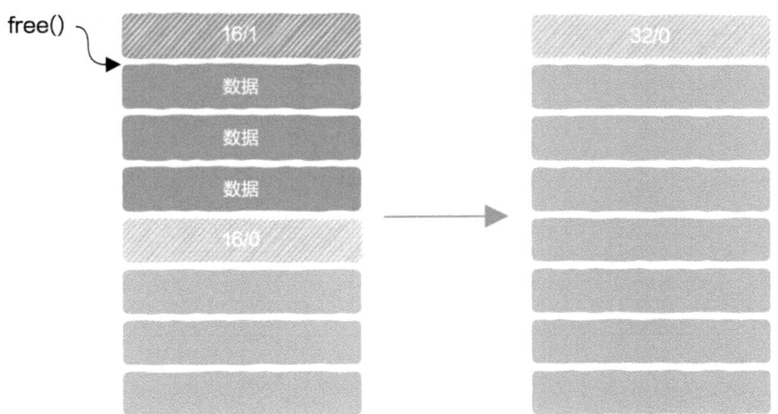

图3.52 合并空闲内存块

在这里我们又面临一个新的选择，释放内存时需要立即去合并相邻空闲内存块吗？还是推迟一段时间，推迟到下一次分配内存找不到满足要求的空闲内存块时再合并？

释放内存时立即合并相对简单，但每次释放内存将引入合并内存块的开销，如果应用程序总是反复申请释放同样大小的内存块，那么怎么办呢？如图3.53所示。

```
free(ptr);
obj* ptr = malloc(12);
free(ptr);
obj* ptr = malloc(12);
...
```

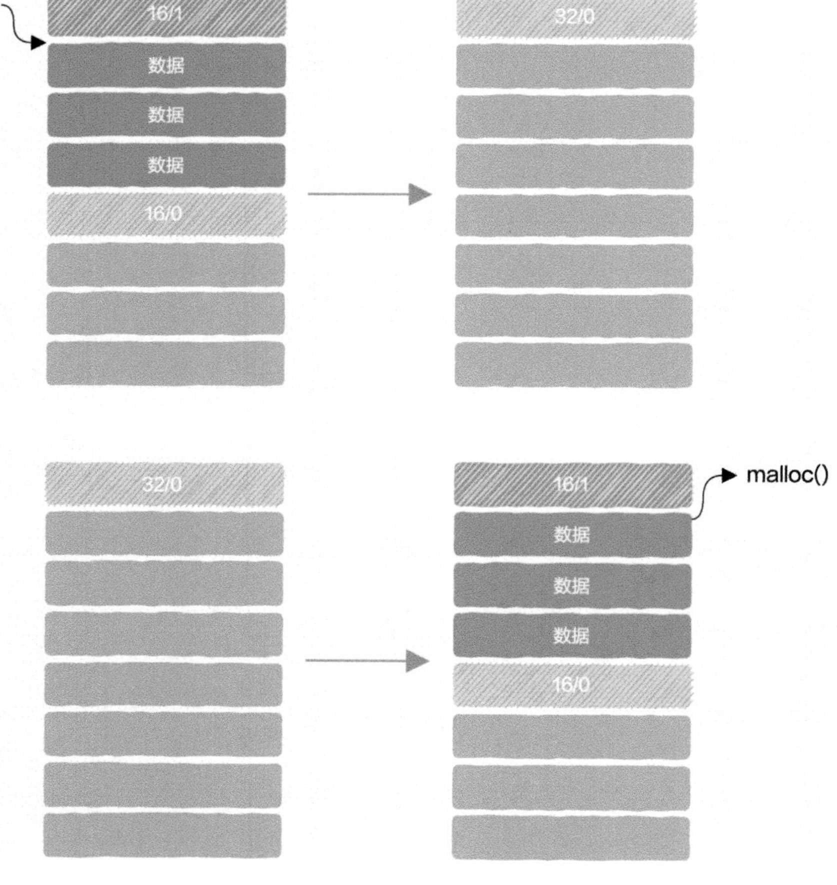

图3.53 反复申请释放内存

这种内存使用模式对立即合并空闲内存块的策略非常不友好，内存分配器会做很多无用功，但由于其最为简单，我们依然选择使用这种策略，不过实际的内存分配器几乎都有某种推迟合并空闲内存块的策略。

3.4.9 高效合并空闲内存块

合并空闲内存块的故事到这里就结束了吗？问题没那么简单！

在图3.54中，被释放的内存块其前后都是空闲的，我们只需要从当前位置向下移动16字节就是下一个内存块，因此可以很容易地知道后一个内存块是空闲的，问题是怎么能高效地知道上一个内存块是不是空闲的呢？

还是我们在3.4.6节提到的Donald Knuth，他提出了一个很聪明的设计，我们之所以不能往前跳是因为不知道前一个内存块的信息，我们该怎么快速知道前一个内存块的信息呢？

我们不是有一个信息头（header）吗，同样也可以在内存块的末尾再加一个信息尾（footer），footer一词用得很形象，header和footer的内容可以是一样的，如图3.55所示。

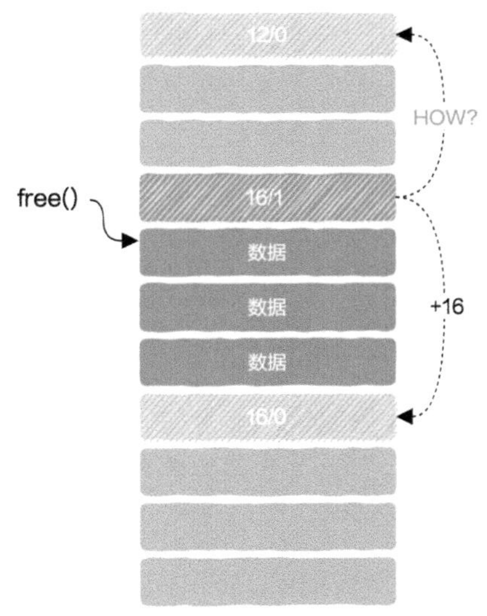

图3.54　如何向前遍历

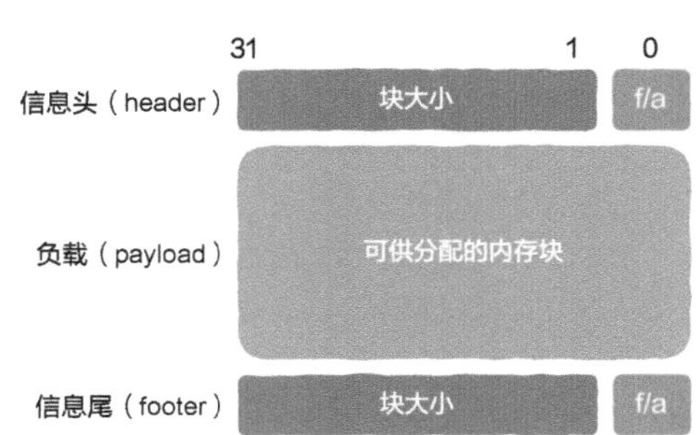

图3.55　在内存块的末尾加上footer

因为上一个内存块的footer和下一个内存块的header是相邻的，所以仅需在当前内存块的header位置减去4字节即可直接得到上一个内存块的footer信息，这样当我们释放内存时就可以快速合并相邻空闲内存块了。

可以看到，header和footer将内存块组成一种隐式的双向链表，如图3.56所示。

至此，我们的内存分配器设计完毕，值得注意的是，希望本节不要给大家留下内存分配器很简单的印象，本节的实现还有大量优化空间，也没有考虑线程安全问题，真实的内存分配器是非常复杂的，但其最朴素的原理就是本节介绍的这些。

既然你已经理解了内存分配器，那么关于内存分配的所有秘密就这些了吗？

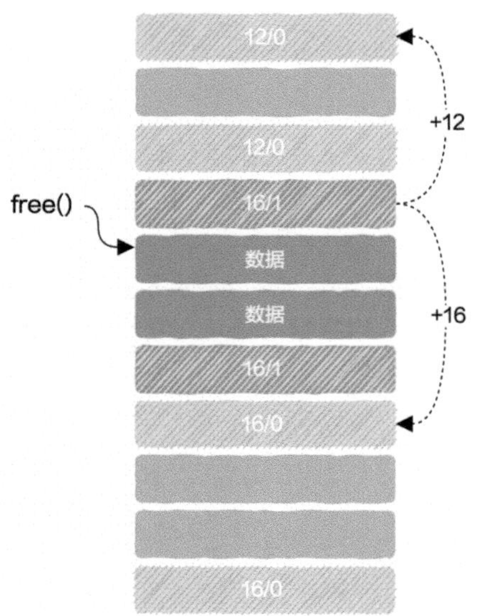

图3.56 header和footer将内存块组成一种隐式的双向链表

非也！现代计算机系统让内存分配这件事变得有点复杂但也非常有趣，接下来我们从底层的角度来看一下在申请内存时到底发生了什么。

3.5 申请内存时底层发生了什么

内存的申请和释放对程序员来说就像空气一样自然，你几乎不怎么能意识到，但这无比重要。申请过这么多内存，你知道申请内存时底层都发生什么了吗？有的读者会问，不是在3.4节讲解了内存分配器的实现原理了吗？

的确，如果内存分配的整个过程是一部电视剧，那么3.4节仅仅是这部电视剧的第一集，本节我们把整部电视剧讲完。

既然大家都喜欢听故事，就从神话故事开始吧！

3.5.1 三界与CPU运行状态

中国古代神话故事通常有“三界”之说，一般指天、地、人三界，天界是神仙所在的地方，凡人无法企及；人界说的就是人间；地界说的是阎罗王所在的地方，孙悟空上天入地、无所不能，说的就是可以在这三界自由出入，那么这与计算机有什么关系呢？

原来，代码也是分三六九等的，程序运行起来后也有“三界”之说，如图3.57所示。

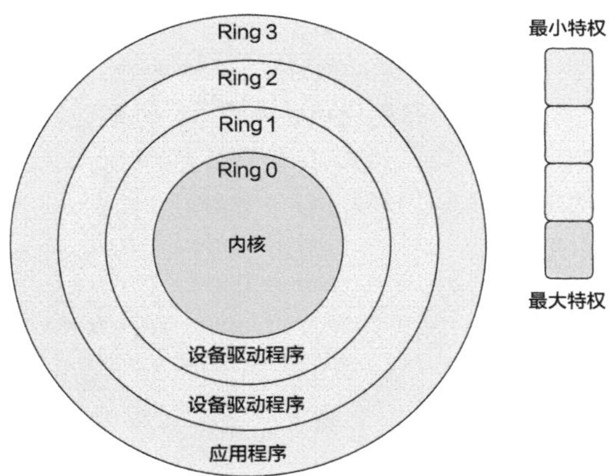

图3.57　各类程序所在的等级

x86 CPU提供了“四界”：0、1、2、3，这几个数字其实是指CPU的几种工作状态，数字越小表示CPU的特权越大，这里的特权是指能不能执行某些指令，有些机器指令只有在CPU处于最高特权状态下才可以实行，如在工作状态0下CPU的特权最大，可以执行任何机器指令。

一般情况下，系统只使用CPU的0和3两种工作状态，因此确切地说是“两界”，这两界可不是说天、地，这两界指的是“用户态（3）”和“内核态（0）”，接下来我们具体看看什么是内核态、什么是用户态。

3.5.2　内核态与用户态

当CPU执行操作系统代码时就处于内核态，在内核态下，CPU可以执行任何机器指令、访问所有地址空间、不受限制地访问任何硬件，可以简单地认为，内核态就是“天界”，这里的代码（操作系统）无所不能，如图3.58所示。

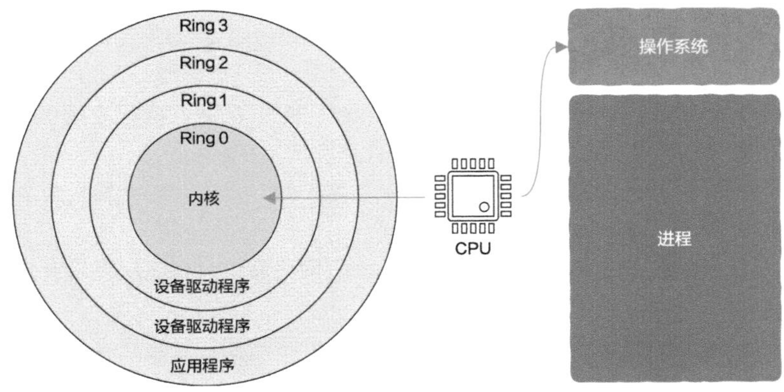

图3.58　操作系统位于内核态

而当CPU执行程序员写的“普通”代码时就处于用户态，如果按粗糙的方式划分，那么除操作系统外的代码，就像我们写的“helloworld”程序。

用户态就好比“人界”，用户态的代码处处受限，不能访问特定地址空间，否则神仙（操作系统）直接将你“杀”（kill）掉，这就是著名的Segmentation fault；CPU在用户态不能执行特权指令，等等。普通应用程序位于用户态，如图3.59所示。

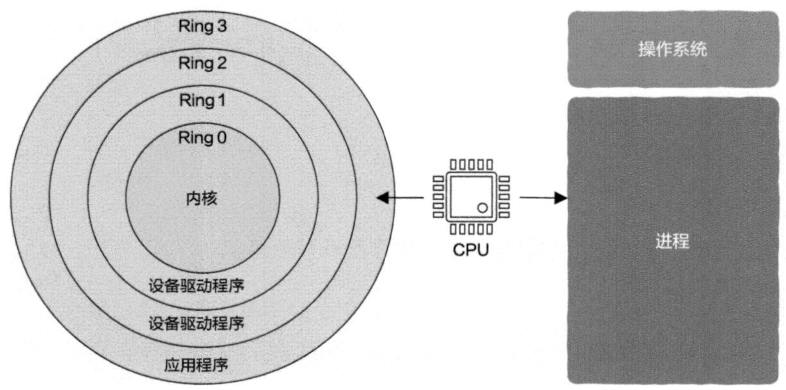

图3.59 普通应用程序位于用户态

3.5.3 传送门：系统调用

孙悟空神通广大，一个跟斗就能从人间跑到天上去找玉帝老儿，程序员就没有这个本领了。CPU不会在内核态下去执行应用程序，也不会在用户态下去执行操作系统代码，那么当应用程序需要请求操作系统的服务时该怎么办呢？如文件读写、网络数据的收发等。

原来操作系统为普通程序员留了一些特定的“暗号”，程序员通过这些暗号即可向操作系统请求服务，这种机制就被称为系统调用（System Call），通过系统调用可以让操作系统代替我们完成一些事情，如文件读写、网络通信等（4.9节会讲解系统调用的实现原理）。

系统调用是通过特定机器指令实现的，像x86下的INT指令，执行该指令时CPU将从用户态切换到内核态去执行操作系统代码，以此来完成用户请求。

从这个角度来看，进程就像是网络通信中的客户端，操作系统就像是服务器端，系统调用就像是网络请求，如图3.60所示。

你可能有些疑惑，为什么我在读写文件、进行网络通信时好像从来没有使用过系统调用？

原来这些系统调用都被封装起来了，程序员通常不需要自己直接进行系统调用，这又是为什么呢？

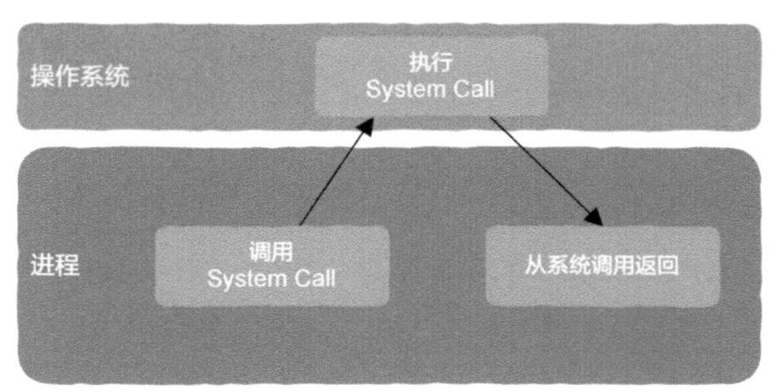

图3.60 系统调用在用户态发起，在内核态下处理完成

3.5.4 标准库：屏蔽系统差异

原来系统调用都是和操作系统强相关的，Linux的系统调用就和Windows的完全不同。

如果你直接使用系统调用，那么Linux的程序无法直接在Windows上运行，因此我们需要某种标准，该标准对使用者屏蔽底层差异，这样程序员写的程序就可以不需要修改地运行在不同操作系统上了。

在C语言中，这就是标准库。

注意，标准库代码也运行在用户态，一般来说，程序员都是通过调用标准库去进行文件读写操作、网络通信的，标准库再根据具体的操作系统选择对应的系统调用。

从分层的角度来看，整个系统有点像汉堡包，如图3.61所示。

最上层是应用程序，应用程序一般只和标准库打交道（当然，也可以绕过标准库），标准库通过系统调用和操作系统交互，操作系统管理底层硬件。

这就是为什么在C语言下同样的open函数既能在Linux下也能在Windows下打开文件的原因。

说了这么多，这和分配内存又有什么关系呢？

原来，在3.4节中讲解的分配内存器，如常用的malloc，其实不属于操作系统的一部分，而是在标准库中实现的，malloc是标准库的一部分，如图3.62所示。

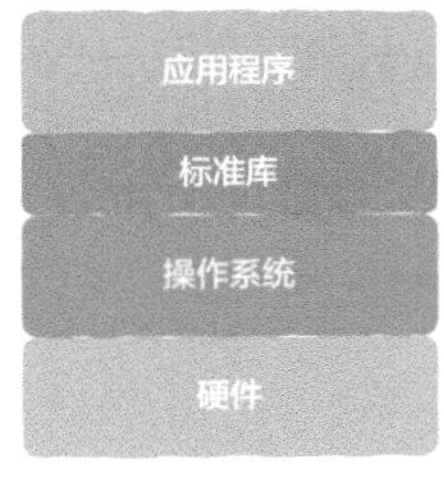

图3.61 分层结构

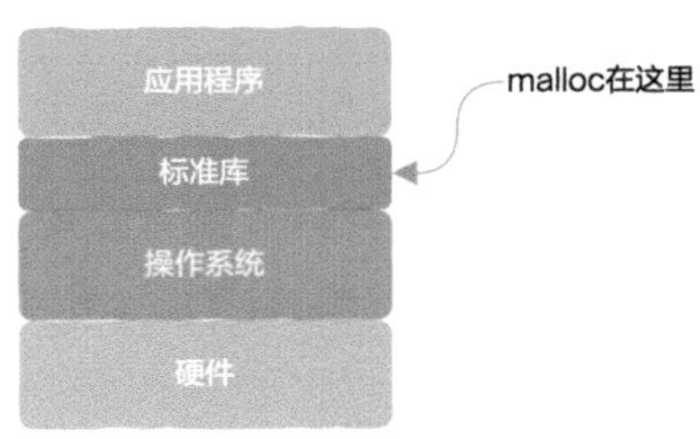

图3.62 malloc属于标准库这一层

值得注意的是，在C语言中默认使用的malloc只是内存分配器的一种，还有许多其他类型的内存分配器，如tcmalloc、jemalloc等，它们都有各自适用的场景，选取适合特定

场景的内存分配器至关重要。

有了这些铺垫后，现在我们开始分配内存这部剧的第二集啦！

3.5.5 堆区内存不够了怎么办

3.4节讲解了malloc内存分配器的实现原理，但有一个问题被我们故意忽略了，那就是如果内存分配器中的空闲内存块不够用了，那么该怎么办？

让我们再来看一下程序在内存中是什么样的，如图3.63所示。

注意，在堆区和栈区之间有一片空闲区域，栈区会随着函数调用深度的增加而向下占用更多内存，相应地，当堆区内存不足时也可以向上占用更多空间，如图3.64所示。

堆区增长后占用的内存就会变多，这就解决了空闲内存块不够用的问题，但该怎样让堆区增长呢？

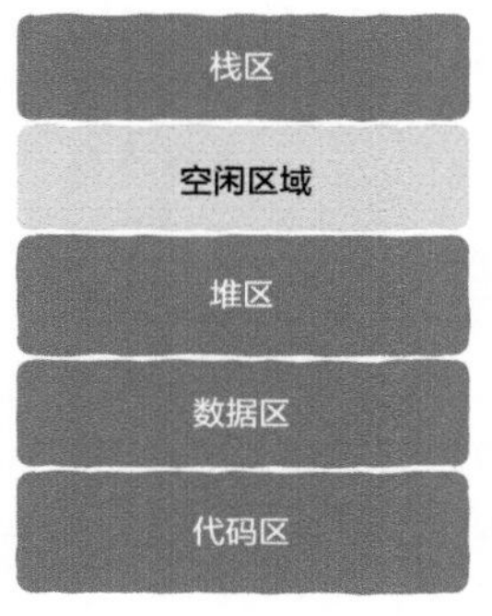

图3.63 进程地址空间

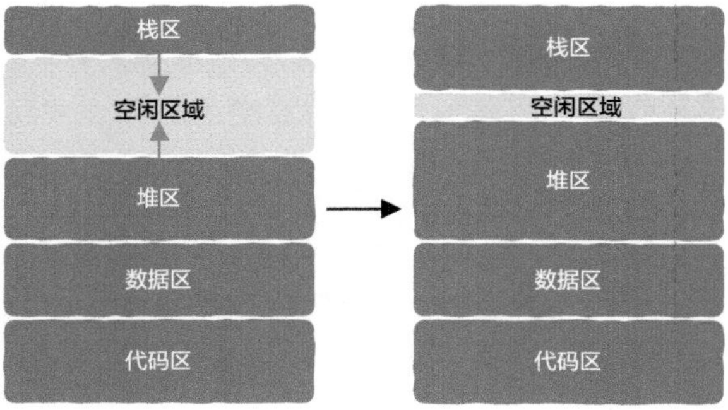

图3.64 堆区占用更多空间

原来malloc内存不足时要向操作系统申请内存，操作系统才是真正的大佬，malloc不过是小弟，如在Linux中，每个进程都维护了一个叫作brk的变量，brk发音同break，其指向了堆区的顶部，如图3.65所示。

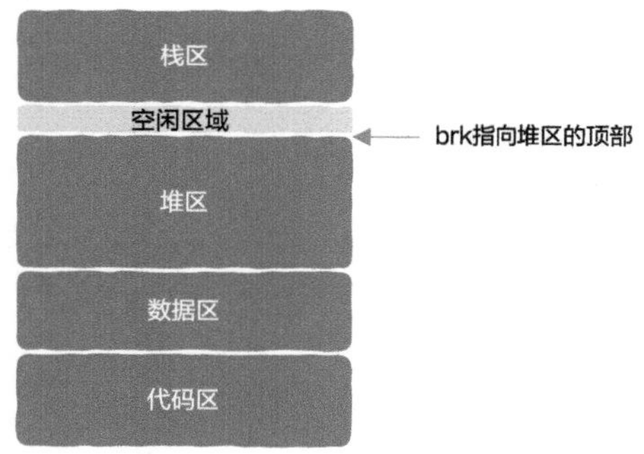

图3.65 brk指向堆区的顶部

将brk上移扩大堆区就涉及系统调用了。

3.5.6　向操作系统申请内存：brk

Linux专门提供了一个叫作brk的系统调用，还记得刚提到堆区的顶部吧，这个brk系统调用就是用来增大或者减小堆区的，如图3.66所示。

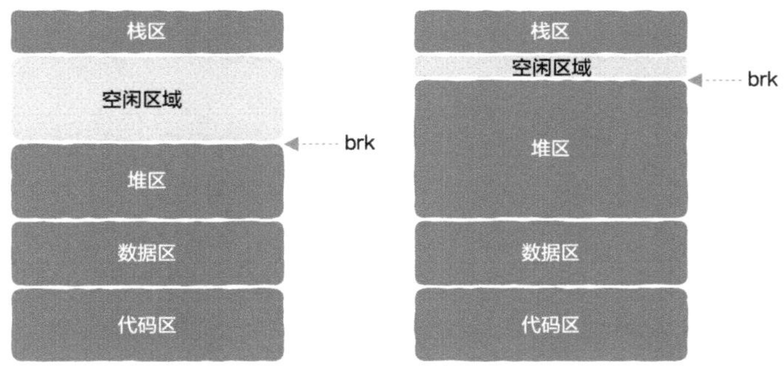

图3.66　调整brk增大堆区

实际上，不止brk系统调用，mmap等系统调用也可以实现同样的目的，mmap也更为灵活。这些函数不是这里的重点，重点是有了这些系统调用，如果堆区内存不足则可以向操作系统请求扩大堆区，这样就有更多空闲内存可供分配了。

现在，申请内存就不再简单局限在用户态的堆区了，申请内存时可能经历以下几个步骤：

（1）程序调用malloc申请内存，注意malloc实现在标准库中。

（2）malloc开始搜索空闲内存块，如果能找到一个大小合适的就分配出去，前两个步骤都发生在用户态。

（3）如果malloc没有找到空闲内存块就向操作系统发出请求增大堆区，如通过brk系统调用。注意，brk是操作系统的一部分，因此位于内核态。增大堆区后，malloc又一次能找到合适的空闲内存块，然后分配出去。

一次内存申请可能需要操作系统的帮助，如图3.67所示。

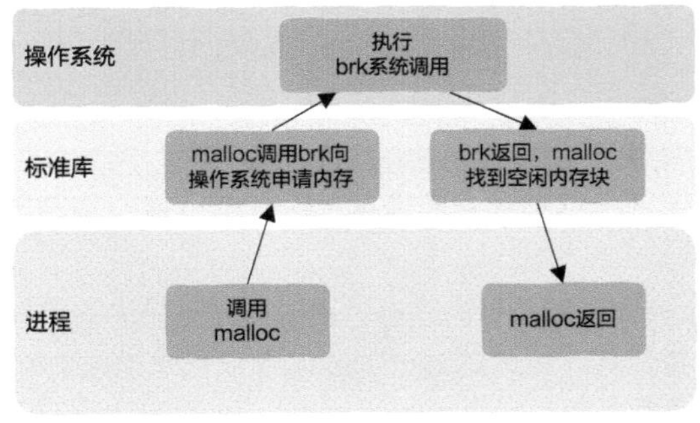

图3.67　一次内存申请可能需要操作系统的帮助

故事就到这里了吗？

3.5.7 冰山之下：虚拟内存才是终极BOSS

到目前为止，我们知道的全部仅仅是冰山一角。

现在看到的冰山是这样的：我们向malloc申请内存，malloc内存不够时向操作系统申请扩大堆区，之后malloc找到一个空闲内存块返回给调用者。

但是，在支持虚拟内存的系统中上述过程根本就没有涉及，哪怕一丁点真实的物理内存，一切皆为幻象。

我们确实通过malloc从堆区申请到了内存，malloc也确实通过操作系统的帮助扩大了堆区，但堆区本身及整个进程地址空间都不是真实的物理内存。

在3.2节我们也提到了，进程看到的内存都是假的，是操作系统给进程的一个幻象，这个幻象就是由著名的虚拟内存系统来维护的，我们经常说的图3.63其实仅仅是逻辑上的，真实的物理内存中从来没有过这样一张图。

当调用的malloc返回后，程序员申请到的内存就是虚拟内存，我们通过malloc申请的内存其实只是一张空头支票（假如此时该地址空间还没有映射到具体的物理内存），此时可能根本没有分配任何真实的物理内存。

什么时候才会分配真正的物理内存呢?

答案是分配物理内存被推迟到了真正使用该内存的那一刻，此时会产生一个缺页错误（page fault），因为虚拟内存并没有关联到任何物理内存。操作系统捕捉到该错误后开始分配真正的物理内存，通过修改页表建立好虚拟内存与该真实物理内存之间的映射关系，此后程序开始使用该内存，从程序员的角度来看就好像从一开始该内存就被分配好了一样。

可以看到，malloc仅仅是内存的二次分配，而且分配的还是虚拟内存，这发生在用户态；后续程序使用分配到的虚拟内存时必须映射到真实的物理内存，这时才真正地分配物理内存，其发生在内核态，也只有操作系统才能分配真正的物理内存。当然，关于操作系统如何管理内存就是另外的故事了，具体可参考相关资料。

3.5.8 关于分配内存完整的故事

现在，分配内存的故事终于可以完整地讲出来了，当我们调用malloc申请内存时：

（1）malloc开始搜索空闲内存块，如果能找到一个大小合适的就分配出去。

（2）如果malloc找不到合适的空闲内存，则调用brk等系统调用扩大堆区，从而获得更多的空闲内存。

（3）malloc调用brk后开始转入内核态，此时操作系统中的虚拟内存系统开始工作，扩大进程的堆区，注意，额外扩大的这一部分内存仅仅是虚拟内存，操作系统可能并没有为此分配真正的物理内存。

（4）brk结束后返回到malloc，CPU从内核态切换到用户态，malloc找到一个合适的空闲内存块后返回。

（5）我们的程序成功申请到内存，程序继续运行。

（6）当有代码读写新申请的内存时，系统内部出现缺页中断，如图3.68所示。此时CPU再次由用户态切换到内核态，操作系统开始分配真正的物理内存，在页表中建立好虚拟内存与物理内存的映射关系后，CPU再次由内核态切换回用户态，程序继续。

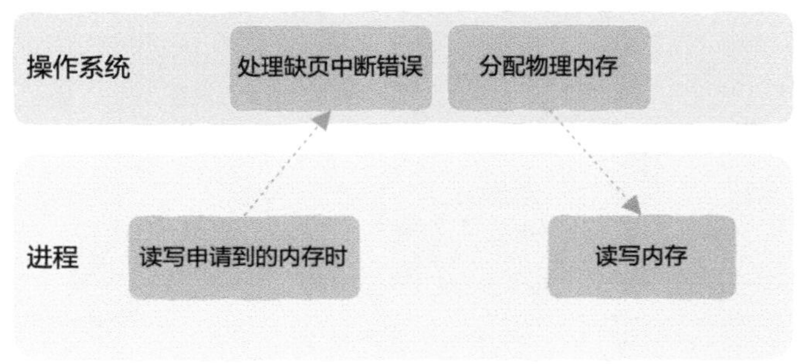

图3.68　缺页中断处理

以上就是一次内存申请与使用的完整过程，可以看到整个过程是非常复杂的。

至此，堆区的全部秘密真正讲述完毕。

怎么样，虽然从表面上看申请内存非常简单，简单到就一行代码，但这行代码背后涉及诸多细节，频繁地通过malloc申请释放内存无疑对系统性能是有一定影响的，尤其对系统性能要求较高的场景。

那么很自然的一个问题就是，我们能否避免malloc呢？答案是肯定的，这就是内存池技术（memory pool）。

3.6　高性能服务器内存池是如何实现的

大家在生活中肯定都有这样的经验：大众化产品往往比较便宜，但便宜的大众产品就是一个词——普通；而定制产品一般都价位不凡，这种定制的产品注定不会在大众中普及，因此定制产品就是一个词——独特。

说到内存分配技术，这里也有大众化产品及定制产品。

程序员申请内存时使用的malloc其实就是通用的大众化产品，在什么场景下都可以使用，但这也就意味着不会针对某种场景有特定的优化。

在3.5节中我们知道，一次malloc内存申请其实是很复杂的，有时还会涉及操作系统，程序中频繁申请释放内存会对系统性能产生影响，幸好除了通用的malloc，我们还可以针对特定场景实现自己的内存分配策略，这就是内存池技术。

内存池技术与通用的如malloc内存分配器有什么区别吗？

3.6.1 内存池vs通用内存分配器

第一个区别在于我们所说的malloc其实是标准库的一部分，位于标准库这一层；而内存池是应用程序的一部分如图3.69所示。

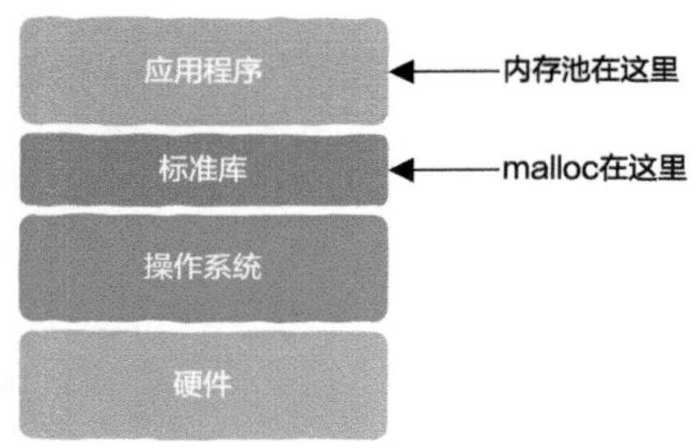

图3.69 内存池是应用程序的一部分

第二个区别在于定位，通用的内存分配器设计实现往往比较复杂，但是内存池技术就不一样了，内存池技术专用于某个特定场景，仅针对单一场景优化内存分配性能，因此其通用性是很差的，在一种场景下有高性能的内存池基本上没有办法在其他场景也能获得高性能，甚至根本就不能用于其他场景，这就是内存池技术的定位，如图3.70所示。

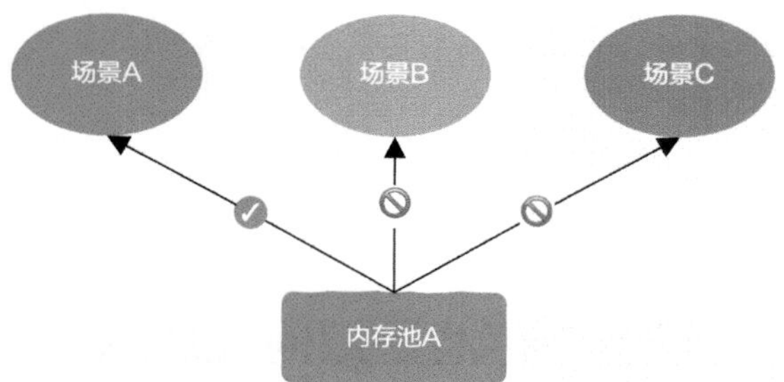

图3.70 内存池技术并不通用

那么内存池技术又是怎样优化性能的呢?

3.6.2 内存池技术原理

简单来说，内存池技术一次性申请一大块内存，在其之上自己管理内存的分配和释放，这样就绕过了标准库和操作系统，如图3.71所示。

除此之外，我们还可以根据特定的使用模式来进一步优化，如在服务器端，每次处理用户请求需要创建的对象可能就那几种，这时就可以在自己的内存池上提前创建出这些对象，当业务逻辑需要时就从内存池中申请已经创建好的对象，使用完毕后还回内存池。

这类只针对特定场景实现的内存池相比通用内存分配器会有很大的优势，原因就在于程序员了解该场景下的内存使用模式，而通用内存分配器则对此一无所知。

接下来，我们着手实现一个极简内存池。

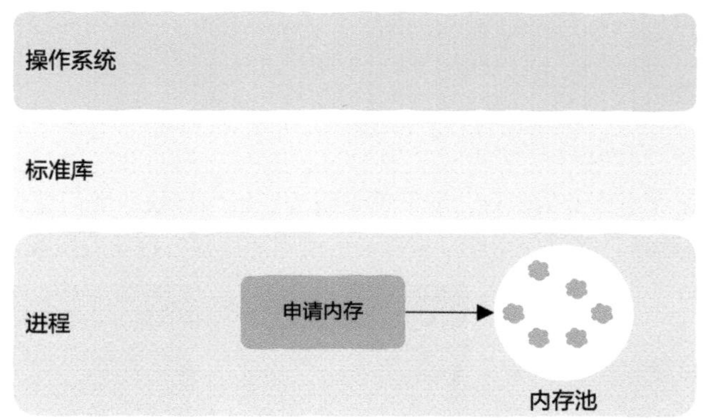

图3.71　申请内存不需要经过标准库和操作系统

3.6.3　实现一个极简内存池

值得注意的是，内存池技术有很多的实现方法，这里还是以服务器端编程为例。

假设你的服务器程序非常简单，处理用户请求时只使用一种对象（数据结构），这时我们提前申请出一堆来，数量根据实际情况自行决定，使用的时候拿出一个，使用完后还回去，如图3.72所示。

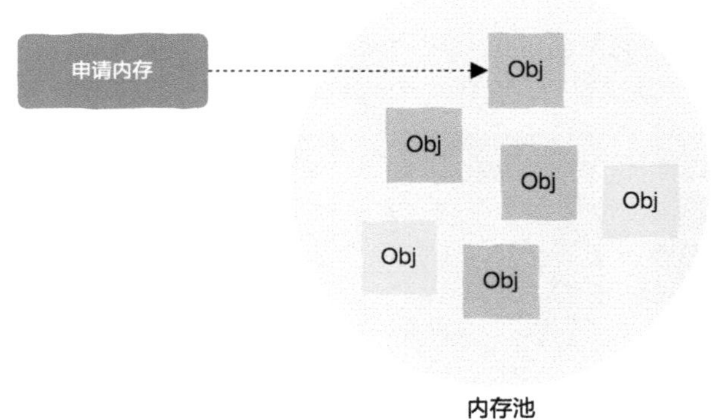

图3.72　最简单的内存池

实现完毕，足够简单吧！这样一个简单的内存池就能解决实际问题，不过其只能分配特定对象（数据结构）。

接下来，实现一个稍复杂些的内存池，其支持申请不同大小的内存，且针对服务器端编程场景，因此在处理用户请求的过程中只从内存池中申请内存而不释放内存，只有当请求处理完毕后再一次性释放所有该过程中申请的内存，从而将内存申请释放的开销降到最小。

从这里可以看到，内存池的设计都是针对特定场景的。现在有了初步的设计，接下来就是细节了。

3.6.4 实现一个稍复杂的内存池

为了能够分配大小可变的内存，显然需要管理空闲内存块，我们首先可以用一个链表把所有内存块链接起来，然后使用一个指针来记录当前空闲内存块的位置，如图3.73所示。

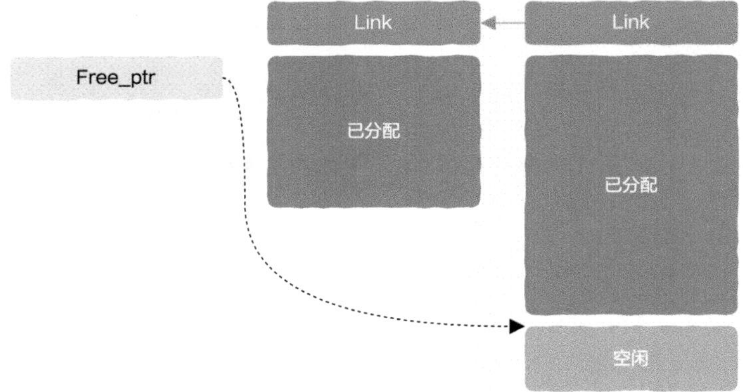

图3.73 用链表管理内存块

当内存不足时我们需要向malloc申请新的内存块，新的内存块大小总是前一个内存块的2倍，如图3.74所示。该策略与C++中vector容器的扩容策略类似，目的是确保不会频繁地向malloc申请内存，从这里可以看到内存池其实是在malloc返回内存之上的再一次分配。

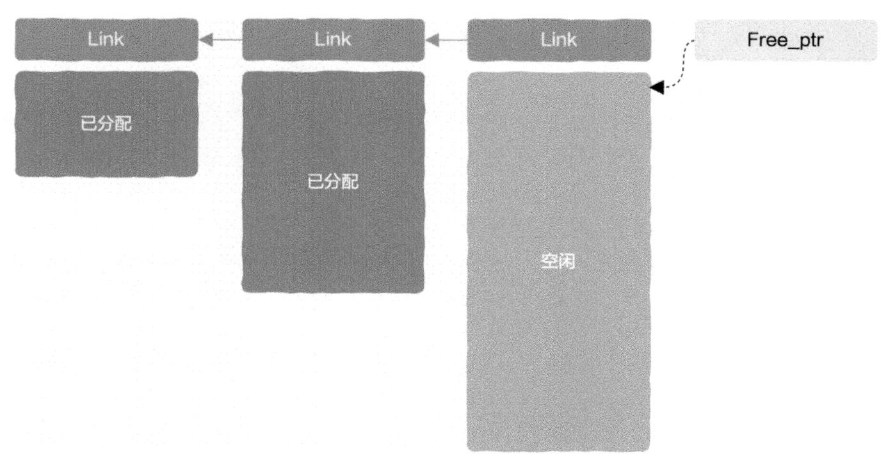

图3.74 新的内存块是前一个内存块的2倍

这里有一个Free_ptr指针，指向内存池中空闲内存块起始位置，因此可快速找到空闲内存块，假设申请10字节内存且内存池中的空闲内存块大小满足要求，那么直接返回该指针指向的地址并将其向后移动10字节即可。

这里也不提供类似free这样可以释放某个内存块功能的函数，请求处理完毕后一次性将整个内存池释放掉，最大程度减少内存释放带来的开销，这一点与通用内存分配器是不一样的。

到这里，我们的内存池已经能在单线程环境下工作得很好了，如果是多线程环境那么该怎么办呢？该怎样实现线程安全呢？

3.6.5　内存池的线程安全问题

有的读者可能会说这还不简单，直接给内存池一把锁保护就可以了。内存池加锁保护如图3.75所示。

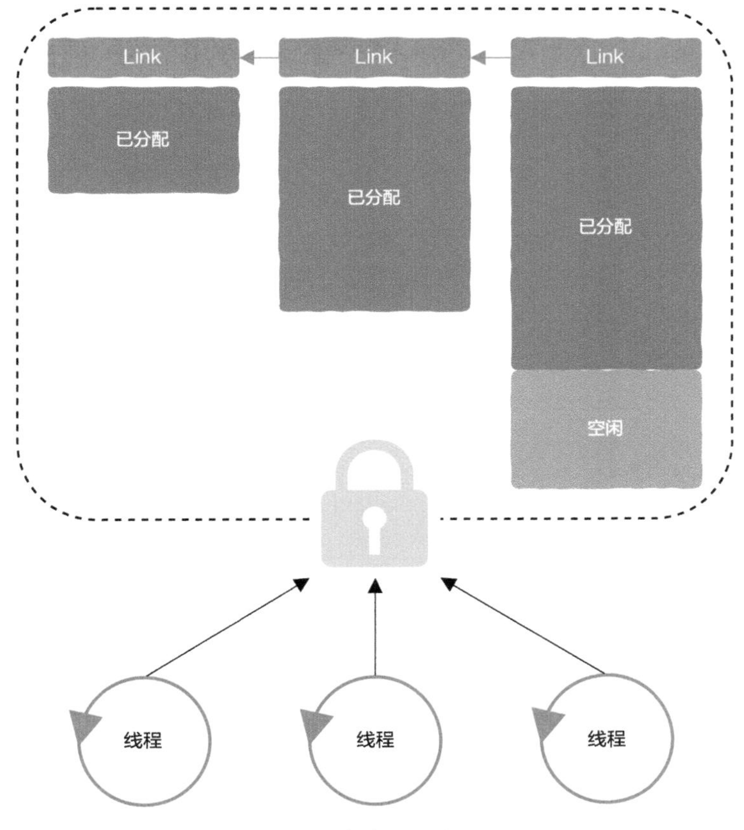

图3.75　内存池加锁保护

这种方法的确可以保证线程池正确工作，但如果程序有大量线程申请或者释放内存，那么在这种方案下锁的竞争将会非常激烈，从而导致系统性能下降，还有更好的办法吗？答案是肯定的。

既然加锁可能会带来性能问题，那么为每个线程维护一个内存池就好了，这从根本上解决了线程间的竞争问题。

怎样为每个线程维护一个内存池呢？第2章提到的线程局部存储就能派上用场啦！我们可以将内存池放在线程局部存储中，这样每个线程都只会操作属于自己的内存池，如图3.76所示。

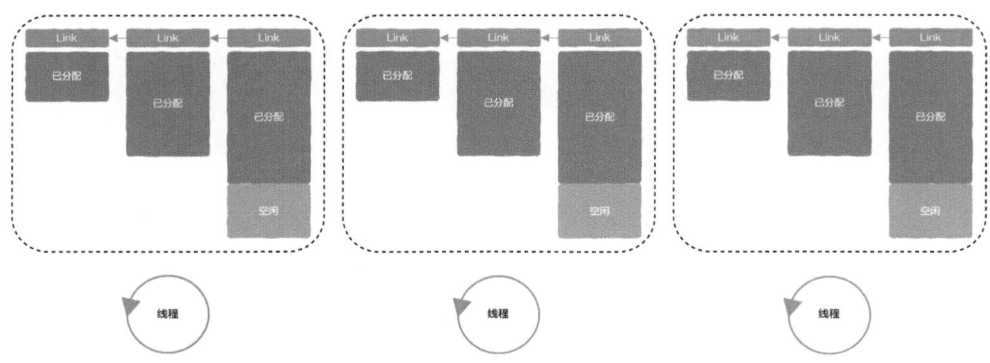

图3.76 线程局部存储与内存池

使用线程局部存储会引入一个非常有趣的问题，假如线程A申请了一个内存块，但其生命周期超过了线程A本身，也就是说当线程A执行结束后该内存还在被其他线程使用，显然该内存将不得不在其他线程，如线程B中销毁，也就是说一个内存块在线程A中申请却要在线程B中释放，该怎么处理这种情况呢？这个问题留给大家去思考。

内存池是高性能服务器中常见的一种优化技术，本节仅介绍几种实现方式，值得注意的是，内存池技术非常灵活，可简单、可复杂，显然这是由使用场景决定的。

至此，进程地址空间中的栈区和堆区也介绍完毕，可以看到这两个区域的内存都有其使用规则，如果不能透彻理解这些规则，那么在程序中写出与内存相关的bug简直太容易了。

接下来，我们看看与内存相关的经典bug。

3.7 与内存相关的经典bug

对程序员来说，与内存相关的bug的排查难度几乎和多线程问题并驾齐驱，当程序出现运行异常时可能距离真正有问题的那行代码已经很远了，这导致问题的定位排查非常困难，本节汇总一些与内存相关的经典bug，所有示例以C语言来讲解，快来看看你知道几个，或者你的程序中现在有几个。

3.7.1 返回指向局部变量的指针

看看这段代码有什么问题？

```
int* fun() {
  int a = 2;
  return &a;
}

void main() {
  int* p = fun();
  *p = 20;
}
```

3.4节实际上讲解过该示例，问题在于局部变量a位于func函数的栈帧中，当func函数执行结束后，其栈帧也不复存在，因此main函数调用func函数后得到的指针指向一个不存在的变量，如图3.77所示。

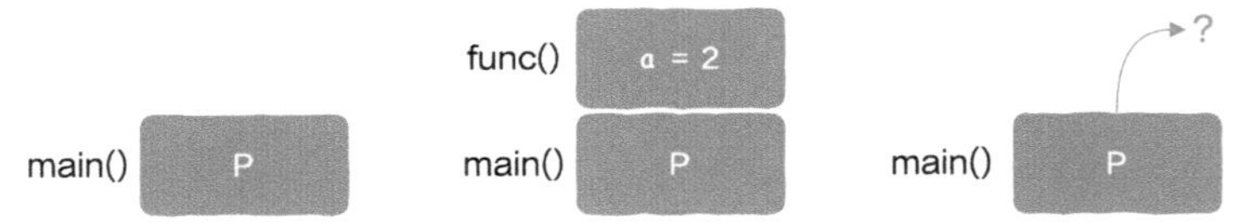

图3.77 指针指向不存在的变量

尽管上述代码仍然很可能“正常”运行，但这仅仅是运气好而已。如果后续调用其他函数，如foo函数，那么指针p指向的内容将被 foo 函数的栈帧覆盖掉，又或者修改指针 p 实际上是在破坏 foo 函数的栈帧，这将产生极其难以排查的 bug。

3.7.2 错误地理解指针运算

```
int sum(int* arr, int len) {
  int sum = 0;
  for (int i = 0; i < len; i++) {
      sum += *arr;
      arr += sizeof(int);
  }
  return sum;
}
```

这段代码本意是想计算给定数组的和，但上述代码错误地理解了指针运算。

指针运算中的加1并不是说移动1字节而是移动1个单位，指针指向的数据类型的大小就是1个单位。如果指针指向的数据类型是int，那么指针加1意味着移动4字节，如果指针指向的是结构体，假如该结构体的大小为1024字节，那么指针加1其实是移动1024字节。

因此，移动指针时我们根本不需要关心指针指向的数据类型的大小，如图3.78所示，简单地将上述代码中arr+=sizeof(int);改为arr++;即可。

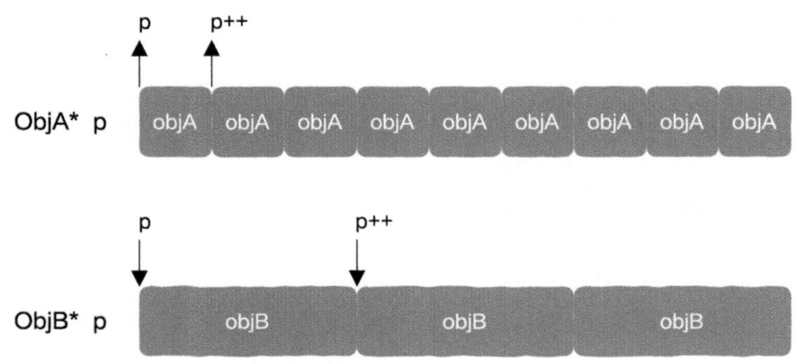

图3.78 移动指针时不需要关心数据类型的大小

3.7.3 解引用有问题的指针

C语言初学者常会犯一个经典错误，从标准输入中获取数据时其代码可能会写成这样：

```
int a;
scanf( "%d" , a);
```

很多读者并不知道这样写会有什么问题，因为上述代码有时并不会出现运行时错误，原来scanf会将a的值当成地址来对待，并将从标准输入中获取的数据写到该地址。

接下来，程序的表现就取决于a的值了，而上述代码中局部变量a的值是不确定的，那么这时：

（1）如果a的值被解释成指针后指向代码区或者其他不可写区域，那么操作系统将立刻kill掉该进程，这是最好的情况，这时发现问题还不算很难。

（2）如果a的值被解释成指针后指向栈区，那么此时恭喜你，其他函数的栈帧此时已经被破坏掉了，程序接下来的行为将脱离掌控，这样的bug极难定位。

（3）如果a的值被解释成指针后指向堆区或数据区，那么此时也恭喜你，程序动态分配的内存已经被你破坏掉了，程序接下来的行为同样是不确定的，这样的bug也极难定位。

破坏不同内存区域的代价如图3.79所示。

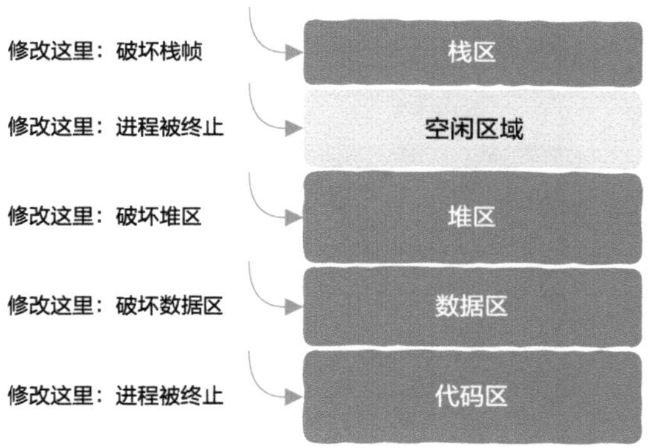

图3.79　破坏不同内存区域的代价

3.7.4　读取未被初始化的内存

来看这样一段代码：

```
void add() {
  int* a = (int*)malloc(sizeof(int));
  *a += 10;
}
```

上述代码错误地认为从堆上动态分配的内存总是被初始化为0，但实际上并不是这样的。

我们需要知道，当调用malloc时实际上有以下两种可能：

（1）如果malloc自己维护的内存够用，那么malloc从空闲内存块中找到一个返回。注意，该内存可能之前被使用过，此时，该内存可能包含了上次使用时留下的信息，因此不一定为0。

（2）如果malloc自己维护的内存不够用，那么通过brk等系统调用向操作系统申请内存，在真正使用该内存时出现缺页中断，操作系统分配真正的物理内存，在这种情况下该内存可能会被初始化为0。

原因很简单，操作系统返回的该内存可能之前被其他进程使用过，这里面也许会包含了一些敏感信息，如密码，因此出于安全考虑，防止你读取其他进程的信息，操作系统在把内存交给你之前会将其初始化为0。

现在你应该知道了吧？不能想当然地假定malloc返回的内存已经被初始化为0，我们需要自己手动清空，如图3.80所示。

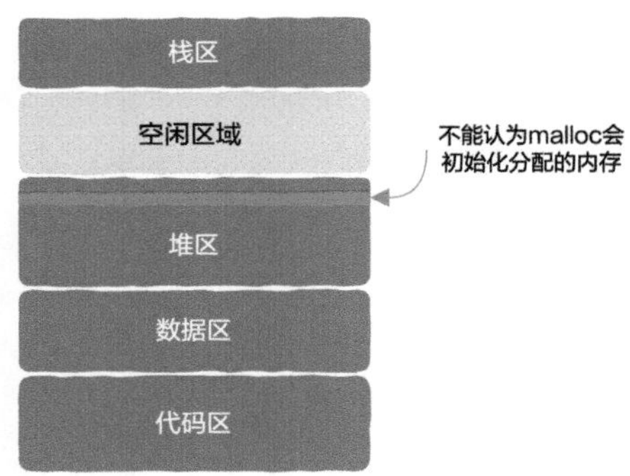

图3.80 不能想当然地假定malloc返回的内存已经被初始化为0

3.7.5 引用已被释放的内存

```
void add() {
  int* a = (int*)malloc(sizeof(int));
  ...
  free(a);
  int b = *a;
}
```

这段代码在堆区申请了一个内存块并装入整数，之后释放，可是在后续代码中又一次引用了被释放的内存块，此时a指向的内存保存什么内容取决于malloc内部的工作状态：

（1）如果指针a指向的那个内存块释放后没有被malloc再次分配出去，那么此时a指向的值和之前一样。

（2）指针a指向的那个内存块已经被malloc分配出去了，此时a指向的内存可能已经被覆盖，对a解引用得到的就是一个被覆盖掉的数据，这类问题可能要等程序运行很久才会发现，而且往往难以定位，如图3.81所示，引用一块已被释放的内存时，程序的行为是不可预测的，因为此时可能有其他线程正在修改该内存。

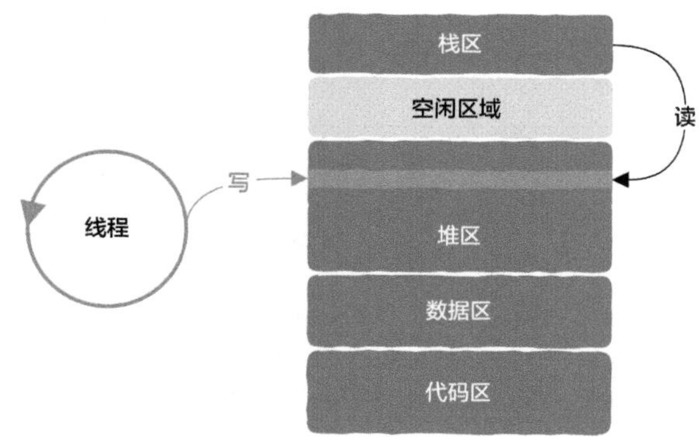

图3.81 引用一个已被释放的内存块导致程序运行不可预测

3.7.6 数组下标是从0开始的

```
void init(int n) {
  int* arr = (int*)malloc(n * sizeof(int));
  for (int i = 0; i <= n; i++) {
      arr[i] = i;
  }
}
```

这段代码的本意是要初始化数组，但忘记了数组下标是从0开始的，上述代码执行了n+1次赋值操作，同时将数组arr之后的内存用i覆盖。

该代码的运行时行为同样取决于malloc的工作状态，如果malloc给到arr的内存本身比n*sizeof(int)要大，那么覆盖该内存可能也不会有什么问题，但如果被覆盖的该内存中保存有malloc用于维护内存分配状态的信息（类似我们自己实现的那个内存分配器的header信息），那么此举将破坏malloc的工作状态，如图3.82所示。

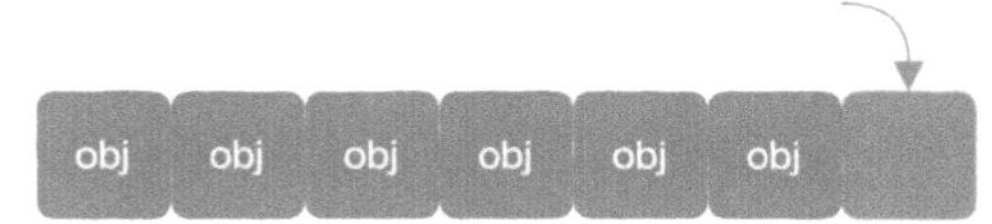

图3.82　数组访问越界可能破坏malloc的工作状态

3.7.7 栈溢出

```
void buffer_overflow() {
  char buf[32];

  gets(buf);
  return;
}
```

这段代码总是假定用户的输入不能超过32字节，一旦超过就将立刻破坏栈帧中相邻的数据，破坏函数栈帧最好的结果是程序立刻崩溃，否则与前面的例子一样，也许程序运行很长一段时间后才出现错误，或者程序根本不会有运行时异常，但是会给出错误的计算结果。

前面几个例子中也会有“溢出”，不过是在堆区上的溢出，但栈缓冲区溢出更容易导致问题，因为栈帧中保存有函数返回地址等重要信息。早先一类经典的黑客攻击技术就是利用栈缓冲区溢出的，其原理也非常简单，就是利用3.3节讲解的栈帧。

每个函数运行时在栈区都会有一段栈帧，栈帧中保存有函数返回地址。在正常情况下，一个函数运行完成后会根据栈帧中保存的返回地址跳转回上一个函数，假设函数A调用函数B，那么当函数B运行完成后就会返回函数A，如图3.83所示。

如果代码中存在栈缓冲区溢出问题，那么在黑客的精心设计下，溢出的部分会恰好覆盖栈帧中的返回地址，并将其修改为一个特定的地址，在这个特定的地址中保存有黑客留下的恶意代码，如图3.84所示。

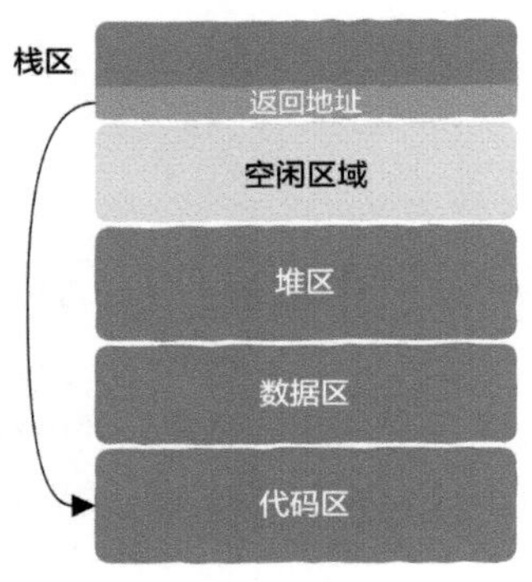

图3.83 跳转回调用函数

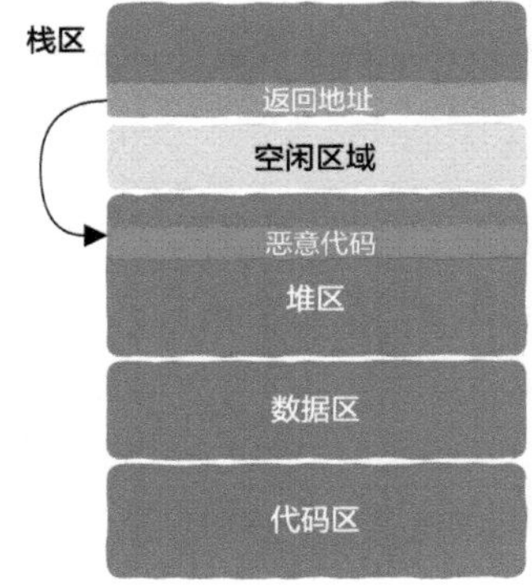

图3.84 跳转到一段黑客精心设计的代码

当该进程运行起来后，实际上执行的却是黑客的恶意代码，这就是一个利用栈缓冲区溢出进行攻击的经典案例。

3.7.8 内存泄漏

```
void memory_leak() {
  int *p = (int *)malloc(sizeof(int));
  return;
}
```

上述代码申请内存后直接返回，该内存再也没有机会被释放掉了（直到进程运行结束），这就是内存泄漏。

内存泄漏是一类极为常见的问题，尤其对于不支持自动垃圾回收的语言来说更是如此，程序会不断地申请内存，但不去释放，这会导致进程的堆区越来越大直到进程被操作系统终止掉（见图3.85），在Linux中这就是有名的OOM机制（Out Of Memory Killer）。

图3.85 内存泄漏导致堆区占用内存越来越多

内存泄漏问题往往十分棘手，且难以直接排查，幸好，针对这一问题有专门的分析工具，这类工具可能针对特定编程语言，也可能是针对特定的内存分配器，如内存分配器tcmalloc自带的内存分析工具等，总之你需要在自己的开发环境下找到合适的内存分析工具，学会利用合适的工具才能事半功倍地解决问题。

总体上，这类分析工具有两种实现思路。

第一种是跟踪malloc和free的使用情况，这类工具往往会拖慢程序的运行速度，有的还需要重新编译代码。

第二种思路涉及本章讲解的内存分配底层实现原理，malloc在分配内存时往往涉及操作系统，尤其在堆区空间不足需要扩大堆区的情况下，此后使用分配的内存往往会触发缺页中断（page fault），而进程出现内存泄漏问题时就更是如此，幸好在Linux中可以借助perf等工具直接追踪涉及此类系统事件的函数调用栈信息，通过分析调用栈信息也可以获取一些有用的线索。

好啦，与内存相关的bug这一话题就到这里。

到目前为止，关于内存的讨论还仅仅停留在进程地址空间的堆区和栈区上，接下来我们用一个问题的讲解从系统层面理解一下内存的作用：你有没有想过为什么SSD不能被当成内存用？

3.8 为什么SSD不能被当成内存用

笔者在一些电商网站搜索“SSD”（时间是2021年）后发现，随便找几项销量比较高的，其读速基本上都能达到3.5GB/s（真实情况下可能稍差些，尤其是随机读写），这个速度是非常快的，基本能达到秒传高清电影的水平。

那么问题来了，既然现在的SSD读取速度这么快，那么可以把SSD当成内存来用吗？要回答这个问题，我们先来看看内存的速度。

当前采用第四代DDR技术的内存，其带宽基本上能达到20～30GB，即使SSD速度很快，但与内存相比还有一个数量级的差异。也就是说，假设真的把SSD当成内存使用，那么计算机运行速度可能会比当前的运行速度慢上10倍左右，这仅仅从速度的角度分析，接下来我们从数据读写的角度来看看是否可行。

3.8.1 内存读写与硬盘读写的区别

现在在计算机上可以进行一个小实验，以Win 10机器为例。

首先新建一个文件，随便写点什么东西，然后右击查看属性，如图3.86所示。

这个文件本身大小只有816字节，却占据了4KB的空间。

我们再往这个文件中加些内容，如图3.87所示。

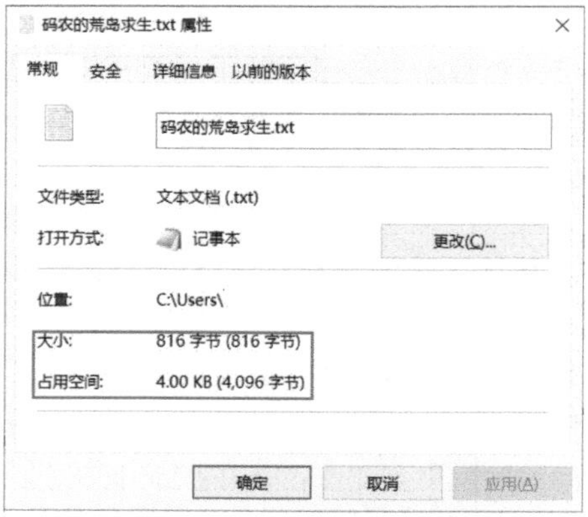

码农的荒岛求生.txt 属性
常规
安全
详细信息
以前的版本
码农的荒岛求生.txt
文件类型:
文本文档 (.txt)
打开方式:
记事本
更改(C)...
位置:
C:\Users\
大小:
816 字节 (816 字节)
占用空间:
4.00 KB (4,096 字节)
确定
取消
应用(A)

图3.86 文件的属性信息

码农的荒岛求生.txt 属性
常规
安全
详细信息
以前的版本
码农的荒岛求生.txt
文件类型:
文本文档 (.txt)
打开方式:
记事本
更改(C)...
位置:
C:\Users\
大小:
5.72 KB (5,865 字节)
占用空间:
8.00 KB (8,192 字节)
确定
取消
应用(A)

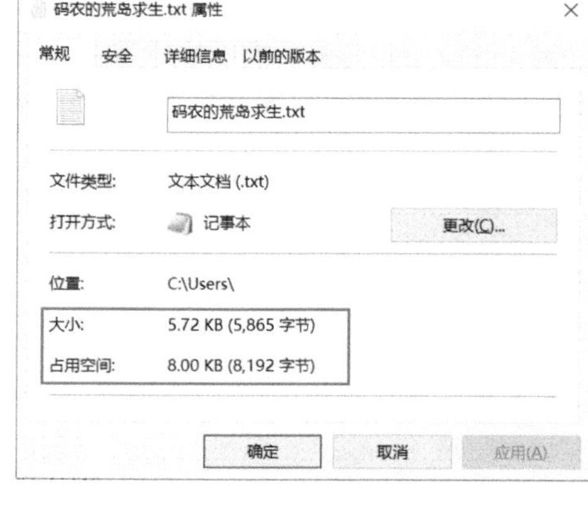

图3.87 文件的属性信息

此时，文件内容的大小是5.72KB，占据的空间却是8KB，这说明什么呢？这说明文件大小是按照块来分配的，但这又意味着什么呢？

要知道内存的寻址粒度是字节级别的，也就是说每字节都有它的内存地址，CPU可以直接通过这个地址获取相应的内容。

但对于SSD来说就不是这样了，从上面的实验也可以看到，其实SSD是以块的粒度来管理数据的，至于块的大小则各有差异，这里的重点：CPU没有办法直接访问文件中某个特定的字节，即不支持按字节寻址。

内存为字节寻址，磁盘为按块寻址如图3.88所示。

内存
非易失存储

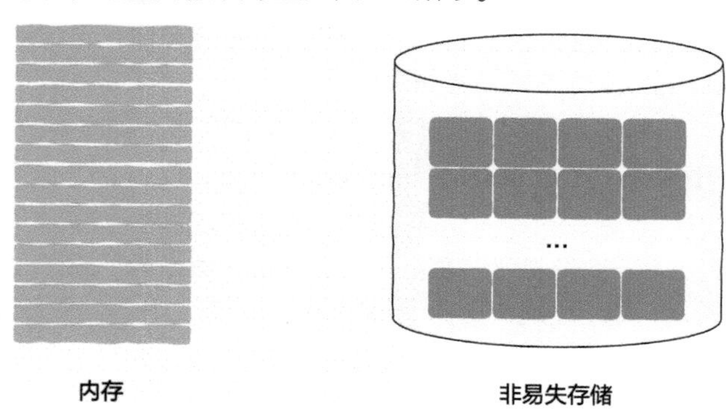

图3.88 内存为字节寻址，磁盘为按块寻址

CPU没有办法直接访问存储在SSD上的数据，因此，CPU无法直接在SSD或磁盘上运行程序，如图3.89所示。

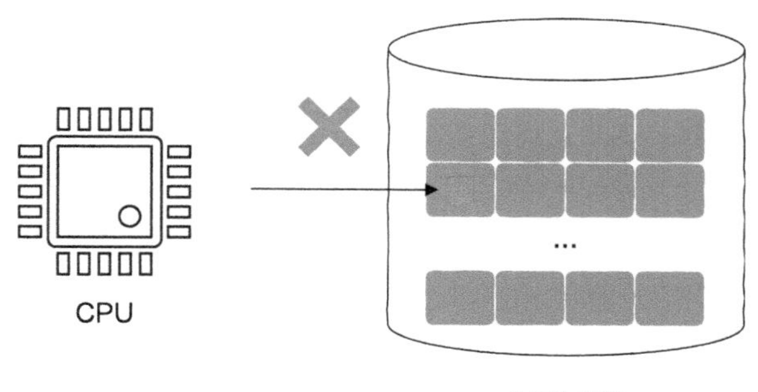

图3.89　CPU无法直接在SSD或磁盘上运行程序

3.8.2　虚拟内存的限制

现代操作系统的内存管理基本都基于虚拟内存，这会带来一个问题。

对于32位系统来说，其最大寻址范围只有4GB，如果把SSD当成内存，即使SSD有1TB，进程真正能用到的也不会超过4GB。

因此，现代操作系统对内存的管理方式也无法让我们把SSD当成内存用，当然，对于64位系统则不存在这个问题，因为64位系统的可寻址空间足够大。

3.8.3　SSD的使用寿命问题

SSD的制造原理决定了这类存储设备是有使用寿命限制的。

你会发现SSD和汽车类似，在一定里程后就可能出现问题，SSD的里程数就是总写入字节（Max Terabytes Written，TBW），最多能写多少TB，一般来说，普通SSD的TBW大概在几百TB，也就是说如果你的SSD写入上百TB，可能就要有问题了。

CPU执行程序时会有大量的内存读写操作，因此如果把SSD当成内存用，其使用寿命将可能会成为系统瓶颈，而内存则无此问题。

有的读者可能觉得SSD的使用寿命也太短了吧，但实际上普通用户不会有频繁写SSD的场景，一般都不需要关心这个问题。

现在你应该明白为什么不能把SSD直接当成内存用了吧，受限于当代存储设备的制造技术，我们还没有办法直接把SSD当成内存来用，各种软硬件等都没有做好准备。

3.9　总结

内存是计算机系统中极为重要的两个核心组件之一（另一个是CPU），内存中存储着CPU执行机器指令时依赖的一切信息。

内存是极其简单的，从微观上来看其是由一个个储物柜组成的，里面存储的不是0就是1。

但从宏观上来看，内存又是非常复杂的，我们在内存中划分了栈区，这里维护了函数的运行时信息，函数的调用及返回就发生在栈区；同时我们在这里划分了堆区，在这里申请的内存需要程序员自己来维护其生命周期，我们也研究了内存分配器是如何实现的，以及申请内存时底层到底发生了什么。

在物理内存的基础之上我们又抽象出了虚拟内存，现代操作系统给每个进程提供了一种幻觉，让其认为自己可以独占内存。程序员可以在一片连续的地址空间编程，这带来了极大的便利。

好啦，我们对内存的探索就到这里。

行文至此，我们的旅程已经过半，下一站将迎来计算机系统的发动机：CPU。赶紧去看看吧！

第4章

从晶体管到CPU，谁能比我更重要

CPU——这个显而易见的计算机发动机，已经被层层抽象包裹起来，使得它离程序员越来越远，现代程序员尤其是应用层程序员在编程时几乎不怎么会意识到CPU，也不需要关心，这就是抽象的威力，显然这要归功于现代编译器等工具，正是它们让程序员以近乎人类的语言即可指挥一个由晶体管组成的每秒可以进行数十亿、上百亿次计算的奇妙设备，这是人类智慧的精彩体现。

既然现代程序员几乎不需要关心CPU，那么为什么还要介绍它呢？思来想去笔者只能给出这个理由：有趣！

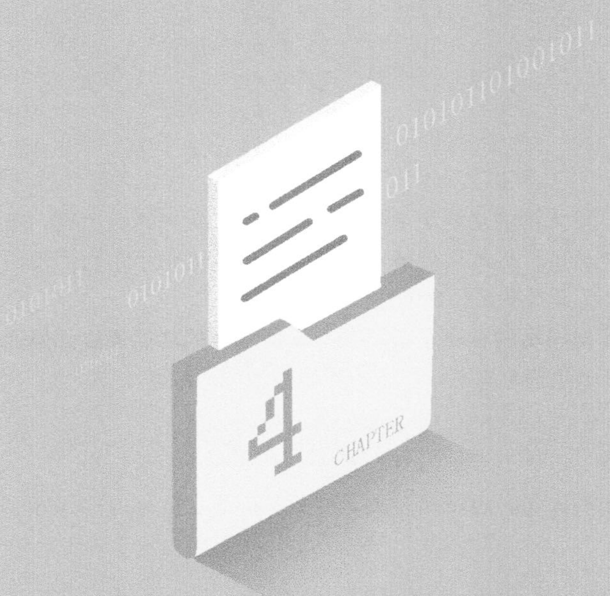

了解CPU的工作原理本身就是一件非常有趣的事情，你不好奇为什么一堆由晶体管组成的家伙竟然具有计算能力吗？如果目的性强一点那就是理解CPU的工作原理可以让我们加深对整体计算机系统的理解，从而写出更好的程序，嗯，这是一个很好的理由，但笔者依然愿意把有趣放在最前面。

欢迎来到本次计算机之旅的第四站，在这里我们将领略人造物的巅峰——CPU的无穷魅力。

到底什么是CPU呢？

4.1 你管这破玩意叫CPU

每次回家开灯时你有没有想过，用你按的简单开关实际上能打造出复杂的 CPU 来，只不过需要的数量会比较多，也就几十亿个吧。

4.1.1 伟大的发明

过去200年，人类最重要的发明是什么？蒸汽机？电灯？火箭？这些都是，但在笔者内心依然觉得这个小东西也许最重要，当然，这可能是职业的原因。

这个小东西就叫晶体管，如图4.1所示，它有什么用呢？

图4.1 晶体管

实际上，晶体管的功能简单到不能再简单，给一端通上电，电流可以从另外两端通过，否则不能通过，其本质就是一个开关，就是这个小东西的发明让三个人获得了诺贝尔物理学奖，可见其举足轻重的地位。

无论程序员编写的程序多么复杂，软件承载的功能最终都是通过这个小东西简单的开闭完成的，除了神奇二字，笔者想不出其他词来。

4.1.2 与、或、非：AND、OR、NOT

现在有了晶体管，也就是开关，在此基础之上就可以搭积木了，你随手搭建出来这样三种电路：

- 只有两个开关同时打开电流才会通过，灯才会亮。
- 只要两个开关中有一个打开电流就能通过，灯就会亮。
- 关闭开关时电流通过，灯会亮，打开开关反而电流不能通过，灯会灭。

天赋异禀的你搭建的上述电路分别是与门（AND gate）、或门（OR gate）、非门（NOT gate），如图4.2所示。

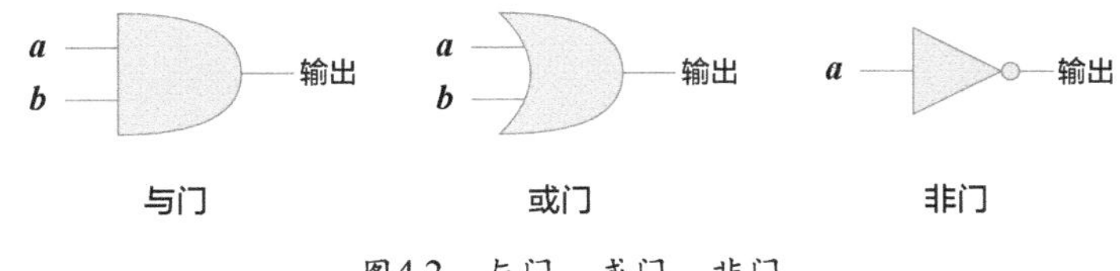

图4.2　与门、或门、非门

4.1.3　道生一、一生二、二生三、三生万物

最神奇的是，你随手搭建的这三种电路竟然有一种很迷人的特性：任何一个逻辑函数最终都可以通过与门、或门和非门表达出来，这就是逻辑完备性，就是这么神奇。

也就是说，**给定足够的与门、或门和非门，就可以实现任何一个逻辑函数，除此之外，我们不需要其他任何类型的逻辑门电路**。这时我们认为与门、或门、非门就是逻辑完备的。

这一结论的得出吹响了计算机革命的号角，这个结论告诉我们计算机最终可以通过简单的与门、或门、非门构造出来，这些简单的逻辑门电路就好比基因。

老子有云：**道生一、一生二、二生三、三生万物。实乃异曲同工之妙。**

4.1.4　计算能力是怎么来的

现在能构建万物的基础元素与门、或门、非门出现了，接下来我们着手设计CPU最重要的能力：计算，这里以加法为例。

由于CPU只认识0和1，也就是二进制，因此二进制的加法如下：

- 0+0，结果为0，进位为0。
- 0+1，结果为1，进位为0。
- 1+0，结果为1，进位为0。
- 1+1，结果为0，进位为1。

注意进位一列，只有当两路输入的值都是 1 时，进位才是1，看一下你设计的三种组合电路，这就是与门啊！

再来看一下结果一列，当两路输入的值不同时，结果为1，当两路输入的值相同时，结果为0，这就是异或啊！我们说过与门、或门、非门是逻辑完备的，异或逻辑当然也可以用与门、或门、非门构建出来，现在，用一个与门和一个异或门就可以实现二进制加法，如图4.3所示。

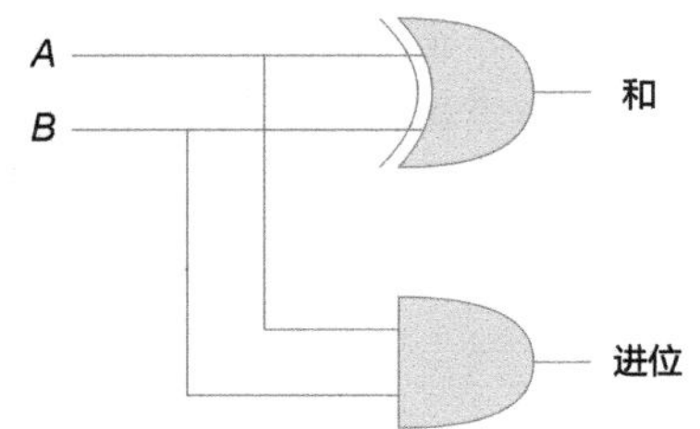

图4.3 用与门和异或门实现二进制加法

这就是一个简单的加法器，神奇不神奇？加法可以用与门、或门、非门实现，其他的计算也一样能实现，逻辑完备嘛！

现在，通过与门、或门、非门的组合，我们可以用电路实现加法操作，CPU的计算能力就是这么来的。

除了加法，当然也可以根据需求将其他算术运算设计出来，CPU 中有专门负责运算的模块，这就是Arithmetic Logic Unit（ALU），本质上与这里的简单电路没什么区别，就是更加复杂而已。

现在计算能力有了，但是只有计算能力是不够的，电路还需要能记得住信息。

4.1.5 神奇的记忆能力

到目前为止，你设计的组合电路虽然有计算能力但没有办法存储信息，它们只是简单地根据输入得出输出，但输入/输出总得有个地方能保存起来，这就需要电路能保存信息。

电路怎么能保存信息呢？你不知道该怎么设计，这个问题解决不了你寝食难安，吃饭时在思考、走路时在思考、睡觉时仍在思考，直到有一天你在梦中遇到一位英国物理学家，他给了你这样一个简单但极其神奇的电路，如图4.4所示。

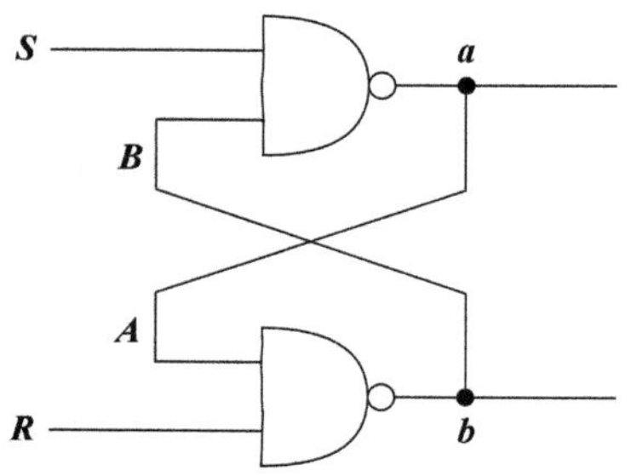

图4.4 一个能“记住”信息的电路

这是两个NAND门的组合，不要紧张，NAND也是由你设计的与门、非门组合而成的，NAND门就是与非门，先进行与运算然后进行非运算，如给定输入1和0，与运算后结果为0，非运算后结果为1，这就是与非门。

这里比较独特的是该电路的构建方式：一个NAND门的输出是另一个NAND门的输入，该电路的组合方式会自带一种很有趣的特性，只要给S端和R端输入1，那么这个电路只会有两种状态：

- 要么a端为1，此时B=0、A=1、b=0。
- 要么a端为0，此时B=1、A=0、b=1。

不会再有其他可能了，我们把a端的值作为电路的输出。

此后，你把S端置为0（R端保持为1），电路的输出——a端会永远为1，这时我们就可以说把1存到电路中了；而如果你把R端置为0（S端保持为1），那么电路的输出——a端永远为0，此时我们可以说把0存到电路中了。

神奇不神奇？电路竟然具备了信息存储能力。

现在，为保存信息你需要同时设置S端和R端，但你的输入其实有一个（存储一个bit位嘛），为此你对电路进行了简单的改造，如图4.5所示，其中WE端（Write Enable端）用来控制是否可写。

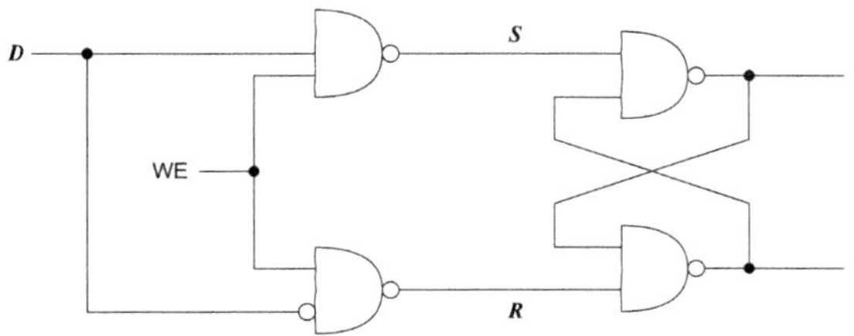

图4.5　改造为只有一个输入端

这样，当D端为0时，整个电路保存的就是0，否则就是1，而这正是我们想要的，现在存储1个比特位就方便多啦，还记不记得3.1节讲解内存时说到的储物柜，忘记的赶紧再回去翻看一下，上述电路正是这个可以存储1个比特位的储物柜！啊哈，总算见到实物啦！

4.1.6　寄存器与内存的诞生

现在你的电路能存储1个比特位了，想存储多个比特位还不简单，简单复制、粘贴即可，如图4.6所示。

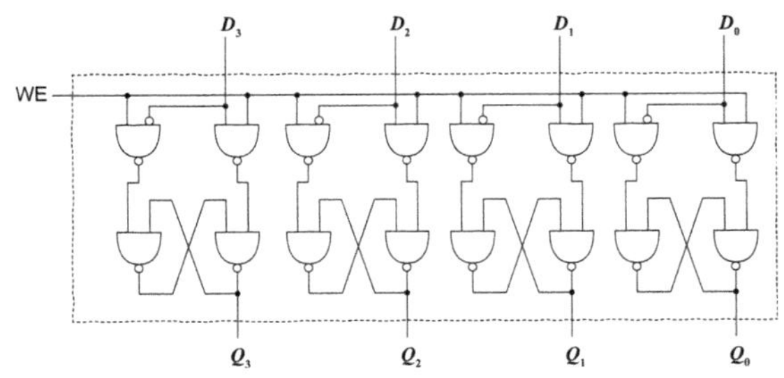

图4.6　可存储4个比特位的电路

我们称这个组合电路为寄存器（Register），你没有看错，常说的寄存器就是这个东西。

你不满足，还要继续搭建更加复杂的电路存储更多信息，同时提供寻址功能，我们规定每8个比特位为一字节，每个字节都有自己的唯一编号，利用该编号就能从电路中读取存储的信息，就这样内存——Memory，也诞生了。

寄存器及内存都离不开图4.4中的电路，只要通电，这个电路就能保存信息，但是断电后很显然保存的信息就丢掉了，现在你应该明白为什么内存在断电后不能保存数据了吧？

4.1.7 硬件还是软件？通用设备

现在，我们的电路可以计算数据，也可以存储信息，但现在还有一个问题，那就是**尽管我们可以用与门、或门、非门表达出所有的逻辑函数，但是我们真的有必要把所有逻辑运算都用与门、或门、非门实现出来吗**？这显然是不现实的。

这就好比厨师，一个厨师显然不能只做一道菜，否则酒店就要把各个菜系的厨师雇全才能做出一桌菜！

中国菜系博大精深，千差万别，但制作每道菜品的方式大同小异，其中包括刀工、翻炒技术等，这些是基本功，制作每道菜品都要经过这些步骤，变化的也无非就是食材、火候、调料等，这些容易变化的东西放到菜谱中即可，这样给厨师一个菜谱他/她就能制作出任意的菜，在这里厨师就好比硬件，菜谱就好比软件。

同样的道理，**我们没有必要把所有的计算逻辑都用电路这种硬件实现出来**，硬件只需要提供最基本的功能，所有的计算逻辑都通过这些最基本的功能用软件表达出来就好，这就是软件一词的来源。**硬件不可变，但软件可变，给不变的硬件提供不同的软件就能让硬件实现全新的功能**，无比天才的思想，人类真的是太聪明啦！

同样一台计算机硬件，安装上Word你就能编辑文档，安装上微信你就能读到“码农的荒岛求生”公众号的文章，安装上游戏软件就能变成游戏机，硬件还是那套硬件，从没有变动过，但装入不同的软件就能具备不同的功能，如图4.7所示。**每次打开计算机使用各种App时没有在内心高呼一声天才，你都对不起计算机这么伟大的发明创造**，这就是计算机被称为通用计算设备的原因，这一思想是计算机科学鼻祖——图灵提出的。

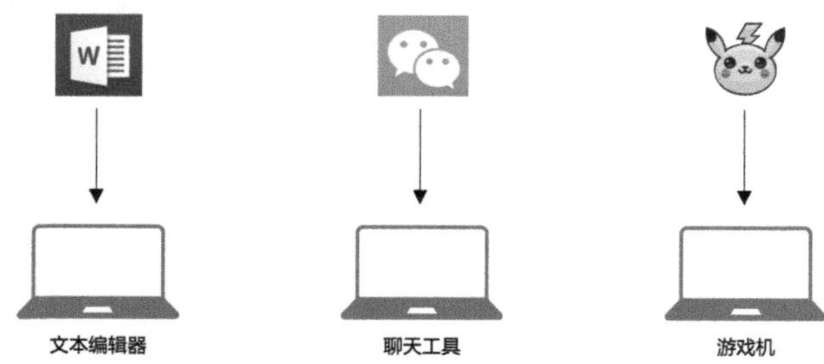

图4.7 装入不同的软件计算机就能具备不同的功能

那硬件的基本功是什么呢？

4.1.8 硬件的基本功：机器指令

让我们来思考一个问题，CPU怎么能知道自己要去对两个数进行加法计算，以及要对哪两个数进行加法计算呢？

显然，你得告诉CPU，怎么告诉呢？还记得4.1.7节中需要给厨师菜谱吗？没错，CPU也需要一张“菜谱”告诉自己接下来该干什么，在这里，菜谱就是机器指令，机器指令就是通过我们刚实现的组合电路来执行的。

接下来，我们面临另一个问题，那就是这样的指令会有很多，还是以加法指令为例，你可以让CPU计算1+1，也可以计算1+2等，实际上单单加法指令就可以有无数种组合，显然我们不可能这样去设计机器指令。

实际上，CPU 只需要提供加法操作的计算能力，程序员提供操作数就可以了，CPU 说：“我可以刷碗”，你告诉 CPU 该刷哪个碗；CPU 说：“我可以唱歌”，你告诉 CPU 唱什么歌；CPU 说：“我可以做饭”，你告诉 CPU 该做什么饭。

因此，我们可以看到CPU只需要提供机制或者功能（唱歌、炒菜、加法、减法、跳转），我们（程序员）提供策略（歌名、菜名、操作数、跳转地址）即可。

CPU表达机制就是通过指令集来实现的。

4.1.9 软件与硬件的接口：指令集

指令集告诉我们 CPU 可以执行什么指令，每种指令需要提供的操作数，不同类型的CPU会有不同的指令集。

指令集中的单条指令能完成的工作其实都非常简单，画风大体上是这样的：

- 从内存中读一个数，地址是***。
- 对两个数加和。
- 比较两个数字的大小。
- 把数存储到内存，地址是***。
- ……

看上去很像碎碎念，这就是机器指令，我们用高级语言编写的程序，无论多么简单还是多么复杂，**最终都会等价转换为上面的碎碎念指令，然后 CPU 一条一条地去执行，很神奇吧**！

接下来，我们看一条可能的机器指令，如图4.8所示。

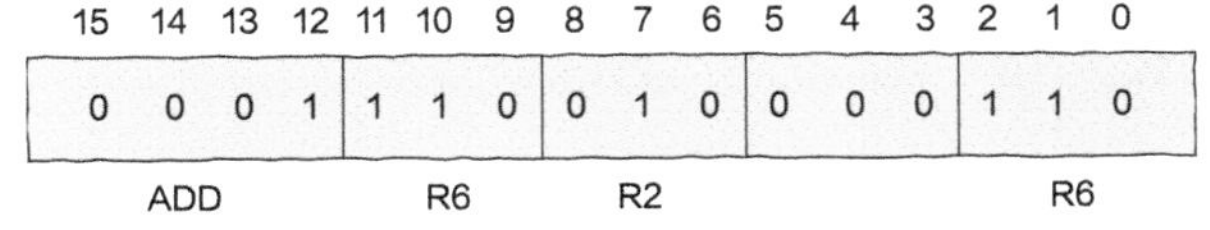

图4.8 加法运算的机器指令

这条指令占据16个比特位，前4个比特位告诉CPU该执行什么操作，这意味着我们可以设计出2^4也就是16种机器指令，这16种机器指令就是指令集，指令集告诉程序员CPU到底能干什么，该怎样指挥它工作。

从系统分层的角度来看，指令集是软件与硬件的交汇点，在指令集之上是软件的世界，在指令集之下是硬件的世界，指令集是软件和硬件的交汇点，也是软件和硬件通信的接口。

在本例中，这条指令告诉CPU执行加法操作；剩下的比特位告诉CPU该怎么做，本例中是先把寄存器R6和寄存器R2中的值相加然后写到寄存器R6中。

可以看到，一条机器指令能完成的工作其实是非常简单的，直接用机器指令编程必然是非常烦琐的，正因此高级编程语言诞生了。高级编程语言非常接近人类的语言，这大大提高了程序员的生产力，但CPU依然只能理解机器指令，因此必然需要一种工具将高级编程语言转换为机器指令，这个工具就是我们讲解过的编译器，希望你还能记得。

从CPU的工作原理再到高级编程语言完整的秘密就包含在本节及3.1节、3.2节中，你也可以按照先本节再到3.1节、3.2节的顺序再次阅读理解一下。

4.1.10 指挥家，让我们演奏一曲

现在，我们的电路具备了计算能力、存储能力，还可以通过指令告诉电路该执行什么操作，还有一个问题没有解决。

电路由很多部分组成，有用来计算数据的，有用来存储信息的，以最简单的加法为例，假设我们要计算1+1，这两个数分别来自寄存器R1和寄存器R2，要知道寄存器可以保存任意值，我们怎么能确保加法器开始工作时寄存器R1和寄存器R2中在这一时刻保存的都是1而不是其他数呢?

也就是说，我们靠什么来协调或者靠什么来同步各部分的电路好让它们协同工作呢？就像一场成功的交响乐演离不开指挥家一样，我们的组合电路也需要这样一位指挥家。

CPU中扮演指挥家角色的就是时钟信号。

时钟信号就像指挥家手里拿的指挥棒，**指挥棒挥动一下，整个乐队会整齐划一地有一个相应动作。**同样地，时钟信号每改变一次电压，整个电路中的各个寄存器（也就是整个电路的状态）都会更新一下，这样我们就能确保整个电路协同工作而不会出现这里提到的问题了。

现在你应该知道CPU的主频是什么意思了吧？主频是说在一秒钟内指挥棒挥动了多少次，显然主频越高CPU在一秒内完成的操作也就越多。

4.1.11 大功告成，CPU诞生了

现在，我们有了可以完成各种计算的ALU、可以存储信息的寄存器，以及控制它们协同工作的时钟信号，这些就统称为Central Processing Unit，简称CPU，也就是我们常说

的处理器。

通过一枚枚小小的开关竟然能构造出功能强大的CPU，这背后理论与制造工艺的突破是人类史上的里程碑，从此人类拥有了第二个大脑，这深刻地改变了世界。

注意，本节重在介绍CPU的基本实现原理，工业级CPU的设计与制造绝不像这里描述得这么简单。如果类比，那么这里的简单实现只是小桥流水中的“桥”，而工业级CPU则是港珠澳大桥的那种“桥”，工业级CPU的设计制造难度绝不亚于当今世界上各种宏伟的超级工程。

CPU是计算机系统中极为核心的部分，如果没有CPU去执行指令，计算机就只是一堆冰冷的硬件，毫无用处。也正因其核心作用，CPU与计算机系统中的一切都有关联，在接下来的几节中我们重点关注CPU与操作系统、数值系统、线程及编程语言间的故事，这几节过后你将更加清楚为什么计算机系统是现在这个样子的。

我们首先来看CPU与操作系统间的交互。

大家工作学习之余，累了会休歇一会儿，散散步、聊聊天，那么CPU空闲时会干吗呢?

4.2 CPU空闲时在干吗

假设你正在用计算机浏览网页，当页面加载完成后开始认真阅读，此时你没有移动鼠标，没有敲击键盘，也没有网络通信，那么你的计算机此时在干吗?

有的读者可能会觉得这个问题很简单，但实际上，这个问题涉及从硬件到软件、从CPU到操作系统等一系列核心环节，理解了这个问题你就能明白操作系统是如何工作的了。

4.2.1 你的计算机 CPU 使用率是多少

如果此时你正在计算机旁边并且安装有Windows或者Linux系统，那么你可以立刻看到自己的计算机 CPU使用率是多少。

这是笔者的一台安装有Win 10的计算机，如图4.9所示。

可以看到，大部分情况下CPU利用率很低，8%左右，实际上大部分计算机的CPU使用率都不高，当然在这里不考虑玩游戏、视频剪辑、图片处理等场景，如果你的使用率总是很高，那么你要小心软件bug或者病毒了。

从笔者的任务管理器上看，系统中开启了 283 个进程，这么多进程基本上无所事事，都在等待某个特定事件来唤醒自己，如你写了一个打印用户输入的程序，如果用户不按键盘，那么你的进程会一直处于这种等待状态。

剩下的CPU时间都去哪里了?

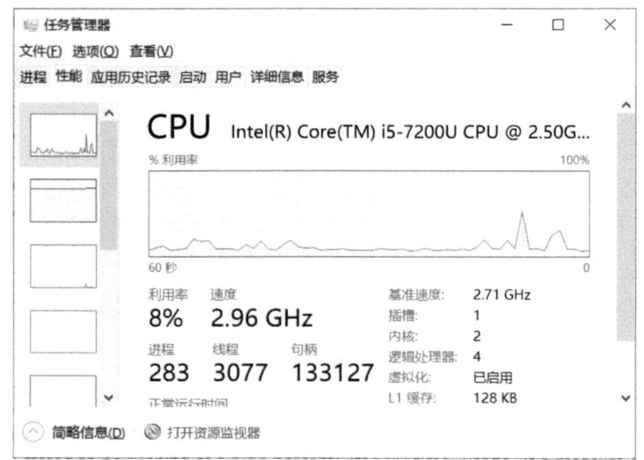

图4.9 CPU使用情况

4.2.2 进程管理与进程调度

还是以笔者的计算机为例，打开任务管理器，找到“详细信息”这一栏，你会发现有一个“系统空闲进程”，其CPU使用率达到了99%，正是这个进程消耗了几乎所有的CPU时间，为什么存在这样一个进程呢？这个进程什么时候开始运行呢？如图4.10所示。

任务管理器

文件(F) 选项(O) 查看(V)

进程 性能 应用历史记录 启动 用户 详细信息 服务

名称	PID	状态	CPU	内存(活动的...	UAC 虚拟化
系统空闲进程	0	正在运...	99	8 K	
Taskmgr.exe	22056	正在运...	00	41,912 K	不允许
hostsafe.exe	3992	正在运...	00	5,592 K	不允许
WmiPrvSE.exe	5856	正在运...	00	21,868 K	不允许
svchost.exe	2708	正在运...	00	17,348 K	不允许

简略信息(D) 结束任务(E)

图4.10 系统空闲进程

这就要从操作系统说起了。

我们知道程序在内存中运行起来后是以进程的形式存在的，进程创建出来后开始被操作系统管理和调度，操作系统是怎么管理的呢?

大家都去过银行，实际上如果你仔细观察，银行的办事大厅就能体现出操作系统最核心的进程管理与调度。

首先大家去银行都要排队，类似地，进程在操作系统中也是通过队列来管理的；其次银行还按照客户的重要程度划分了优先级，大部分都是普通客户，但当你在这家银行存上几个亿时就能升级为VIP客户，优先级最高，每次去银行都不用排队，优先办理你的业务。类似地，操作系统也会为进程划分优先级，并据此将进程放到相应的队列中供调度器调度，如图4.11所示。

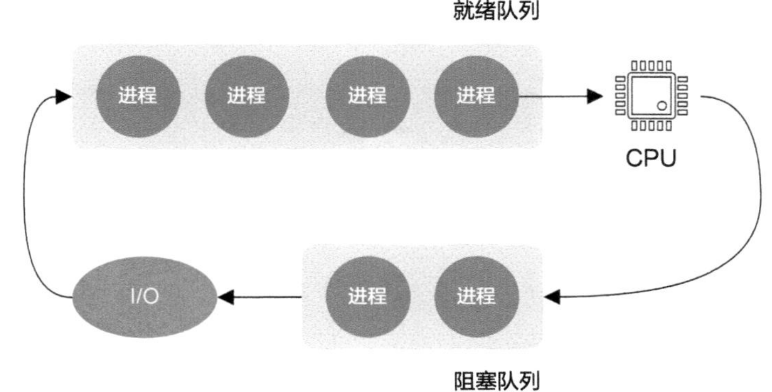

图4.11　进程调度

进程调度是操作系统需要实现的核心功能之一。

现在准备工作已经就绪，接下来的问题就是操作系统如何确定是否还有进程需要调度。

4.2.3　队列判空：一个更好的设计

现在我们知道操作系统是通过队列来管理进程的，显然，如果就绪队列为空，则说明此时操作系统内部没有进程需要调度，这样CPU就空闲下来了，此时，我们需要做点什么：

```
if (queue.empty()) {
  do_someting();
}
```

这样写代码虽然简单，但内核中到处充斥着if这种异常处理的语句，这会让代码看起来一团糟，因此更好的设计是没有异常的，怎样才能没有异常呢？很简单，那就是让队列永远不为空，这样调度器总能从队列中找到一个可供运行的进程，而这也是处理链表时通常会有“哨兵”节点的原因，就是为了避免各种判空，这样既容易出错也会让代码一团糟，如图4.12所示。

就这样，内核设计者创建了一个被称为空闲任务的进程，这个进程就是Windows 下的我们最开始看到的“系统空闲进程”；当系统中没有可供调度的进程时，调度器就从队列中取出空闲进程并运行，显然，空闲进程永远处于就绪状态，且优先级最低。

既然系统无所事事后开始运行空闲进程，那么这个空闲进程到底在干吗呢？这就要讲到CPU了。

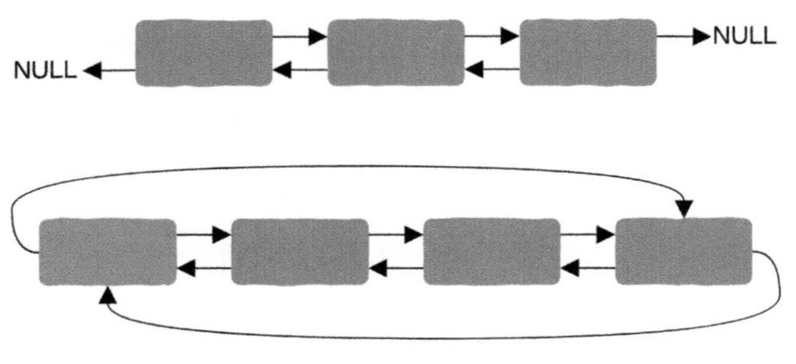

图4.12 链表中添加“哨兵”节点

4.2.4 一切都要归结到CPU

计算机系统中一切最终都要靠CPU来驱动，CPU才是那个真正在一线兢兢业业忙碌付出的“人”。

原来，CPU设计者早就考虑到系统会存在空闲的可能，因此设计了一条机器指令，这个机器指令就是halt指令（x86平台），停止的意思。

这条指令会让CPU内部的部分模块进入休眠状态，从而极大降低对电力的消耗，通常这条指令也被放到循环中去执行，原因也很简单，就是要维持这种休眠状态。

值得注意的是，halt指令是特权指令，也就是说只有在内核态下CPU才可以执行这条指令，程序员写的应用都运行在用户态，因此你没有办法在用户态让CPU去执行这条指令，还记得用户态与内核态吧，忘掉的可以再去3.5节翻看一下。

此外，不要把进程挂起和 halt 指令混淆，当我们调用sleep之类的函数时，暂停运行的只是调用该函数的进程，此时如果还有其他进程可以运行，那么CPU是不会空闲下来的，当CPU开始执行halt指令时就意味着系统中已经没有可供运行的就绪进程了。

4.2.5 空闲进程与CPU低功耗状态

现在我们有了halt指令，同时有一个循环不停地执行halt指令，这样空闲任务进程实际上就已经实现了，其本质上就是这个不断执行 halt 指令的循环，大功告成。

这样，当调度器在没有其他进程可供调度时就开始运行空闲进程，也就是在循环中不断地执行halt指令，此时CPU开始进入低功耗状态，如图4.13所示。

在 Linux 内核中，这段代码是这样写的:

```
while (1) {
  while(!need_resched()) {
      cpuidle_idle_call();
  }
}
```

其中，cpuidle_idle_call函数最终会执行halt指令。注意，这里删掉了很多细节，只保留最核心代码，实际上Linux内核在实现空闲进程时还考虑了很多，如不同类型的CPU可能会有深睡眠、浅睡眠之类，内核需要预测出系统可能的空闲时长并以此判断要进入哪种休眠等。

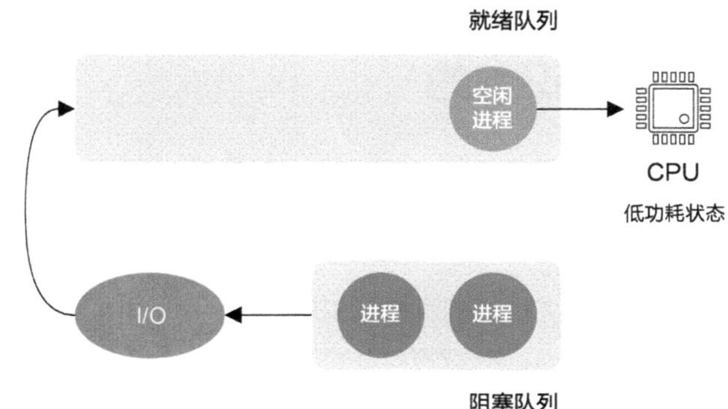

图4.13 空闲进程将CPU置于低功耗状态

总的来说，这就是计算机系统空闲时CPU在干吗，其实就是在执行halt指令。

实际上，对于计算机来说，halt指令可能是CPU执行最多的一条指令，**全世界的CPU大部分时间都用在了这条指令上，是不是很奇怪**？

然而，更奇怪的来了！

4.2.6 逃出无限循环：中断

有的读者可能已经注意到了，上面的循环可是一个while(1)无限循环，而且内部没有break语句，也没有return，那么操作系统是怎样跳出这个循环的呢？又或者当你的代码中出现while(true)无限循环时看起来好像程序也没有独占CPU，在即使只有单核CPU的操作系统中，当程序出现无限循环时操作系统中的其他程序依然还有响应，你可以自己写一段代码试验一下，可这是为什么呢？

原来，计算机操作系统会每隔一段时间就产生定时器中断，CPU在检测到该中断信号后转去执行操作系统内部的中断处理程序，在相应的中断处理函数中会判断当前进程是否依然具备运行条件，如果具备的话，那么被中断的进程将会继续运行；否则该进程将被暂停运行，调度器将调度其他准备就绪的进程。

以上述空闲进程为例，当该进程被定时器中断后，中断处理函数会判断系统中是否有准备就绪的进程，如果没有，则继续运行该空闲进程。

现在你应该明白了吧？即使你的程序中出现无限循环，操作系统也依然可以通过定时器中断掌控进程调度，而不会出现因进程无限循环的存在导致操作系统一直没有机会运行的问题，这种设计是不是很聪明？

关于CPU空闲时在干吗这个问题就到这里，怎么样，这不是一个简单的问题吧？这涉及操作系统与CPU的软件和硬件密切配合，这就是CPU与操作系统之间的故事。

好啦，让我们中途下车休息一会儿，一杯咖啡后继续了解CPU与数值系统的那些事儿。

4.3 CPU是如何识数的

先来看一个简单的问题：小孩子都知道数数——1、2、3、4、5、6、7、8、9、10，可为什么要这样数呢？为什么不是1、2、3、4、5、6、10呢？

一种比较流行的解释是因为人类有10个手指，所以人类的数字系统就是十进制的，如果这个解释成立，那么变色龙的数字系统应该是4进制的，如图4.14所示。

图4.14 变色龙的手看起来是“双指”

而计算机的手是单指，所以是二进制的……哈哈！开个玩笑，因为计算机在底层就是一个个开关（晶体管），所以计算机系统是二进制的。

4.3.1 数字 0 与正整数

0这个数字有非常重要的意义，可能大家都没想过这个问题，没关系，我们来看两种不同的数字系统：阿拉伯数字和罗马数字。

阿拉伯数字：0，1，2，3，4，5，6，7，8，9。

罗马数字：I，II，III，IV，V，VI，VII，VIII，IX，X。

注意，罗马数字中没有“0”这个概念，你可能会想，这有什么大不了的。来看一个例子，数字205，在两种数字系统中的表示分别是这样的：罗马，CCV；阿拉伯，205。

0的出现可以让205在阿拉伯数字系统中这样表示：

```
205 = 2 × 100 + 0 × 10 + 5 × 1
```

可以看到，在阿拉伯数字系统中数值与数字所在的位置有直接关系，这就是进位制，而在罗马数字系统则没有进位制，这使得罗马数字在表示大数值时非常困难。

计算机系统中的二进制同样是进位制，数字5用二进制表示就是101：

```
5 = 1 × 2^2 + 0 × 2^1 + 1 × 2^0
```

使用k个比特位，就可以表示2^k个整数，范围为0~2^k-1，假设k有8位，那么表示范围为0~255，当然这里说的是无符号正整数。

现在我们可以表示正整数了，但真正有用的计算不可避免地会涉及负数，也就是带符号整数，而这也是真正有趣的地方。

4.3.2 有符号整数

正整数的表示非常简单，给定k个比特位，就可以表示2^k个整数，假设k为4，那么我们可以表示16个整数。

如果要考虑有符号整数呢?

那么你可能会想这还不简单，一半一半嘛！其中一半用来表示正数，另一半用来表示负数!

假设有4个比特位，如果用来表示无符号正数，就是0~15，而如果要表示有符号整数，那么其中一半给到1~7，另一半给到-1~-7，在这种表示方法下最左边的比特位决定数字的正负，我们规定如果最左边的比特位是0则表示正数，否则表示负数。

```
0******* 正数
1******* 负数
```

接下来的问题就是负数，如对于-2，该怎么表示呢？现在我们只知道其最左边的比特位是1，剩下的比特位该是多少呢?

关于这一个问题有三种设计方法。

4.3.3 正数加上负号即对应的负数：原码

这种设计方法很简单，既然0010表示+2，那么把最左边的比特位替换成1就表示对应的负数，即1010表示-2，这种设计方法简单直接，这是最符合人类思维的设计，虽然不一定是最好的设计。

如果这样设计，那么4个比特位能表示的所有数字就是：

```
0000    0
0001    1
0010    2
0011    3
0100    4
0101    5
0110    6
0111    7
1000   -0
1001   -1
```

```
1010   -2
1011   -3
1100   -4
1101   -5
1110   -6
1111   -7
```

你给这种非常符合人类思维的表示方法起了一个名字——原码。

在原码表示方法下会出现一个奇怪的数字——0，0000表示0这没什么问题，1000会表示-0，其实0和-0不应该有什么区别。

除了原码，是不是还有其他表示方法呢？

4.3.4 原码的翻转：反码

原码还是太原始了，可以说基本上没什么设计，你突发奇想，既然0010表示+2，那么将其全部翻转，即1101来表示-2好了，即

```
0000    0
0001    1
0010    2
0011    3
0100    4
0101    5
0110    6
0111    7
1000   -7
1001   -6
1010   -5
1011   -4
1100   -3
1101   -2
1110   -1
1111   -0
```

你给这种表示方法也起了一个名字——反码。

在反码表示方法下，也存在-0，0000表示0，全部翻转也就是1111来表示-0，可以看到这与原码表示方法差别没那么大。

到这里有的读者可能会想，其实怎么来表示有符号数都是可以的，原码可以，反码也可以，都能表示出来，如果你是计算机的创造者，理论上怎么设计都可以！最初的计算机真的可以有很多表示方法，采用反码的计算机操作系统在历史上真的出现过！但这些表示方法不约而同地都有一个问题，那就是两数相加。

4.3.5 不简单的两数相加

我们以2 + (-2)为例。

在原码表示方法下，2为0010，-2为1010，计算机该怎么做2+(-2)的加法呢？

```
  0010
+
  1010
--------
  1100
```

可是，1100在原码表示方法下是-4，这与原码表示方法本身是矛盾的。

再来看看反码，2为0010，-2为1101，两数相加：

```
  0010
+
  1101
--------
  1111
```

1111在反码表示方法下为-0，虽然-0不够优雅，但这和反码表示方法本身没有矛盾。

在4.1节中我们知道，计算机的加法是通过加法器组合电路实现的，而要想利用这里的原码及反码表示方法计算加法，都不可避免地要在之前提到的加法器之上额外添加组合电路来确保有符号数相加的正确性，这无疑会增加电路设计的复杂度。

人是懒惰的也是聪明的，我们没有一种2+(-2)就是0（0000）的数字表示方法吗？

4.3.6　对计算机友好的表示方法：补码

这里的关键在于我们需要一种表示方法，可以让A+(-A) = 0，而且在这种表示方法下0的二进制只有一种，那就是0000。

现在假设A=2，那么我们重点研究2+(-2)=0（0000）的表示方法。

对于正数的2来说很简单，它的二进制表示就是0010，对于-2来说，现在我们只能确定最左边的比特位是1，也就是说：

```
  0010
+
  1???
--------
  0000
```

显然，-2应该用1110来表示，这样2+(-2)就真的是0了，由此我们可以推断其他负数的二进制表示：

```
0000    0
0001    1
0010    2
0011    3
```

```
0100    4
0101    5
0110    6
0111    7
1000   -8
1001   -7
1010   -6
1011   -5
1100   -4
1101   -3
1110   -2
1111   -1
```

从这里可以看出，在这种表示方法下就没有-0了。

注意看-1和0，分别是1111和0000，当我们让-1（1111）加上1（0001）时，确实得到了0000，不过还有一个进位，实际上我们得到的是10000，但我们可以放心地忽略掉该进位，这种表示方法最美妙的地方在于4.1节提到的加法器在进行计算时可以根本不用关心数字的正负。

你给这种数字表示方法起了一个名字——补码，这就是现代计算机系统所采用的数字表示方法。

采用补码，如果是4个比特位，那么我们可以表示的范围为-8~7。

再来仔细看一下反码和补码，如图4.15所示。

反码		补码	
0000	0	0000	0
0001	1	0001	1
0010	2	0010	2
0011	3	0011	3
0100	4	0100	4
0101	5	0101	5
0110	6	0110	6
0111	7	0111	7
1000	−7	1000	−8
1001	−6	1001	−7
1010	−5	1010	−6
1011	−4	1011	−5
1100	−3	1100	−4
1101	−2	1101	−3
1110	−1	1110	−2
1111	−0	1111	−1

图4.15　反码和补码之间的对应关系

可以看到，补码中没有-0这样的表示，同时有一个很有意思的规律，那就是正数的反码加上1就是其负数对应的补码，如图4.15所示。现在你应该知道该怎样从反码计算出补码了吧？

4.3.7 CPU真的识数吗

现代计算机采用补码的根本原因在于这种表示方法可以简化电路设计，尽管补码对人类来说不够直观。可以看到，在计算机科学中符合人类思维的设计并不一定对计算机友好。

让我们再来看一下采用补码时2+(−2)的计算过程，与十进制加法一样，从右到左，如果产生进位，那么进位要参与左边一列的计算。

```
     0010
 +   1110
 ---------
    10000
```

注意，在这个过程中加法器关心这个数字是正数还是负数了吗？

答案是没有。加法器根本不关心是正数还是负数，它甚至根本不理解“0010”这串数字表示什么含义，它只知道两个比特位的异或操作是加和的结果、两个比特位的与操作产生的是进位，至于数字该采用反码还是补码，这是人类需要理解的，确切来说是编译器需要理解的，程序员也不需要关心，但程序员需要知道数据类型的表示范围，否则会有溢出的风险。

从这里我们应该看出，其实CPU本身是不能理解人类大脑里的这些概念的，CPU就像一个单纯的细胞一样，给它一个刺激（指令），它会有一个反应（执行指令），而之所以CPU可以正常工作仅仅是制作CPU的硬件工程师让它这么工作的，这就好比你问一辆自行车是如何理解自己怎么跑起来的。其实仅仅是因为我们设计了车轮、车链，然后用脚一蹬跑起来的（好像我们至今也没有彻底明白为什么自行车跑起来不会倒）。

从宏观上看，整个系统是这样运作的：程序员把脑海里思考的问题用程序的方式表达出来，编译器负责将人类认识的程序转为可以控制CPU的01机器指令，因此CPU根本不认识任何编程语言，理解编程语言的其实是编译器。现在我们能给CPU输入了，那输出呢？输出其实也是01串，剩下的仅仅就是解释了，如给你一个01串——01001101，你可以认为这是一个数字，也可以认为这是一个字符，还可以认为这是表示RGB的颜色，一切都看你怎么解释，这就是软件的工作，最终的目的只有一个：让人类能看懂，如图4.16所示。

因此，CPU不能理解人类的概念，CPU只是被人类控制用来处理交给它的任务的，从整体上看“任务”由程序员发出，经CPU处理后又流转回了使用软件的用户，CPU自始至终都不能真正理解自己的输入与输出。

好啦，关于原码、反码和补码的内容就到这里。

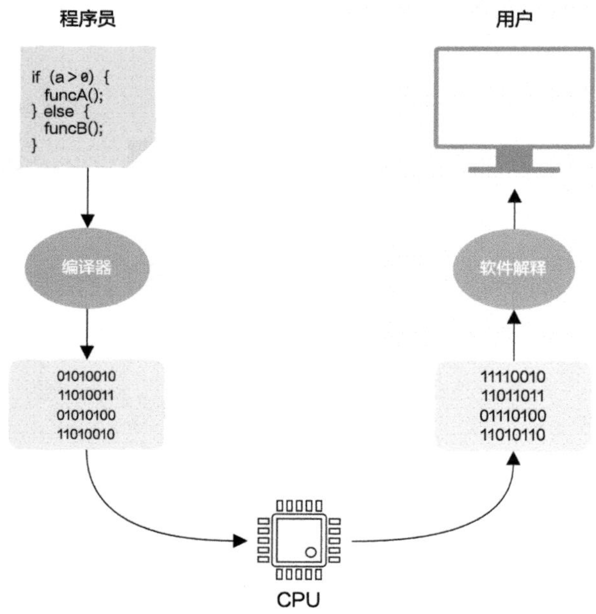

图4.16　信息的流转，从人类到计算机再到人类

在了解了CPU与操作系统、数值系统的故事后，接下来我们看一下CPU与编程语言之间又会有什么关联，程序员写程序时真的不需要关心CPU吗?

4.4　当CPU遇上 if 语句

先来看一段代码:

```
const unsigned arraySize = 10000;
int data[arraySize];

long long sum = 0;
for (unsigned i = 0; i < 100000; ++i) {
    for (unsigned c = 0; c < arraySize; ++c) {
        if (data[c] >= 128) {
            sum += data[c];
        }
    }
}
```

这是一段C代码，我们创建了一个大小为10000的整数数组，计算数组中所有大于128的元素之和，重复计算100000次。

这段代码本身平淡无奇，但有趣的是，如果该数组元素是有序的，那么这段代码在笔者的机器上运行时间为2.8s，但如果该数组元素是随机的，那么其运行时间达到了7.5s。

这是为什么呢?

为了找到答案，我们使用Linux下perf工具初步分析一下该程序的运行状况，该工具能告诉我们程序运行时所有与CPU相关的重要信息，其中有序数组版本的程序运行起来后的统计信息如图4.17所示。

```
       2,859.27 msec task-clock              #    1.000 CPUs utilized
             30      context-switches        #    0.010 K/sec
            405      cpu-migrations          #    0.142 K/sec
            420      page-faults             #    0.147 K/sec
  7,379,398,614      cycles                  #    2.581 GHz                    (49.96%)
 10,091,155,695      instructions            #    1.37  insn per cycle         (62.53%)
  3,014,582,880      branches                # 1054.318 M/sec                  (62.54%)
        562,881      branch-misses           #    0.02% of all branches        (62.55%)
  5,536,117,296      L1-dcache-loads         # 1936.197 M/sec                  (62.55%)
     66,213,141      L1-dcache-load-misses   #    1.20% of all L1-dcache hits  (62.52%)
      1,482,261      LLC-loads               #    0.518 M/sec                  (49.97%)
        141,417      LLC-load-misses         #    9.54% of all LL-cache hits   (49.93%)
```

图4.17 有序数组版本的程序运行起来后的统计信息

而无序数组版本的程序运行起来后的统计信息如图4.18所示。

```
       7,575.90 msec task-clock              #    1.000 CPUs utilized
             54      context-switches        #    0.007 K/sec
            570      cpu-migrations          #    0.075 K/sec
            439      page-faults             #    0.058 K/sec
 19,521,937,873      cycles                  #    2.577 GHz                    (49.98%)
 10,132,547,436      instructions            #    0.52  insn per cycle         (62.50%)
  3,024,418,640      branches                #  399.216 M/sec                  (62.49%)
    427,150,386      branch-misses           #   14.12% of all branches        (62.49%)
  5,548,562,778      L1-dcache-loads         #  732.396 M/sec                  (62.50%)
     65,634,418      L1-dcache-load-misses   #    1.18% of all L1-dcache hits  (62.53%)
      2,062,680      LLC-loads               #    0.272 M/sec                  (50.02%)
        218,810      LLC-load-misses         #   10.61% of all LL-cache hits   (50.00%)
```

图4.18 无序数组版本的程序运行起来后的统计信息

这其中有一项差别非常大，注意看branch-misses这一项，该项表示分支预测失败率，有序数组版本的预测失败率仅有0.02%，而无序数组版本的预测失败率则高达14.12%。

在弄清楚这些数字的含义之前我们需要回答一个问题，什么是分支预测？这就要从流水线技术讲起了。

4.4.1 流水线技术的诞生

1769年，英国人乔赛亚·韦奇伍德开办了一家陶瓷工厂，这家工厂生产的陶瓷乏善可陈，但其内部的管理方式极具创新，传统方法都是由一名制陶工人从头到尾制作完成的，但乔赛亚·韦奇伍德将整个制陶工艺流程分成了几十道工序，每一道工序都交给专人完成，这便是工业流水线最早的雏形。

虽然可以说流水线技术是英国人发明的，但发扬光大的是美国人，这便是福特。20世纪初，福特将流水线技术应用到汽车的批量生产中，效率得到千倍提高，使得汽车这种奢侈品开始飞入寻常百姓家。

假设组装一辆汽车需要经过：组装车架、安装引擎、安装电池、质检四道工序，同时假设每个步骤需要20分钟，如果所有工序都由一个组装站点来完成，那么组装一辆车需要80分钟。

但如果每个步骤都交给一个特定站点来组装就不一样了，此时生产一辆车的时间依然是80分钟，但工厂可以每20分钟就交付一辆车，如图4.19所示。

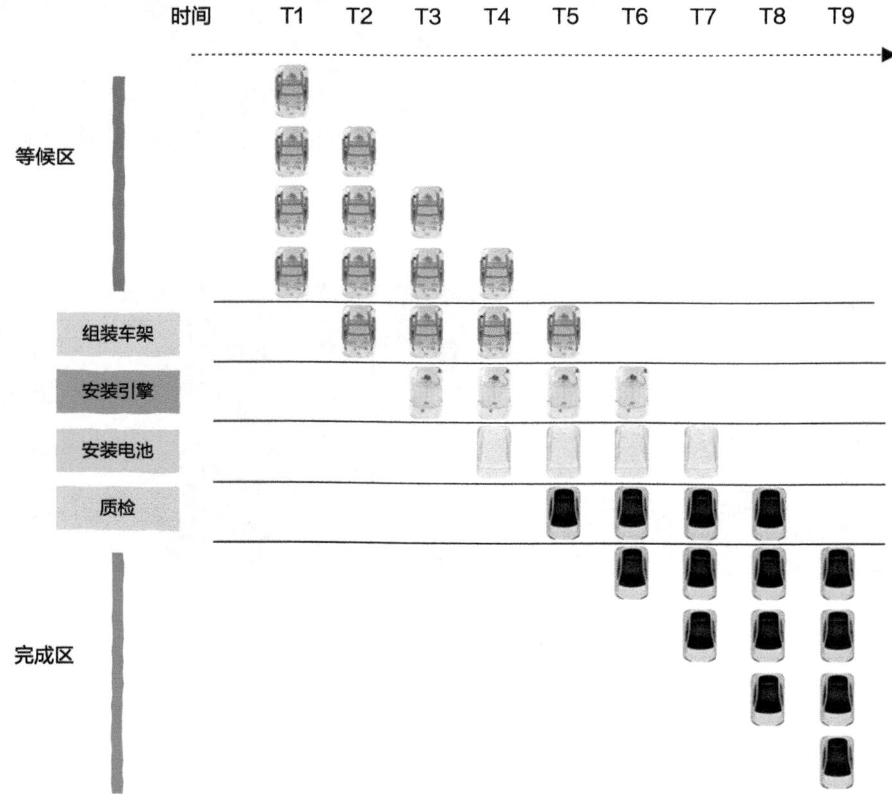

图4.19　流水线式制造汽车

注意，流水线并没有减少组装一辆车的时间，只是提升了工厂的吞吐能力。

4.4.2 CPU——超级工厂与流水线

CPU本身也是一座超级工厂，只不过CPU这座超级工厂并不生产汽车，而是执行机器指令。

如果我们把CPU处理一条机器指令当成生产一辆车的话，那么对于现代CPU来说，其一秒内可以交付数十亿辆车，效率碾压任何当今工业流水线，CPU 是一座名副其实的超级工厂。

与生产一辆车需要经过四道工序类似，处理一条机器指令大体上也可以分为四个步骤：取指、译码、执行、回写，这几个阶段分别由特定的硬件来完成（注意，真实的CPU 内部可能会将执行一条机器指令分解为数十个阶段），如图4.20所示。

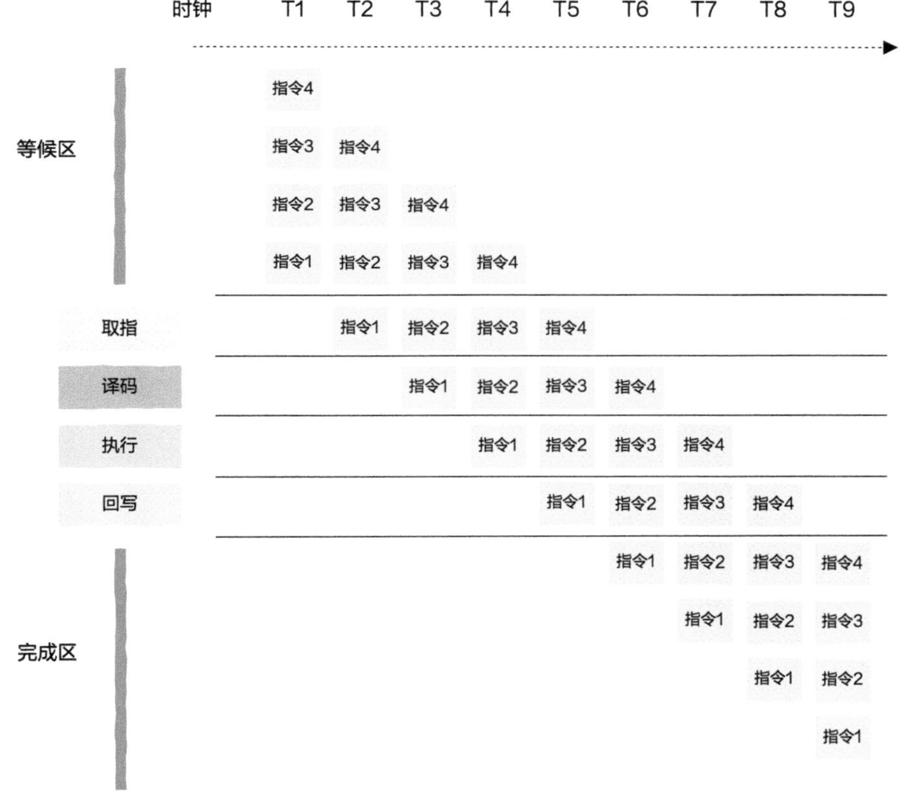

图4.20 CPU以流水线方式执行机器指令

怎么样，CPU执行机器指令是不是和工厂生产汽车也没什么区别，当今CPU拥有每秒处理数十亿条机器指令的能力，流水线技术功不可没。

4.4.3 当 if 遇到流水线

程序员编写的 if 语句一般会被编译器翻译成条件跳转指令，该指令起到分支的作用，如果条件成立则需要跳转，否则顺序执行；但只有跳转指令执行完成后我们才知道到底要不要跳转，这会对流水线产生影响，能产生什么影响呢？

现在，我们仔细观察一下汽车流水线，你会发现当前一辆车还没有制造完成时下一辆车就已经进入流水线了，如图4.21所示。

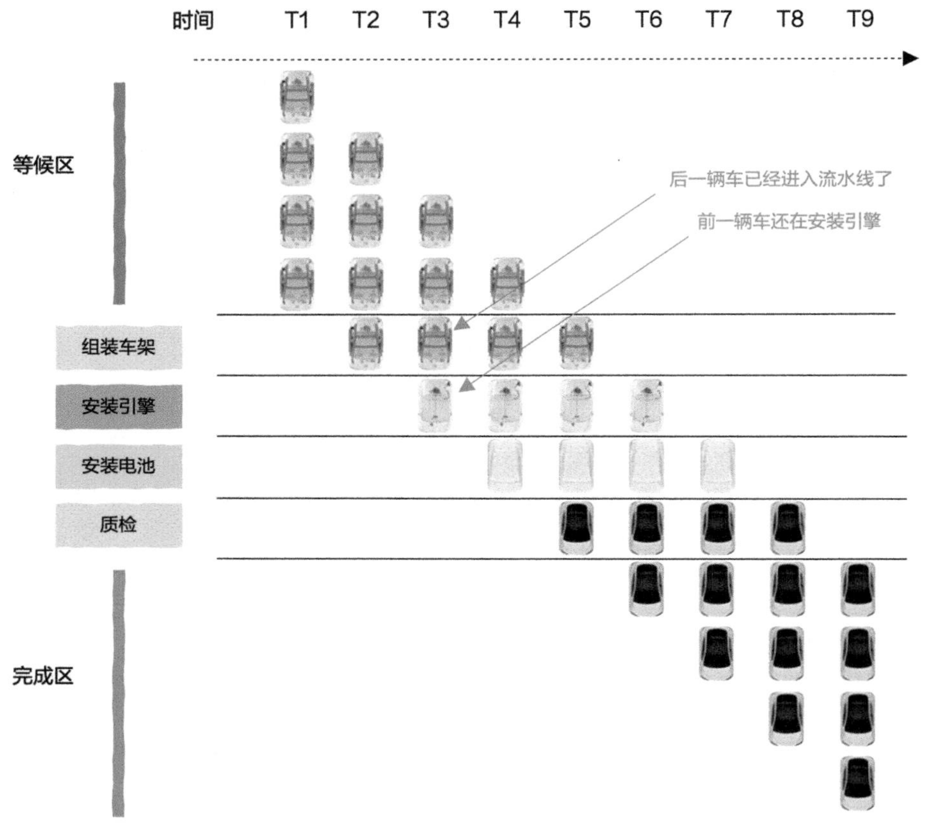

图4.21 前一辆车还没制造完成下一辆车就需要进入流水线

对于CPU来说道理是一样的，当一条分支跳转指令还没有执行完成时，后面的指令就要进入流水线，否则流水线中将出现“空隙”而不能充分利用处理器资源，这时问题来了，分支跳转指令需要依赖自身的执行结果来决定到底要不要跳转，那么在该指令没有执行完的情况下CPU怎么知道到底哪个分支的指令能进入流水线呢？如图4.22所示。

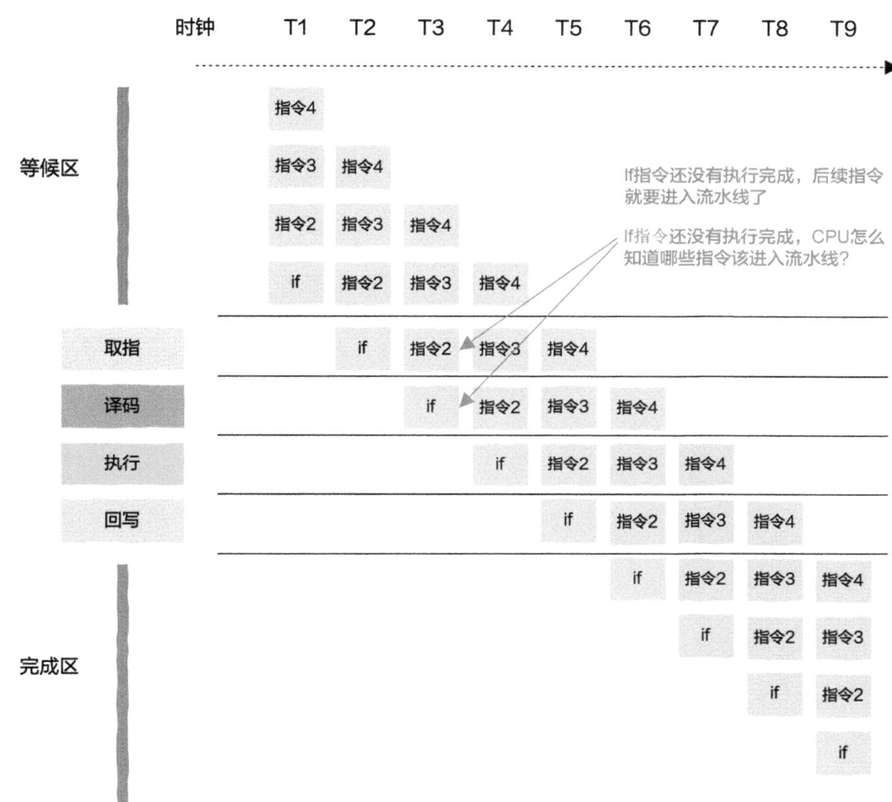

图4.22　前一条指令还没有执行完成，后续指令就需要进入流水线

实际上，CPU是不知道的，该怎么办呢？很简单，猜！

4.4.4　分支预测：尽量让CPU猜对

你没有看错，CPU 会猜一下后续可能会走哪个分支，如果猜对了则流水线照常继续，如果猜错了，那么对不起，流水线上已经执行的错误分支指令全部作废，可以看到，显然如果CPU猜错了则会有性能损耗。

现代CPU将“猜”的这个过程称为分支预测，当然，这里的预测并不是简单的抛硬币式随机猜测，如可能会基于程序运行的历史进行预测等。

理解分支预测后就可以解释本节提出的问题了。

让我们看一下数组在有序及无序两种情况下if条件的真假，对于有序数组来说if条件的真假情况，如图4.23所示。

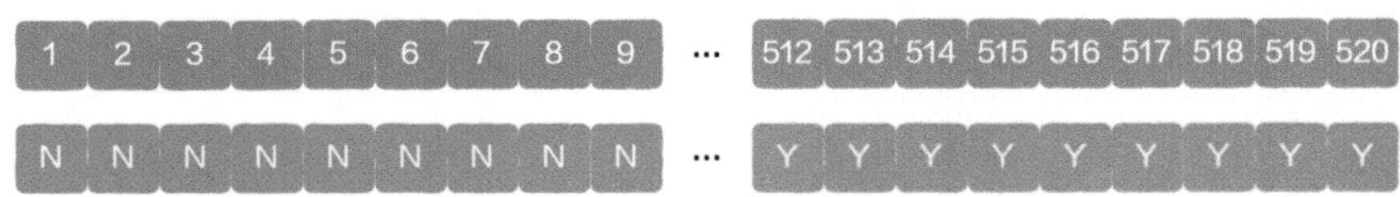

图4.23 数组有序时if条件的真假很有规律

从图4.23中可以看到，数组有序时if条件的真假很有规律，而如果数组是无序的则if条件的真假情况如图4.24所示。

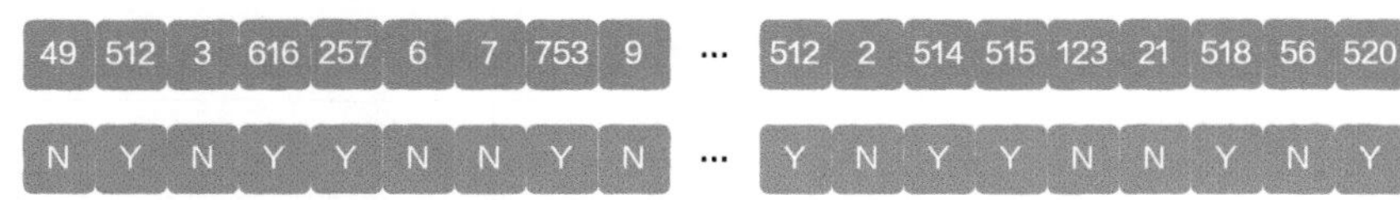

图4.24 数组无序时if条件的真假毫无规律可言

从图4.24中可以看到，数组无序时if条件的真假就杂乱无章了，你觉得对CPU来说哪种更好猜一些?

如果数组是有序的，那么CPU几乎不会猜错；但如果数组是无序的，那么Arr[i]是否大于256基本上就是随机事件，任何预测策略都无法很好地应对随机事件，这就解释了为什么在无序数组情况下分支预测失败率很高，程序性能较差了。

这对程序员的启示：对于性能要求很高的代码，如果你在这里编写了if语句，那么你最好让CPU大概率能猜对。

这就是为什么编程语言中会有likely/unlikely宏，只有程序员是最了解代码的，我们可以利用likely/unlikely宏告诉编译器哪些分支更有可能为真，这样编译器就可以进行更有针对性的优化了。

就像所有性能优化一样，你一定是利用分析工具判断出分支预测是性能瓶颈的，就像本节使用perf分析工具一样，否则你几乎不需要关心分支预测失败带来的性能开销问题，要知道现代CPU的分支预测是非常准确的，即使本节示例中数组在无序的情况下分支预测的失败率也没有达到像抛硬币一样的50%。

现在我们可以看到，即使程序员写代码时使用的是高级编程语言，在特定情况下依然需要关心CPU，只有理解它的实现原理才能写出对CPU更加友好的代码。

接下来，把我们的目光转向CPU与线程，CPU是极其重要的硬件，而线程是极其重要的软件，那么这两者之间有什么关系吗?

4.5 CPU核数与线程数有什么关系

作为一名美食“资浅”爱好者，尽管笔者厨艺不佳，但依然阻挡不了我对烹饪的热爱，炒菜其实很简单，照着菜谱一步步来即可：起锅烧油、葱姜蒜末下锅爆香、倒入切好的食材、大火翻炒、加入适量酱油、加入适量盐、继续翻炒、出锅喽！

高效的大厨可以同时制作N样菜，这边在煲着汤，那边在烘焙，不停地在几样菜品之间有条不紊地来回切换。

4.5.1 菜谱与代码、炒菜与线程

实际上，CPU和大厨一样，都是按照菜谱（机器指令）去执行某个动作、制作某个菜品（进程、线程的运行）的。从操作系统的角度来讲，当CPU工作在用户态时，CPU执行的一条指令就是线程，或者说属于某个线程，如图4.25所示。

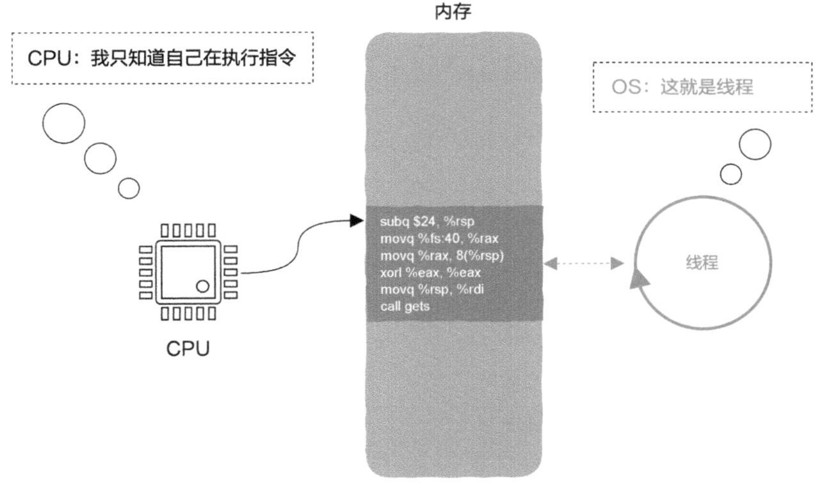

图4.25 用户态下CPU执行的指令属于某个线程

这和炒菜一样，按照菜谱炒鱼香肉丝，这个过程就是鱼香肉丝线程，按照菜谱炒宫保鸡丁，这个过程就是宫保鸡丁线程。

厨师个数就好比CPU核心数，在某个时间段内炒菜的样数就好比线程数，你觉得厨师的个数与可以同时制作几样菜品有关系吗？

答案当然是没有。CPU的核心数和线程数没有什么必然的关系，CPU是一个硬件，而线程是一个软件的概念，更确切地说是一个执行流，一个任务。在即使只有单个核心的系统上也可以创建任意多的线程（只要内存足够且操作系统没有限制）。

CPU根本不理解自己执行的指令属于哪个线程，CPU也不需要理解这些，需要理解这些的是操作系统，CPU需要做的事情就是根据PC寄存器中的地址从内存中取出机器指

令后执行它，其他没了，如图4.26所示。注意，关于PC寄存器在不同的资料中可能会有不同的名称，但它的作用都是指向下一条要执行的机器指令。

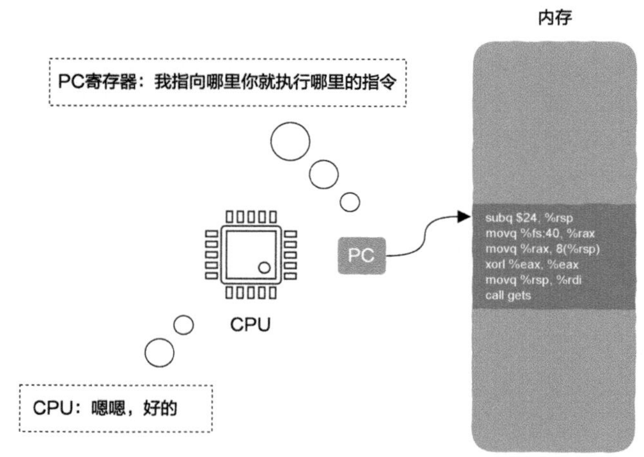

图4.26 CPU只是简单地执行机器指令，没有“线程”的概念

接下来，我们看几种使用线程的经典场景，在某些特定场景下你需要关心CPU核心数。

4.5.2 任务拆分与阻塞式I/O

假设现在有两个任务，任务A和任务B，每个任务需要的计算时间都是5分钟，无论是串行执行任务A与任务B，还是放到两个线程中并行执行，在单核环境下执行完这两个任务都需要10分钟，因为在单核系统中CPU一段时间内只能运行一个线程，多线程间尽管可以交替前进，但这并不是真正的并行。

有的读者可能会觉得单核下多线程没什么用，然而并不是这样的。

实际上，线程这个概念为程序员提供了一种非常便利的抽象方法，我们首先可以把一项任务进行划分，然后把每一个子任务放到一个个线程中去供操作系统调度运行，如图4.27所示，这样多个子任务之间可以同时运行。注意，这里所说的任务不是编程中的概念，而是单纯指工作的分类，如处理用户请求是一类任务、读写磁盘是一类任务等。

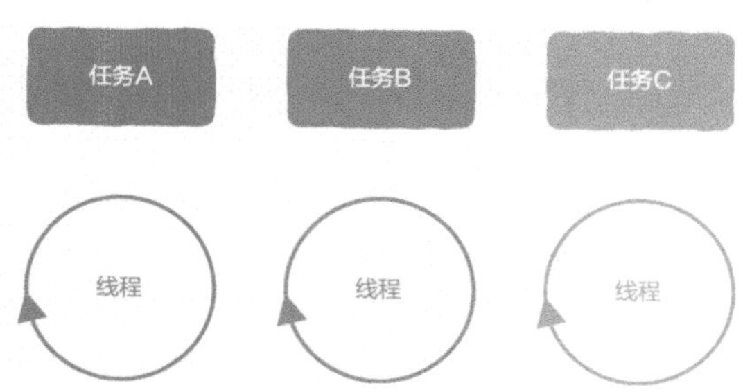

图4.27 将任务放到线程中运行

假如你的程序带有图形界面且某个UI元素的背后需要大量运算，这时为了防止执行该运算时UI产生卡顿，可以把这个运算任务放到一个单独的线程中去。

此外，如果你要解决的问题涉及阻塞式I/O，那么当执行相应的阻塞式调用时整个线程会被操作系统挂起而暂停运行，导致该调用之后的代码也无法运行，这时你可以将涉及阻塞式I/O的代码放在单独的线程中去运行，这样剩下的代码就可以不受影响地继续向前推进了，当然，这里的前提是你的场景不涉及高并发，否则这就是另外的话题了，你可以再去2.8节翻看一下。

因此，如果你的目的是防止自己的线程因执行某项操作而不得不等待，那么在这样的应用场景下，你根据需要创建出相应数量的线程并把相应的任务丢给这些线程去执行即可，根本不需要关心系统是单核还是多核。

4.5.3　多核与多线程

实际上，线程这个概念是从2003年才开始流行的，为什么？因为这一时期，多核时代到来了，之所以产生多核，是因为单核的性能提升越来越困难了。

尽管采用多进程也可以充分利用多核，但毕竟多进程编程是很烦琐的，这涉及较为复杂的进程间通信机制、进程间切换的代价较高等问题，线程这个概念很好地解决了这些问题，开始成为多核时代的主角，要想充分利用多核资源，线程是程序员的首选工具。

如果你的场景是想充分利用多核，那么这时你的确需要知道系统内有多少核数，一般来说你创建的线程数需要与核数保持某种线性关系。

值得注意的是，线程不是越多越好。

如果你的线程只是单纯的计算类型，不涉及任何I/O、没有任何同步互斥之类的操作等，那么每个核心一个线程通常是最佳选择。但通常来说，线程都需要一定的I/O及同步互斥操作，这时适当增加线程数确保操作系统有足够的线程分配给CPU可能会提高系统性能，但当线程数量到达一个临界值后系统性能将开始下降，因为这时线程间切换的开销将显著增加。

这里之所以用适当这个词，是因为这很难去量化，只能用你实际的程序根据真正的场景不断地测试才能得到这个值。

以上就是CPU与线程这个概念之间的关联。

在看完CPU与操作系统、数值系统、编程语言及线程之间的关联后，我们将从历史演进的角度审视一下CPU。尽管CPU出现的历史很短，但这并不妨碍其演变过程的波澜壮阔、跌宕起伏，笔者将这一部分的内容统称为“CPU进化论”，并将其放到了上、中、下三节中，我们赶快来看看吧！

4.6 CPU进化论（上）：复杂指令集诞生

英国生物学家达尔文于 1859 年出版了震动整个学术界与宗教界的《物种起源》，达尔文在这本书中提出了生物进化论学说，认为生命在不断演变进化，物竞天择，适者生存。

计算机技术和生命体一样也在不断演变进化，在讨论一项技术时，如果不了解其演变过程而仅仅着眼于当下，则会让人疑惑，因此，接下来我们将从历史的角度重新了解CPU。

首先来看看程序员眼里的CPU是什么样子的。

4.6.1 程序员眼里的CPU

我们编写的所有程序，无论是简单的“helloworld”程序，还是复杂的如PhotoShop之类的大型应用程序，最终都会被编译器翻译成一条条简单的机器指令，因此在CPU看来程序是没什么本质区别的，无非就是一个包含的指令多，一个包含的指令少，这些指令被保存在可执行程序中，程序运行时被加载到内存，此后CPU只需要简单地从内存中读取指令并执行即可。

因此，在程序员眼里看来 CPU 是一个很简单的家伙，接下来我们把目光聚焦到机器指令上。

4.6.2 CPU的能力圈：指令集

我们该怎样描述一个人的能力呢？写过简历的读者肯定都知道，类似这样：

会写代码
会打球
会唱歌
会跳舞
……

巴菲特有一个词用得很好——能力圈，CPU也是同样的道理，每种类型的CPU都有自己的能力圈，只不过CPU的能力圈有一个特殊的名字，也就是4.1节讲解的指令集（ISA）。指令集中包含各种指令：

会加法
会把数据从内存搬运到寄存器
会跳转
会比较大小
……

指令集告诉我们CPU可以干吗，你从ISA中找一条指令发给CPU，CPU执行这条指令所指示的任务，如给定一条ADD指令，CPU就去进行加法计算。

指令集有什么用呢？当然是程序员用来编程的啦！

没错，最初的程序都是面向CPU直接用汇编语言来编写的，这一时期的代码也非常的朴实无华，没有那么多花哨的概念，什么面向对象啦、什么设计模式啦，统统没有，总之这个时期的程序员写代码只需要看看ISA就可以了。

这就是指令集的概念。注意，指令集仅仅是用来描述CPU的。

不同类型的CPU会有不同类型的指令集，指令集的类型除了影响程序员写代码，还会影响CPU的硬件设计，到底CPU该采用什么类型的指令集，CPU该如何设计，这一论战持续至今，并且愈发精彩。

接下来，我们来看第一种也是最先诞生的指令集类型：复杂指令集（Complex Instruction Set Computer，CISC）。当今普遍存在于桌面PC和服务器端的x86架构就是基于复杂指令集的，生产x86处理器的厂商就是我们熟悉的英特尔和AMD。

4.6.3 抽象：少就是多

直到1970年，这一时期编译器还不是很成熟，没多少人信得过编译器，很多程序还在用汇编语言编写，这是大部分现代程序员无法想象的。注意，意识到这一点极为重要，对于接下来理解复杂指令集非常关键。

当然，现代编译器已经足够强大、足够智能，编译器生成的汇编语言已经足够优秀，因此当今程序员，除了编写操作系统和驱动的那帮家伙，剩下的几乎已经意识不到汇编语言的存在了，不要觉得可惜，这是生产力进步的体现，用高级语言编写程序的效率可是汇编语言望尘莫及的。

总之，这一时期大部分程序都直接使用汇编语言编写，因此大家普遍认为指令集应该更加丰富一些、指令本身的功能应该更强大一些。程序员常用的操作最好都有对应的特定指令，毕竟大家都在直接用汇编语言写程序，这样会非常方便。如果指令集很少或者指令本身功能单一，那么程序员写起程序来会非常烦琐，如果你在那时用汇编语言写程序那么你也会这样想。

这就是这一时期一些计算机科学家所说的抹平差异，抹平什么差异呢？

大家认为高级语言中的一些概念，如函数调用、循环控制、复杂的寻址模式、数据结构和数组的访问等都应该直接有对应的机器指令，用尽可能少的代码完成尽可能多的任务，抹平机器指令与高级语言概念间的差异。

除了更方便地使用汇编语言写程序，还需要考虑的是对存储空间的高效利用。

4.6.4 代码也是要占用存储空间的

当今计算机基本都遵从冯·诺依曼架构，该架构的核心思想之一是“从存储角度看，程序和程序操作的数据不应该有什么区别，它们都应该能保存在计算机的存储设备中”，图4.28所示为冯·诺依曼架构，它是所有计算设备的鼻祖，无论是智能手机、平板电脑、PC，还是服务器，其本质都是出自这张简单的图，它是一切计算设备的起源。

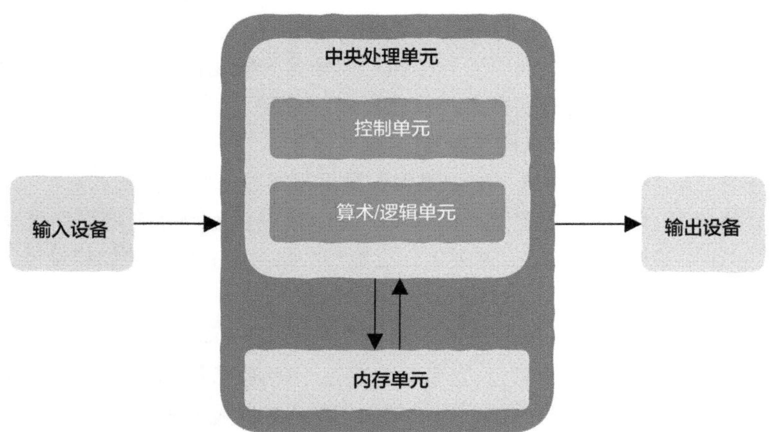

图4.28 冯·诺依曼架构

从冯·诺依曼架构中我们可以知道，可执行程序中既包含机器指令也包含数据，由此可见，程序员写的代码是要占据磁盘存储空间的，加载到内存中运行时是要占据内存空间的。要知道在20世纪70年代，内存大小仅仅数KB到数十KB，这是当今程序员不可想象的。因为现代智能手机的内存都已经达到数GB（2021年）了，图4.29所示为1974年发布的Intel 1103内存芯片，容量只有1KB。

图4.29 1974年发布的Intel 1103内存芯片

但Intel 1103内存芯片的发布标志着计算机工业界开始进入动态随机存储DRAM时代，DRAM也就是我们熟知的内存。

大家可以思考一下，几KB的内存，可谓寸土寸金，这么小的内存要想装入更多程序就必须仔细设计机器指令以节省程序占据的存储空间，这就要求：

（1）一条机器指令尽可能完成更多的任务，从而让程序员更高效地编写代码，这很容易理解，你更希望一条“给我端杯水”的指令，而不是一串“迈出右腿、停住、迈出左腿，重复上述步骤直到饮水机旁……”这样的指令。

（2）机器指令长度不固定，也就是变长机器指令，从而减少程序本身占据的存储空间。

（3）机器指令高度编码（Encoded），提高代码密度，节省空间。

4.6.5 复杂指令集诞生的必然

基于方便利用指令编写程序及节省代码存储空间的需要直接促成了复杂指令集的设计，显然这是这一时期必然的选择，复杂指令集就这样诞生了，它的出现很好地满足了当时工业界的需求。

但一段时间后，人们发现了新的问题。

这一时期CPU指令集都是硬连线的（Hardwired），也就是说取值、解码及指令执行的每一步都由特定的组合电路直接控制。尽管这种方法在执行指令时非常高效，但其很不灵活，很难应对指令集的改变。因为添加新的指令时都将加大CPU设计及调试的复杂度，尤其复杂指令集下指令长度不固定、指令可能涉及复杂操作等都加重了这一问题。

这个问题的本质在于硬件改动起来非常麻烦，但软件就不一样了，软件可以轻易改变，我们可以把大部分指令涉及的操作定义成一小段程序，这些程序由更简单的指令组成，并将其存储在CPU中，这样就不需要针对每一条机器指令设计专用的硬件电路了，用软件代替硬件，这些更简单的指令就是微代码（Microcode）。微代码设计如图4.30所示。

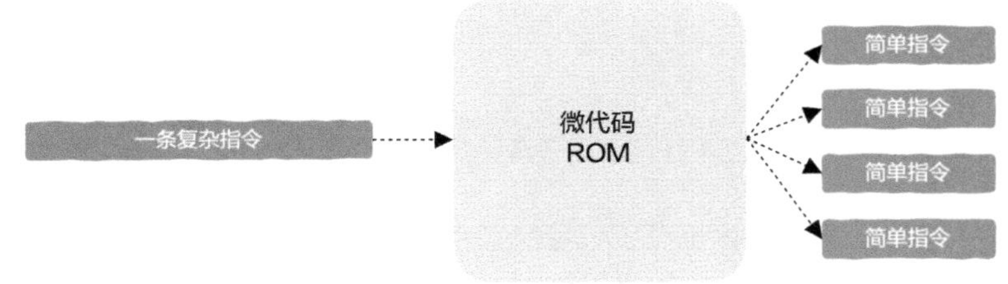

图4.30　微代码设计

当添加更多的指令时，主要工作集中在修改微代码这一部分，这降低了CPU的设计复杂度。

4.6.6 微代码设计的问题

现在有了复杂指令集，程序员可以更方便地编写汇编程序，这些程序也不需要占用很多存储空间，复杂指令集带来的处理器设计较为复杂的问题可以通过微代码来简化。

然而，这一设计随着时间的推移又出现了新的问题。

我们知道代码难免会有bug，微代码当然也不会例外。问题是修复微代码的bug要比修复普通程序的bug困难很多，而且微代码设计非常消耗晶体管。1979年的Motorola 68000处理器就采用微代码设计，其中三分之一的晶体管都用在了微代码上。

1979年，计算机科学家Dave Patterson被委以重任来改善微代码设计，为此他还专门发表了论文，但他后来又推翻了自己的想法，认为微代码带来的复杂问题很难解决，更需要解决的是微代码本身。

因此，有人开始反思，是不是还会有更好的设计。

4.7 CPU进化论（中）：精简指令集的诞生

从4.6节我们可以看到，复杂指令集的出现更多的是受限于客观条件，包括不成熟的编译器（这一时期的程序还在使用汇编语言编写）、存储设备的容量限制（需要程序本身占据尽可能少的存储空间）等。

随着时间的推移及技术的进步，这些限制开始松动。

20世纪80年代，此时容量“高达”64KB的内存开始出现（见图4.31），内存容量上终于不再捉襟见肘，价格也开始急速下降。在1977年，1MB内存的价格高达5000美元，但到了1994年，1MB内存的价格就急速下降到大概只有6美元。这是第一个趋势。

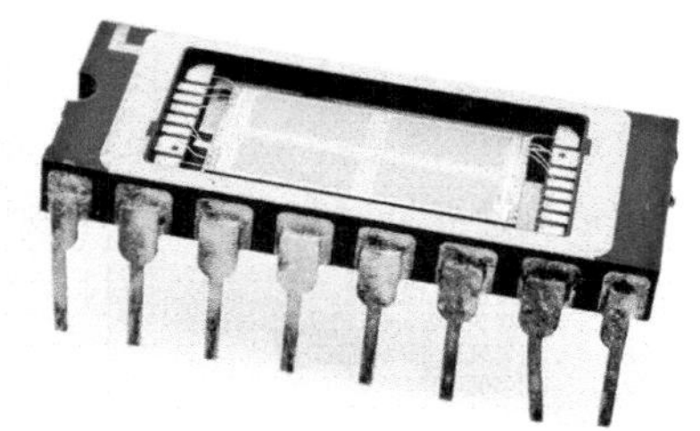

图4.31 容量“高达”64KB的内存

此外，这一时期编译技术也有了长足的进步，编译器越来越成熟，渐渐地程序员开始用高级语言编写程序，并依靠编译器自动生成汇编指令，直接用汇编写代码的方式一去不复返（对大部分程序员来说）了。这是第二个趋势。

这两个趋势的出现让人们有了更多的思考。

4.7.1 化繁为简

19世纪末20世纪初，意大利经济学家Pareto发现了著名的二八定律，机器指令的执行频率也有类似的规律。

在大约80%的时间里CPU都在执行指令集中20%的机器指令，同时CISC中一部分比较复杂的指令并不怎么被经常用到，而且那些设计编译器的程序员也更倾向于将高级语言翻译成更简单的机器指令。

4.6.6节提到的计算机科学家Dave Patterson，他在早期工作中提出了一个关键点：复杂指令集中那些被认为可以提高性能的指令其实在CPU内部被微代码拖后腿了，如果移除掉微代码，那么程序反而可能运行得更快，并且可以节省构造CPU使用的晶体管。

由于微代码的设计思想是将复杂机器指令在CPU内部转为相对简单的机器指令，这一过程对编译器不可见，也就是说没有办法通过编译器生成的机器指令去影响CPU内部的微代码运行行为。因此，如果微代码出现bug，那么编译器是无能为力的。

Dave Patterson还发现，一些复杂的机器指令执行起来要比等价的多个简单指令慢，这一切都在提示：为什么不直接用一些简单指令来替换掉那些复杂指令呢?

4.7.2 精简指令集哲学

基于对复杂指令集的反思，精简指令集哲学诞生了，精简指令集主要体现在以下三个方面。

1）指令本身的复杂度

精简指令集的一个特点是其思想其实很简单，去掉复杂指令代之以一些简单指令。这样，也不需要CPU内部的微代码设计了，没有了微代码，编译器生成的机器指令对CPU的控制力大大增强。

注意，精简指令集思想不是说指令集中指令的数量变少，而是说一条指令背后代表的操作更简单了。举个例子，复杂指令集中的一条指令背后代表的含义是“吃饭”的全部过程，而精简指令集中的一条指令可能仅仅表示“咀嚼一下”，它只是其中的一小步。

2）编译器

精简指令集的另一个特点就是编译器对CPU的控制力更强。

在复杂指令集下，CPU会对编译器隐藏机器指令的执行细节，如微代码，编译器对此无能为力；而在精简指令集下CPU的更多细节会暴露给编译器。因此，精简指令集（RISC）还有一个很有意思的称呼：“Relegate Interesting Stuff to Compiler”，把一些有趣的东西让编译器来完成。

3）LOAD/STORE 架构

在复杂指令集下，一条机器指令可能涉及从内存取出数据、执行一些操作，如加法，然后把执行结果写回到内存中等一系列操作。注意，这是在一条机器指令下完成的。

但在精简指令集下，这绝对是大写的禁忌，精简指令集下指令只能操作寄存器中的数据，不可以直接操作内存中的数据，也就是说这些指令，如加法指令不会直接去访问内存，如图4.32所示。

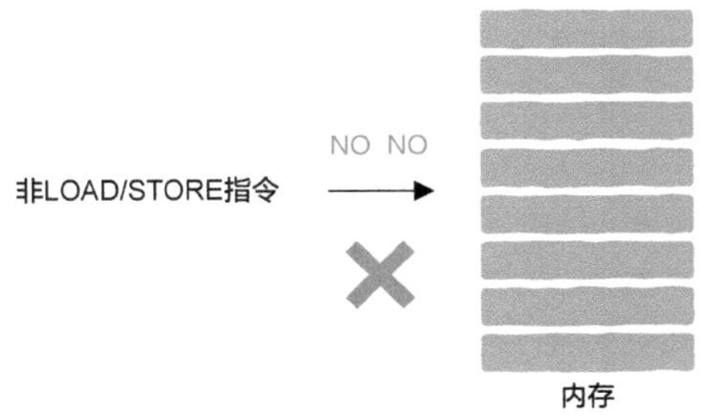

图4.32　精简指令集下非LOAD/STORE指令不可以访问内存

毕竟数据还是存放在内存中的，那么谁来读写内存呢？

原来在精简指令集下有专用的LOAD和STORE两类机器指令负责内存读写，其他指令只能操作CPU内部的寄存器而不能去读写内存，这是与复杂指令集一个很鲜明的区别。

你可能会好奇，用两条专用的指令来读写内存有什么好处吗？别着急，在本节后半部分我们还会回到LOAD/STORE指令。

以上三点就是精简指令集的设计哲学。

接下来，我们用一个例子来看一下RISC和CISC的区别。

4.7.3 CISC与RISC的区别

图4.33所示为精简的计算模型：最右边的是内存，存放机器指令和数据；最左边的是CPU，CPU内部是寄存器和计算单元ALU。

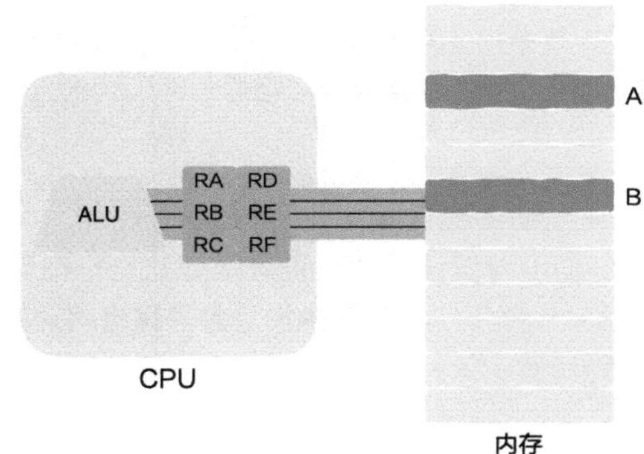

图4.33 精简的计算模型

内存地址A和地址B上分别存放了两个数，假设我们想先计算这两个数字的乘积，然后把计算结果写回内存地址A。

我们分别来看看在CISC下和在RISC下会怎样实现。

1）CISC

复杂指令集的思想之一就是用尽可能少的机器指令完成尽可能多的任务，因此复杂指令集CPU中可能会存在一条叫作MULT的机器指令。MULT是乘法（multiplication）的简写，当CPU执行MULT这条机器指令时需要：

（1）在内存地址A中读取数据并存放在寄存器中。

（2）在内存地址B中读取数据并存放在寄存器中。

（3）ALU根据寄存器中的值进行乘积运算。

（4）将乘积写回内存。

以上这几步可以统一用一条指令来完成：

```
MULT A  B
```

MULT就是复杂指令，这一条指令涉及了读取内存、两数相乘、结果写回内存。从这里我们也可以看出，复杂指令并不是说“MULT A B”这一行指令本身有多复杂，而是其背后所代表的任务复杂。

实际上，这条机器指令已经非常类似高级语言了，我们假设内存地址A中的值为变量a，内存地址B中的值为变量b，那么这条机器指令基本等价于高级语言中这样一行代码：

```
a = a * b;
```

这就是4.6节提到的抹平高级语言和机器指令之间的差异，让程序员使用最少的代码就能完成任务，这显然也会节省程序本身占用的存储空间。

接下来，我们看RISC。

2）RISC

相比之下，RISC更倾向于使用一系列简单的指令来完成任务，再来看一下完成一次乘积需要经过的几个步骤：

（1）读取内存地址A中的数据，存放在寄存器中。

（2）读取内存地址B中的数据，存放在寄存器中。

（3）ALU根据寄存器中的值进行乘积运算。

（4）将乘积写回内存。

这几步涉及：从内存中读取数据；计算乘积；向内存中写数据。因此，在RISC下可能会有对应的LOAD、PROD、STORE指令分别完成这几项操作。

LOAD指令会将数据从内存搬到寄存器；PROD指令会计算两个寄存器中数字的乘积；STORE指令把寄存器中的数据写回内存。因此如果一个程序员想在RISC下完成上述任务就需要写这些汇编指令：

```
LOAD RA, A
LOAD RB, B
PROD RA, RB
STORE A, RA
```

现在你应该看到了，同样一项任务，采用CISC的程序只需要一条机器指令，而在RISC下需要四条机器指令，显然采用RISC的程序其本身占据的存储空间要比CISC大，而且这对直接用汇编语言编写代码的程序员来说也更烦琐。但RISC设计的初衷也不是让程序员直接使用汇编语言来写程序，而是把这项任务交给编译器，让编译器自动生成具体的机器指令。

4.7.4 指令流水线

让我们仔细看看在RISC下生成的这些指令：

```
LOAD RA, A
LOAD RB, B
PROD RA, RB
STORE A, RA
```

这些指令都非常简单，CPU内部不需要复杂的硬件逻辑来解码，因此更节省晶体管，这些节省下来的晶体管可用于CPU的其他功能上。

最关键的是，由于每一条指令都很简单，执行的时间都差不多（当然，执行内存读写指令需要的时间要长一些），这使得一种高效执行机器指令的方法成为可能，这项技术是什么呢?

这就是4.4节讲到的流水线技术。

流水线技术虽然不能缩短执行单条机器指令的时间，但是可以提高吞吐量，精简指令集的设计者当然也明白这个道理。因此他们尝试让每条指令执行的时间都大体相同，尽可能让流水线更高效地处理机器指令，而这也是在精简指令集中存在LOAD和STORE两条专用于访问内存的指令的原因。

由于复杂指令集指令中指令之间差异较大，执行时间参差不齐，因此没办法很好地以流水线的方式高效执行机器指令（在4.8节我们会看到复杂指令集怎样解决这一问题）。

第一代RISC处理器即全流水线设计，典型的就是五级流水线，1～2个时钟周期就能执行一条指令，而这一时期的CISC需要5～10个时钟周期才能执行一条指令。尽管RISC架构下编译出的程序需要更多指令，但RISC精简的设计使得RISC架构下的CPU更紧凑，消耗更少的晶体管（不需要微代码），因此带来更高的主频，这使得RISC架构下的CPU在完成相同的任务时优于CISC架构。

有流水线技术的加持，采用精简指令集设计的CPU在性能上开始横扫其复杂指令集对手。

4.7.5 名扬天下

1980年中期，采用精简指令集的商业CPU开始出现，到1980年后期，采用精简指令集设计的CPU就在性能上轻松碾压所有传统设计。

到了1987年，采用RISC设计的MIPS R2000处理器在性能上是采用CISC架构（x86）的Intel i386DX的2～3倍。

所有其他 CPU 生成厂商都开始跟进 RISC，积极采纳精简指令集设计思想，甚至操作系统 MINIX 的笔者 Andrew Tanenbaum 在 20 世纪 90 年代初预言："5 年后 x86 将无人问津"，x86 正是基于 CISC。

CISC迎来至暗时刻。

接下来，CISC该如何绝地反击，要知道Intel和AMD（x86处理器的两大知名生产商）的硬件工程师们绝非等闲之辈。

4.8 CPU进化论（下）：绝地反击

在美国商界有这样一句谚语："if you can't beat them, join them."，直译过来就是"如果你打不赢他们，就加入他们吧！"

CISC阵营当年面对RISC的围追堵截应该能想到这句话。

怎么办？直接放弃CISC，全面拥抱RISC吗？在当时的情况下他们内部也许真的有过这样的讨论。

如果全面转向RISC，则卖出去的那么多芯片该怎么办？程序员消耗了那么多脑细胞积年累月写出来的程序无法在最新的CPU上运行该怎么办？问题看上去很难解决。

但这难不倒聪明的工程师。

程序员都知道"接口"这个概念，这里多指函数接口，使用函数的一大好处就在于："只要函数的接口不改变，那么使用该函数的代码就不需要变动。至于函数本身内部的实现你爱怎么折腾就怎么折腾"，也就是说函数接口对外隐藏了内部实现，如图 4.34 所示。

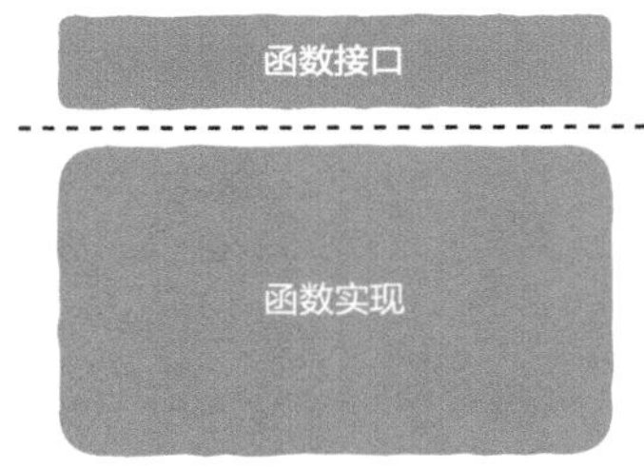

图4.34 函数接口对外隐藏了内部实现细节

软件工程师们明白这个道理，那些硬件工程师们也深谙此道。

对于CPU来说，"接口"是什么？显然就是指令集ISA嘛，虽然不能改变接口（也就是指令集），但是CPU内部的实现（也就是指令的执行）是可以改变的。

想明白了这一点，这些天才工程师们提出了一个概念——Micro-operations，一举改变了被动局面。

接下来，我们好好看看Micro-operations。

4.8.1 打不过就加入：像RISC一样的CISC

当时，精简指令集的一大优势在于可以很好地利用流水线技术，而复杂指令集因指令的执行时间参差不齐导致无法发挥流水线的优势。

既然如此，那干脆就让CISC变得更像RISC好了，怎么才能更像呢？答案就是把CISC中的指令在CPU内部转为更加"类似"RISC的简单指令，这些"类似"RISC的简单指令就被称为Micro-operations，以下称为微操作。

就像RISC中的指令一样，这些微操作也都很简单，执行时间也都差不多，因此同样可以像RISC一样充分利用流水线技术。虽然程序员用汇编语言写程序，以及编译器生成可执行程序时使用的还是CISC指令，但在CPU内部执行指令时类似RISC，如图4.35所示。

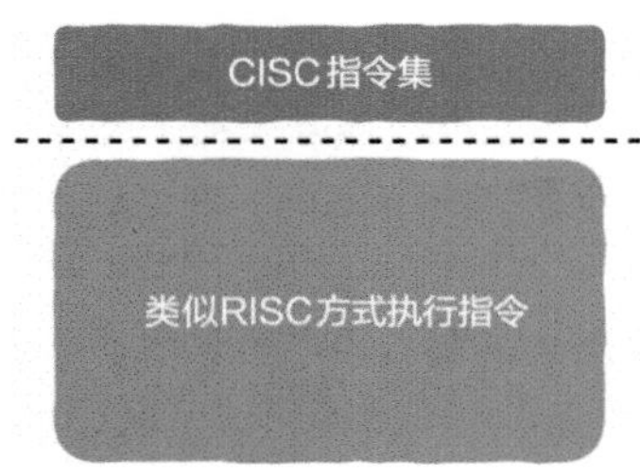

图4.35 指令集为CISC，内部执行方式类似RISC

这样既能保持CISC指令集向前兼容又能获取RISC的好处，一举两得。这时，RISC相对于CISC来说已经没有明显的技术优势了。

4.8.2 超线程的绝技

除了让CISC看起来更像RISC，CISC阵营还开发了另一项技术——Hyper-threading，中文译为超线程，Hyper-threading 也被称为Hardware Threads（硬件线程），笔者认为硬件线程这个词更贴切、更容易理解一些，鉴于很多资料都在用超线程，以下也将其称为超线程。

到目前为止，我们可以简单地认为CPU一次只能做一件事，如图4.36所示。

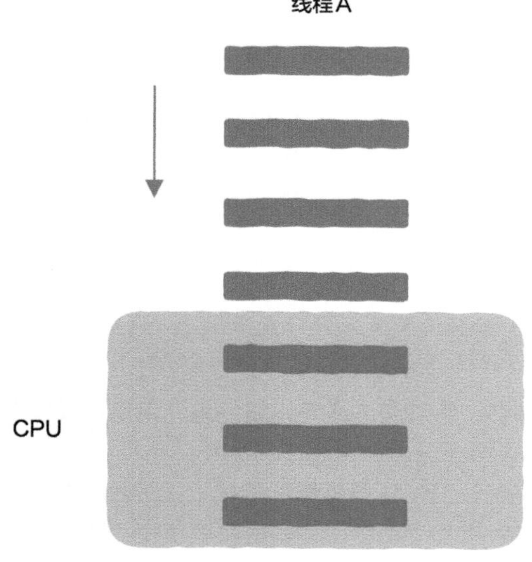

图4.36 CPU一次只能做一件事

图4.36中的一个小方块代表一条机器指令，从图中可以看出，CPU一次只能执行属于同一个线程的机器指令。假设系统中有*N*个CPU核心，操作系统可以将*N*个就绪态线程分配给这*N*个CPU核心同时执行，这对程序员来说是一种很经典的认知。

现在有了超线程，一个具有超线程功能的物理CPU核心会让操作系统产生幻觉，操作系统会认为存在多个CPU核心（逻辑上的），尽管此时计算机系统中只有一个物理CPU核心。一个有超线程能力的CPU核心可以真正地同时运行，如2个线程，是不是很神奇？因为在我们原来的认知中，一个物理CPU核心上一次最多只能执行一个线程，那这是怎么做到的呢？

原来，其奥秘就在于采用超线程技术的CPU一次可以处理属于两个线程的指令流，这样一个CPU核心看起来就像是多个CPU核心一样，图4.37所示为超线程的本质。

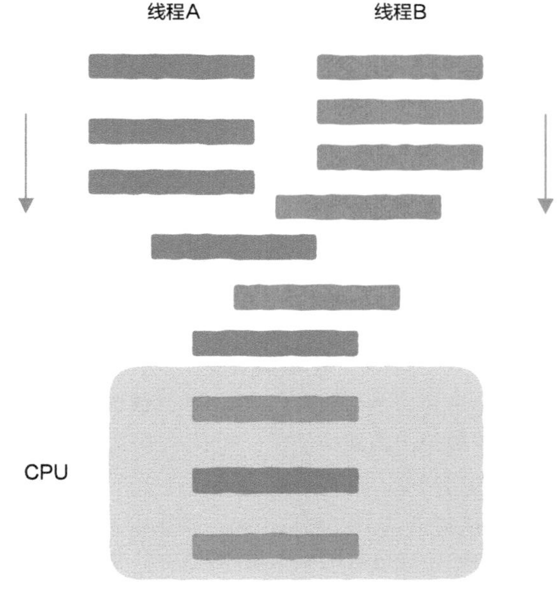

图4.37　超线程的本质

为什么超线程技术是可行的呢？这就要说回流水线技术了。

原来，由于指令间的依赖关系，流水线不能总是非常完美地满载运行，也就是跑满，总会有一些“空隙”，引入额外一路指令流见缝插针，这样就能填满整条流水线进而充分利用CPU资源。

在这里还要强调一下，软件线程也就是程序员眼里的线程，是由操作系统创建、调度、管理的；而硬件线程也就是超线程则是CPU硬件的功能，与操作系统没有关系，超线程对操作系统来说是透明的，最多也就是让操作系统认为系统中有更多的CPU核心可供使用。当然，这是假象，真正的物理核心没有那么多。

4.8.3 取人之长，补己之短：CISC与RISC的融合

虽然超线程技术由CISC阵营提出，但该技术也可以引入RISC，在一些高性能RISC架构CPU中你也能见到超线程的身影。

从这里我们可以看到，CISC与RISC就像两个武功高手一样，不断汲取对方的优势弥补自身的短板，CISC的后端更像是RISC，而在一些高端RISC架构CPU上，同样采用了微指令，渐渐地，CISC和RISC已经不再像最初那样泾渭分明了。

尽管这两种架构越来越像，但是CISC和RISC在以下几个维度上还是有明显差异的。

在RISC下编译器依然担任着重要角色，在编译器优化上RISC依然更有优势；在指令长度方面，RISC下指令的长度是固定的，CISC依然是变长指令；在内存访问方面，RISC依然是LOAD/STORE架构，CISC则无此设计。

现在，CISC与RISC在实现上的差异看起来远不如商业上那么明显。

4.8.4 技术不是全部：CISC 与 RISC 的商业之战

到目前为止，我们都是站在技术的角度来讨论这两种指令集的，然而技术并不是全部决定性因素。

二十世纪八九十年代，RISC思想的出现使得处理器领域百花齐放，这让以x86为代表的CISC阵营措手不及。虽然在那时x86处理器的确会比RISC处理器在性能上要差一些，但x86有一个非常好的基础：软件生态。当开发者花时间开发出适配RISC的软件时更快的x86开始出现，尽管在技术上那时的RISC的确有其先进性，但有太多有价值的软件运行在x86平台，尤其Intel与Windows形成的wintel联盟更是无限繁荣了其软件生态，巨大的出货量与低芯片设计成本形成无与伦比的规模优势，同时x86吸收了RISC的各种优秀思想，在内部采用类似RISC的方式执行指令，制程也更先进。这些努力让随后的x86在性能上开始赶超RISC阵营，最终wintel联盟占领了计算机市场，苹果公司的Mac计算机业务在2006年宣布抛弃基于RISC的PowerPC处理器转而采用英特尔x86处理器。RISC在桌面端仅存的余晖也消逝了，精简指令集终究没能在这里留下一丝痕迹，以ARM为代表的RISC阵营退居嵌入式等低功耗领域偏安一隅。

RISC在服务器端同样命运多舛，尽管在互联网时代到来的初期RISC服务器还占有主导地位，如在20世纪90年代的互联网大潮里一时风头无两的Sun公司，该公司的服务器成为当时很多创业公司的首选，该服务器搭载的正是自研的SPARC精简指令集处理器。然而21世纪初互联网泡沫破灭后Sun公司几乎遭受灭顶之灾，x86携桌面端之威开始抢占服务器市场，封闭的RISC阵营各自为战，最终不敌持开放策略的x86，英特尔的x86处理器在服务器市场一统江湖。

英特尔的一系列努力在商业上取得了巨大成功，以x86为代表的CISC处理器在服务器端和桌面端获得了统治地位，放眼望去市场上竟一时找不到对手，这是属于x86的时代。

打败一个时代的只能是另一个时代。

2007年，划时代的iPhone发布了，人类开始进入移动互联网时代，人手一部手机成为刚需，或许是在垄断地位上的时间太长，巨大的惯性让wintel联盟仓促应战。然而为时已晚，ARM抓住了属于自己的机会。当今智能手机几乎全部采用基于精简指令集的ARM处理器，英特尔和微软丢掉了移动端市场。

作为移动互联网时代的开拓者，就像当年的英特尔和微软一样，苹果公司获得了丰厚的回报，并一举成为当今世界上市值最高的公司（2021年）。

苹果公司开始复制英特尔当年的成功，自研的A系列移动端处理器性能越来越高，甚至媲美桌面端处理器性能。苹果公司具备了设计更高性能的桌面端处理器能力，M1芯片诞生了，苹果公司的Mac计算机开始全面由英特尔x86处理器迁移到自研的M1芯片上，该芯片的处理器正是基于RISC的ARM，时隔多年，RISC的星星之火再次在桌面端闪现。

当前，CISC阵营的x86依然在桌面端和服务器端占据主导地位，基于RISC的ARM则占据着移动端大部分市场，二者均希望能抢占对方市场但都收获甚微。科技日新月异，时代轮换更替，未来谁主沉浮尚未可知，CISC与RISC的竞争将会更加精彩纷呈。

关于CPU的历史就简单介绍到这里，就像4.6节提到的那样，一项技术的诞生是有其必然性的，CISC适应了那个资源受限的年代。随着技术的发展RISC应运而生，此后这两项技术相互竞争也相互借鉴并一路演变成了今天的样子，从可预见的未来看，CISC将和RISC长久共存下去。

CPU是计算机中最为核心的硬件，从CPU的角度来讲其工作非常简单，无非是从内存中取出指令然后执行。但从软件的角度来看，代码并不是按一行行顺序执行的，指令的顺序执行随时会被函数调用、系统调用、线程切换、中断处理等打断，而这些又是计算机系统中极其重要的执行流切换机制。

在本章的最后我们综合地理解一下CPU在上述机制实现中所起的作用。

4.9 融会贯通：CPU、栈与函数调用、系统调用、线程切换、中断处理

计算机系统中有很多让程序员习以为常，但又十分神秘的机制：函数调用、系统调用、进程切换、线程切换及中断处理。

函数调用能让程序员提高代码可复用性，系统调用能让程序员向操作系统发起请求，进程、线程切换让多任务成为可能，中断处理能让操作系统管理外部设备。

这些机制是计算机系统的基石，可是你知道这些机制是如何实现的吗?

4.9.1 寄存器

CPU为什么需要寄存器?

原因很简单：速度。CPU访问内存的速度大概是访问寄存器速度的1/100，如果CPU

没有寄存器而完全依赖内存，那么计算速度将比现在慢得多。

在创建进程时，代码及代码依赖的数据被加载到内存，执行机器指令时需要把内存中的数据搬运到寄存器中供CPU使用。

实际上，寄存器和内存没有什么本质的区别，都是用来存储信息的，只是寄存器读写速度更快、造价更为昂贵，因此容量有限，我们才不得不把进程的运行时信息都存放在内存中，寄存器只是一个临时存放点。

当然，除了临时保存中间计算结果，还有很多有趣的寄存器。根据用途，寄存器可以分为很多类型，但是，我们感兴趣的有以下几种寄存器。

4.9.2 栈寄存器：Stack Pointer

就像第3章讲到的，函数在运行时都有一个运行时栈帧。对于栈来说最重要的信息之一就是栈顶，栈顶信息就保存在栈寄存器（Stack Pointer）中，其指向栈区的底部，通过该寄存器就能跟踪函数的调用栈，如图4.38所示。

函数在运行时会有一块独立的内存空间，用来保存函数内定义的局部变量、传递的参数等，这块独立的内存空间就叫栈帧。随着函数调用层次的加深，栈帧数量也随之增加；当函数调用完成后栈帧数量按照与函数调用相反的顺序依次减少，这些栈帧就构成了栈区，如图4.39所示，这些已经在第3章讲解过了。

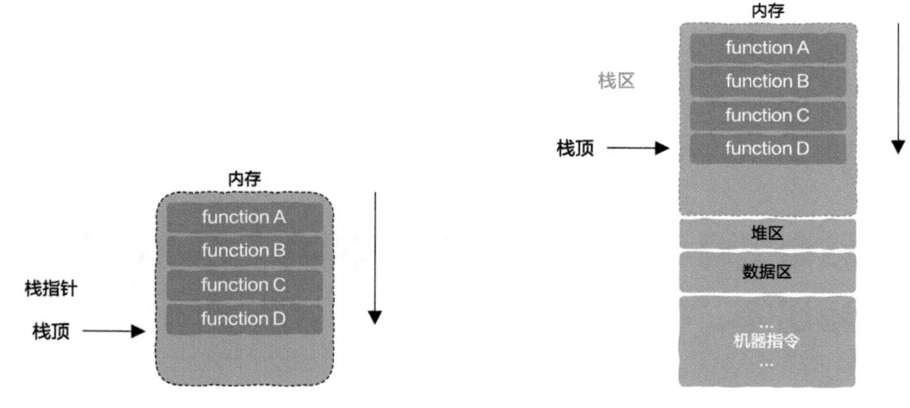

图4.38 栈区与栈顶　　图4.39 栈帧构成进程的栈区

函数的运行时栈是关于程序运行状态最重要的信息之一，当然，这只是其一，另一个比较重要的信息是“正在执行哪一条指令”，这就是指令地址寄存器的作用。

4.9.3 指令地址寄存器：Program Counter

指令地址寄存器的名称比较多，大部分程序员将其称为Program Counter，简称PC，即我们熟悉的程序计数器；在x86下则被称为Instruction Pointer，简称IP，怎么称呼不重要，重要的是理解其作用，本节统一将其称为PC寄存器。

程序员用高级语言编写的程序最终通过编译器生成一行行机器指令，在茫茫的机器指令海洋中，CPU怎么知道该去执行哪条机器指令呢？如图4.40所示。

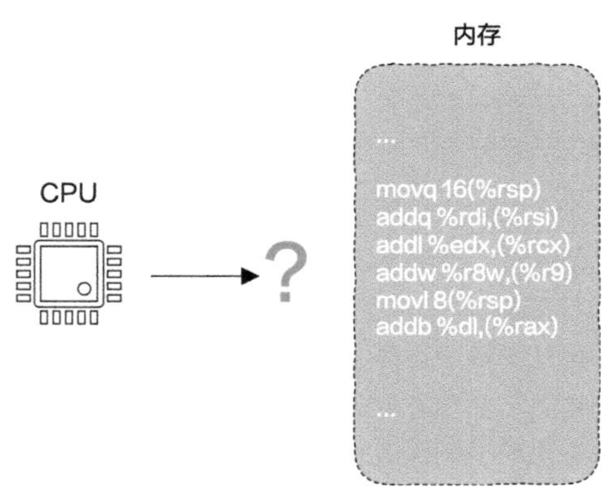

图4.40　CPU该去执行哪一条指令

原来，奥秘就藏在PC寄存器中。

当程序启动时，第一条要被执行的机器指令的地址会被写入PC寄存器中，这样CPU需要做的就是根据PC寄存器中的地址去内存中取出指令并执行。

通常指令都是按照顺序依次被执行的，也就是说PC寄存器中的值会依次递增。但对于一些涉及控制转移的机器指令来说，这些指令会把一个新的指令地址放到PC寄存器中，这包括分支跳转也就是if语句、函数调用及函数返回等。

控制了CPU的PC寄存器就掌握了CPU的航向，机器指令自己会根据执行状态指挥CPU接下来该去执行哪些指令。

4.9.4　状态寄存器：Status Register

CPU内部除了栈寄存器和指令地址寄存器，还有一类状态寄存器（Status Register），在x86架构下被称为FLAGS register，ARM架构下被称为Application Program Status Register，以下统称为状态寄存器。

从名字也能看出来，该寄存器是保存状态信息的，保存什么有趣的状态信息呢？

例如，对于涉及算术运算的指令来说，其在执行过程中可能会产生进位，也可能会溢出，这些信息就保存在状态寄存器中。

除此之外，CPU执行机器指令时有两种状态：内核态和用户态。

对于大部分程序员来说，其编写的应用程序运行在用户态，在用户态下CPU不能执行特权指令，而在内核态下，CPU可以执行任何指令，当然也包括特权指令。内核就工作在内核态，因此内核可以掌控一切，这在3.5节也已经讲解过了。

问题是我们怎么知道CPU到底工作在用户态还是内核态呢?

答案就在CPU内部的状态寄存器中。该寄存器中有特定的比特位来标记当前CPU正工作在哪种状态下，当然也可以通过修改状态寄存器来改变CPU的工作状态，即CPU在用户态与内核态之间的来回切换。

现在你应该知道这些寄存器的重要作用了吧?

4.9.5 上下文：Context

通过这些寄存器，你可以知道程序运行到当前这一时刻最细粒度的切面，这一时刻寄存器中保存的所有信息就是我们通常所说的上下文（Context）。上下文的作用是什么呢?

只要你能拿到一个程序运行时的上下文并保存起来，你就可以随时暂停该程序的运行，也可以利用该信息随时恢复该程序的运行。

为什么要保存和恢复上下文信息呢?

根本原因在于CPU不会严格按照递增的顺序依次执行机器指令：

（1）CPU有可能从函数A跳转到函数B。

（2）CPU有可能从用户态切换到内核态去执行内核代码。

（3）CPU有可能从执行程序A的机器指令切换到去执行程序B的机器指令。

（4）CPU有可能在执行程序的过程中被打断而去处理中断。

以上几种情况无一不会打断CPU顺序的执行机器指令，此时CPU必须保存被打断之前的状态以便此后恢复。

上述四种情况分别对应：函数调用、系统调用、线程切换和中断处理，而这四种情况也是程序运行的基石，其实现全部依靠上下文的保存和恢复，如图4.41所示。

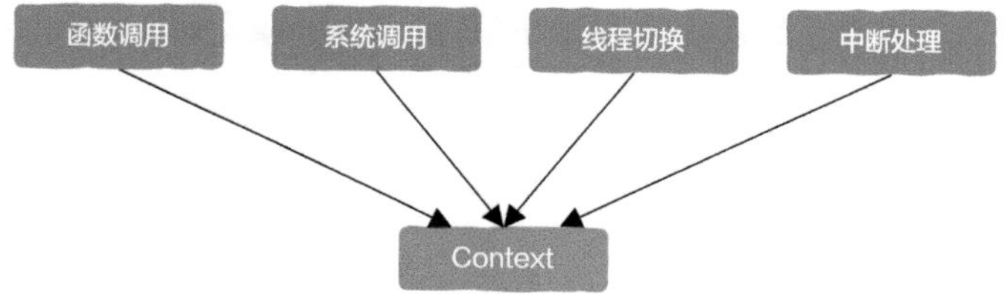

图4.41　四种机制都依赖上下文的保存与恢复

那么上下文信息又该如何保存呢？保存到哪里呢？又该怎么恢复呢？以上四种情况又是怎样实现的呢?

4.9.6 嵌套与栈

中断与恢复如图4.42所示，看到这个图你能想到什么呢?

已经工作的读者可能会想到，自己在写代码时被拉过去开会、开会过程中又接了一个电话、接完电话后回去开会、开完会后接着写代码。

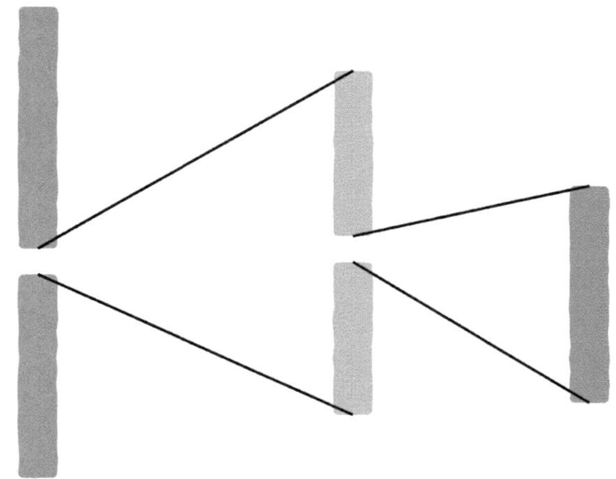

图4.42 中断与恢复

喜欢数学的读者可能会想到$f(g(h(x)))$，计算函数f的值依赖g函数，计算g函数的值依赖h函数，要首先计算出h函数的值，得到结果后再去计算g函数的值，最后才能计算出f函数的值。

经常用浏览器查资料的读者可能会想到，A网页中的内容依赖B网页，跳转到B网页后发现又依赖C网页，阅读完C网页的内容后才能读懂B网页，读懂B网页的内容后才能理解A网页。

可以看到，这些活动无一不是嵌套结构的，A依赖于B，B依赖于C，C处理完成后才能回到B，B处理完成后才能回到A，也就是说先来的任务反而后完成，如图4.43所示。

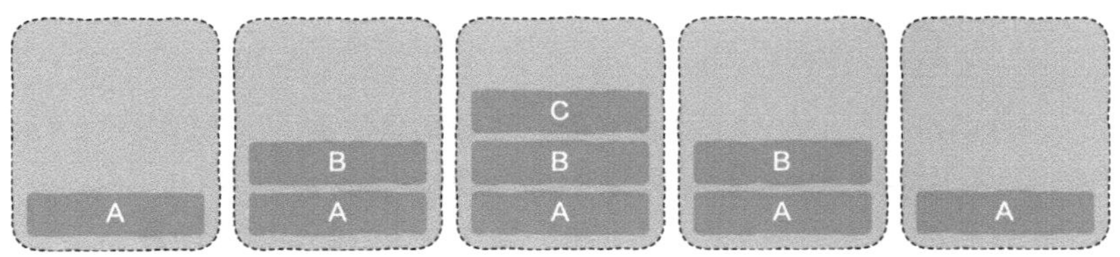

图4.43 任务的到来与完成呈现先进后出的顺序

栈就是为处理这种嵌套结构而生的。

而我们刚才提到的函数调用、系统调用、线程切换和中断处理无一不是嵌套结构，全部都可以利用栈来处理，现在你应该明白为什么栈在计算机科学中具有举足轻重的地位了吧？

这里特别值得注意的是，栈是一种机制，与其本身怎么实现没有关系，你可以用软件来实现栈，也可以用硬件来实现栈。

接下来，我们看看利用栈是如何实现上述四种情况的。

4.9.7 函数调用与运行时栈

实际上，这一部分的内容在3.3节已经讲解过了，为了本节内容的完整性在这里再简单重复一下，忘记的读者可以回去翻看一下。

函数调用的难点在于CPU要跳转到被调函数的第一条机器指令，执行完该函数后还要跳转回来，这涉及函数状态的保存与恢复，这主要包括返回地址、使用的寄存器信息等，每个函数在运行时都会有独属于自己的一块内存空间，我们可以将函数的运行时状态保存在这块内存空间中，这块内存空间被称为栈帧。

当函数A调用函数B时会将运行时信息保存在函数A的栈帧上，当函数B运行完成后根据栈帧中的信息恢复函数A的运行。而随着函数的调用，栈帧之间形成先进后出的顺序，也就是栈，如图4.44所示。假设这里函数A调用函数B，函数B调用函数C。

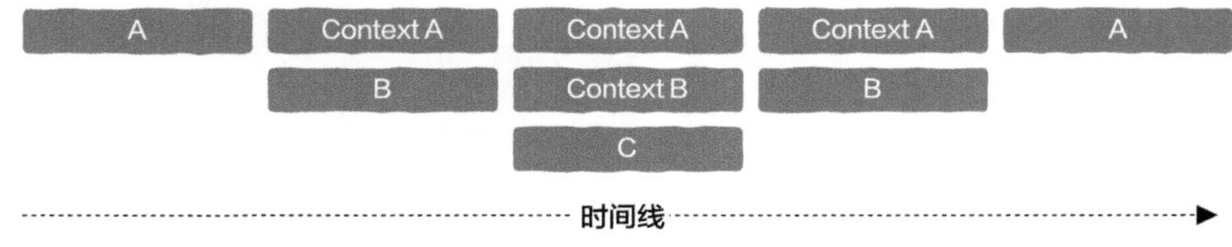

图4.44 函数调用

这就是栈在函数调用中的作用。

4.9.8 系统调用与内核态栈

当我们读写磁盘文件或者创建新的线程时，你有没有想过到底是谁帮你读写文件的？是谁帮你创建线程的？

答案是操作系统。

是的，当你调用类似open这样的函数时，其实是操作系统在帮你完成文件的打开操作，用户程序向操作系统请求服务就是通过系统调用实现的。

既然是操作系统来完成这些请求的，那么操作系统内部肯定也通过调用一系列函数来处理请求，有函数调用就需要运行时栈，操作系统完成系统调用所需要的运行时栈在哪里呢？

答案是在内核态栈（Kernel Mode Stack）中。

原来，每个用户态线程在内核态都有一个对应的内核态栈，如图4.45所示。

当用户线程需要请求操作系统的服务时需要利用系统调用，系统调用会对应特定的机器指令，如在32位x86下是int指令。CPU执行该指令时从用户态切换到内核态，在内核态中找到用户态线程对应的内核态栈，在这里执行相应的内核代码完成系统调用请求。

让我们来看看系统调用的过程。

开始时，程序运行在用户态。假设在用户态functionD函数内进行了系统调用，系统调用有对应的机器指令，此时CPU执行到该指令，如图4.46所示。

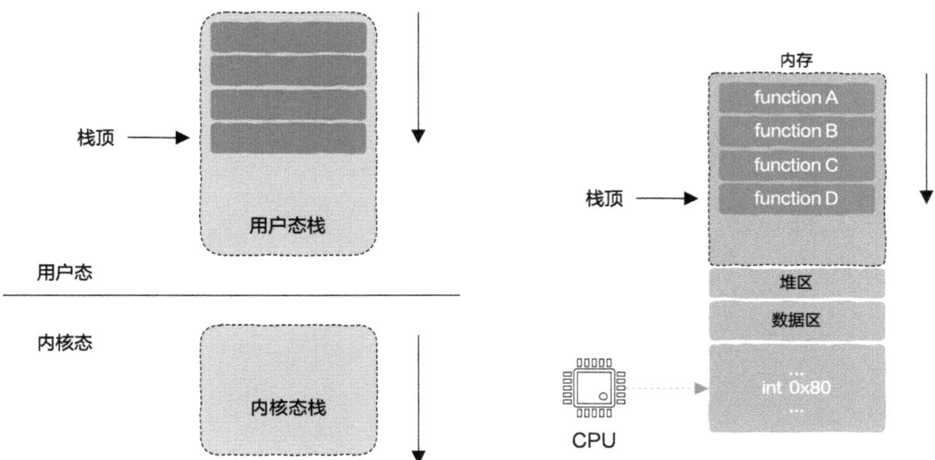

图4.45　用户态栈与内核态栈　　　　图4.46　CPU开始执行系统调用指令

系统调用指令的执行将触发CPU的状态切换，此时CPU从用户态切换为内核态，并找到该用户态线程对应的内核态栈。注意，此时用户态线程的运行上下文信息（寄存器信息等）被保存在该内核态栈中，如图4.47所示。

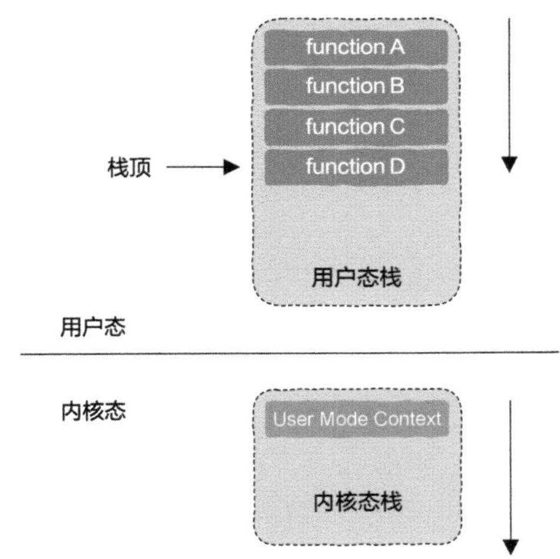

图4.47　内核态栈中保存用户态上下文信息

此后，CPU开始执行内核中的相关代码，后续内核态栈会像用户态运行时栈一样，随着函数的调用和返回增长及减少，如图4.48所示。

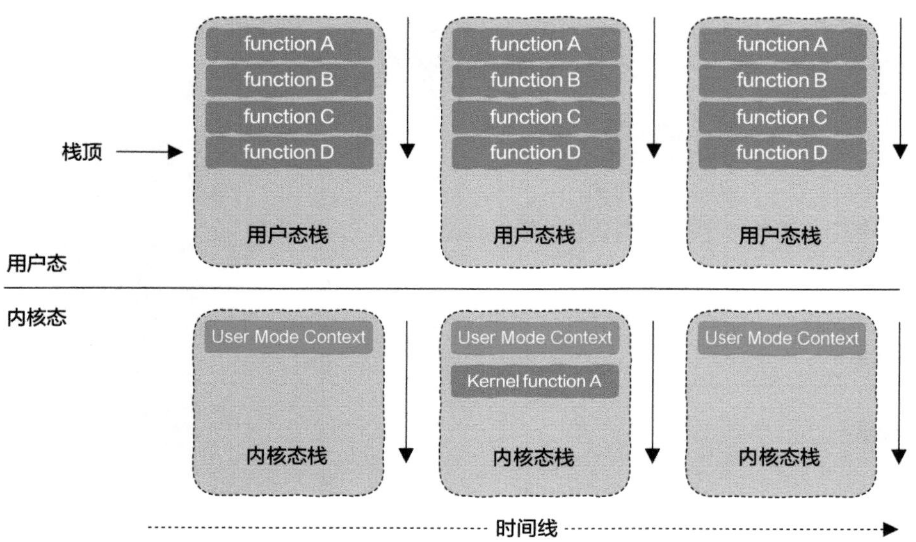

图4.48 用户态栈与内核态栈的作用是一样的

当系统调用执行完成后，根据内核态栈中保存的用户态程序上下文信息恢复CPU状态，并从内核态切换回用户态，这样用户态程序就可以继续运行了，如图4.49所示。

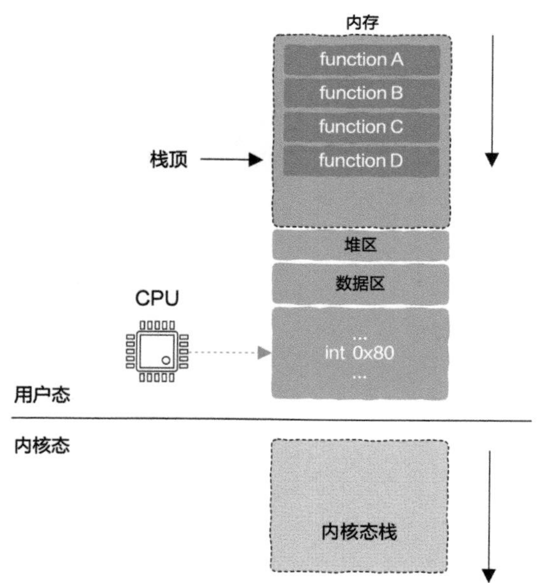

图4.49 从系统调用返回用户态后程序继续运行

现在你应该明白这个过程了吧?

4.9.9 中断与中断函数栈

计算机之所以在执行程序的过程中也能处理键盘按键、鼠标移动、接收网络数据等任务，是因为都是通过中断机制来完成的。

中断本质上就是打断当前CPU的执行流，跳转到具体的中断处理函数中，当中断处理函数执行完成后再跳转回来。

既然中断处理函数也是函数，必然与普通函数一样需要运行时栈，那么中断处理函数的运行时栈又在哪里呢?

这分为两种实现方法：

- 中断处理函数没有属于自己的运行时栈，这种情况下中断处理函数依赖内核态栈来完成中断处理。
- 中断处理函数有只属于自己的运行时栈，被称为ISR栈，ISR是Interrupt Service Routine的简写，即中断处理函数栈。由于处理中断的是CPU，因此在这种方案下每个CPU都有一个自己的中断处理函数栈，如图4.50所示。

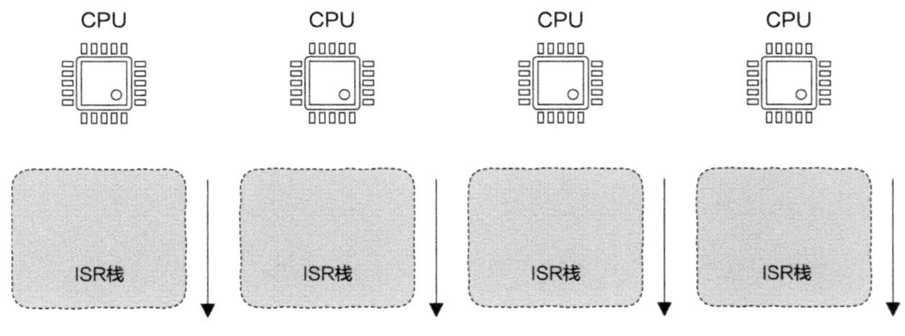

图4.50 中断处理函数栈

为了简单起见，我们以中断处理函数共享内核态栈为例来讲解。

实际上，中断处理函数与系统调用比较类似，不同的是系统调用是用户态程序主动发起的，而中断处理是外部设备发起的，也就是说CPU在用户态执行任何一条机器指令时都有可能因产生中断而暂停当前程序的执行转去执行中断处理函数，如图4.51所示。

此后的故事与系统调用类似，CPU从用户态切换为内核态，并找到该用户态线程对应的内核态栈，将用户态线程的执行上下文信息保存在内核态栈中。此后，CPU跳转到中断处理函数起始地址，中断处理函数在运行过程中内核态栈会像用户态运行时栈一样随着函数的调用和返回增长及减少。

当中断处理函数执行完成后，根据内核态栈中保存的上下文信息恢复CPU状态，并从内核态切换回用户态，这样用户态线程就可以继续运行了。

既然你已经知道了中断是如何实现的，接下来就让我们看看最有意思的线程切换是如何实现的。

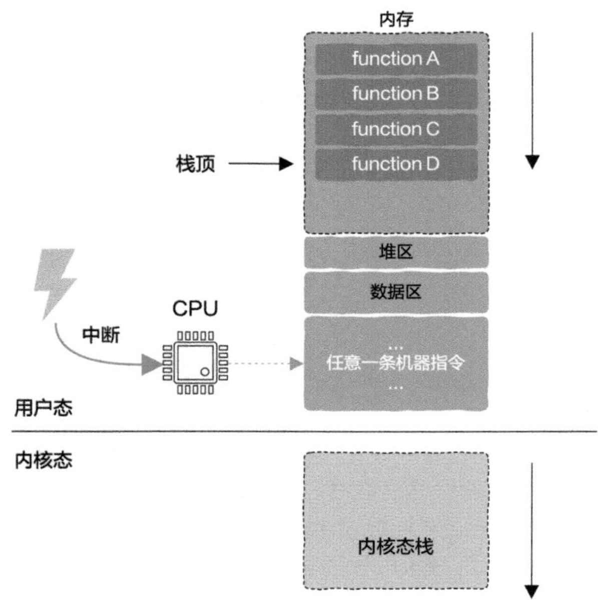

图4.51 中断信号的产生打断当前程序的执行

4.9.10 线程切换与内核态栈

假设现在系统中有两个线程A和B，当前线程A正在运行，如图4.52所示。

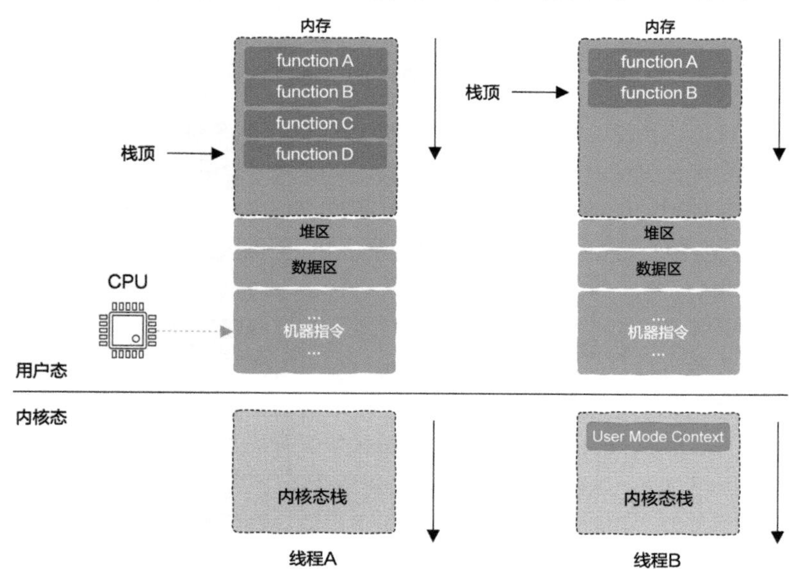

图4.52 线程A正在运行，线程B暂停

图4.52中系统内的定时器产生中断信号，CPU接收到中断信号后暂停当前线程的执行，从用户态切换到内核态并开始执行内核中定时器中断处理程序，这个过程与之前一样。

定时器中断处理程序会判定分配给线程A的CPU时间片是否已经用尽，如果还没有用尽，那么返回用户态继续执行；而如果线程A的时间片已经用尽，那么此时需要把CPU分配给其他线程，如这里的线程B。接下来就是我们经常说的线程切换，这包括两部分工作。

第一部分要切换地址空间，毕竟线程A和线程B可能属于不同的进程，不同的进程其地址空间是不一样的。

第二部分是把CPU从线程A切换到线程B，这主要包括保存线程A的CPU的上下文信息，恢复线程B的CPU上下文信息。

每个Linux线程都有一个对应的进程描述符，结构体task_struct，在该结构体内部有thread_struct，该结构体专门用来保存CPU的上下文信息：

```
struct task_struct {
     ...

     /* CPU-specific state of this task */
        struct thread_struct thread;

        ...
}
```

当CPU从线程A切换到线程B时，就先将执行线程A的CPU上下文信息保存到线程A的描述符中，然后将线程B描述符中保存的上下文信息恢复到CPU中，如图4.53所示。

就这样CPU被成功实施“换颅术”，CPU在执行线程A时的“记忆”成功封存在线程A的thread_struct结构体中，并被换上线程B的“记忆”，从此刻后线程B开始运行。

那么此刻线程B的“记忆”是什么呢？

注意看线程A，线程A是在处理完中断后被切换出去的，线程B也有可能是同样的状况。这里之所以使用“有可能”三个字是因为线程B还有可能是因为其他原因被暂停运行的，如发起阻塞式I/O等。为方便讲解我们依然假设线程B也是因为时间片用尽而被暂停的。

这样**线程B此刻的“记忆”是刚刚处理完定时器中断，但其实线程B是在其时间片用尽后被暂停执行的。不过线程B对自己被暂停运行一事一无所知**，线程B只记得接下来要切换回用户态。

此后，根据线程B利用保存在内核态栈中的上下文信息跳转回用户态，线程B继续在用户态下运行，就像什么都没有发生过一样，如图4.54所示。

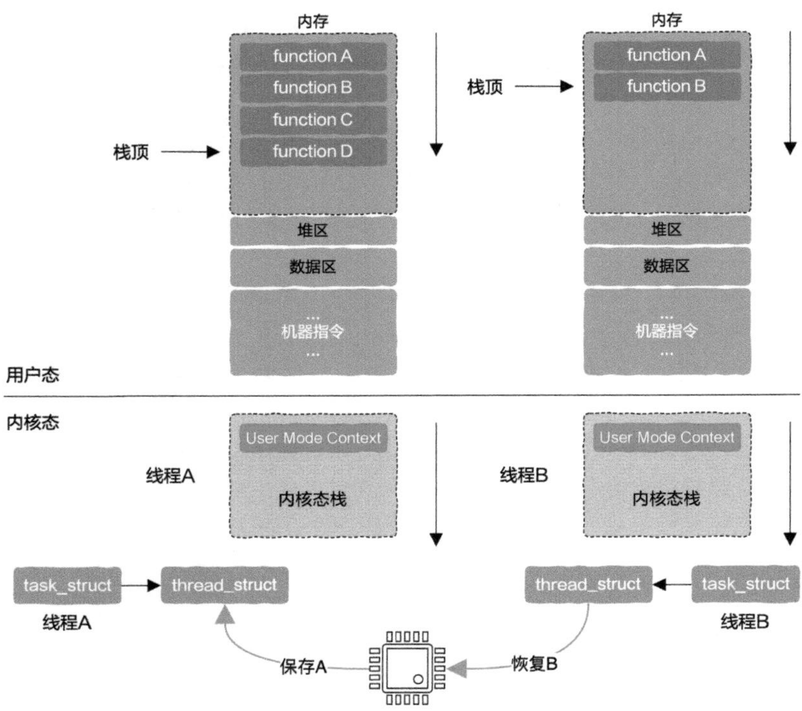

图4.53 上下文信息保存与恢复

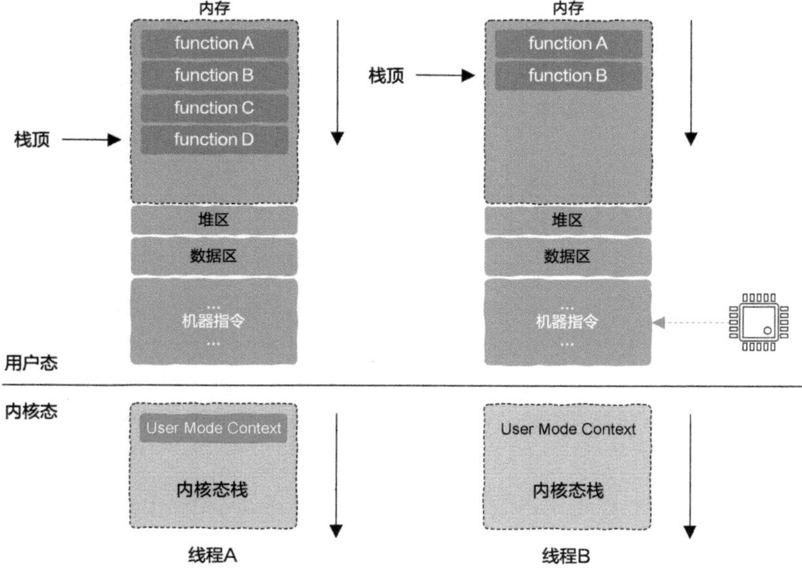

图4.54 线程A被暂停，线程B继续运行

到这里，本节提到的四种情况的实现原理全部介绍完毕，可以看到这些情况的实现都离不开CPU上下文信息的保存与恢复，而这又是借助栈这种结构来完成的。

理解了这些，对你来说，程序的运行将不再有任何秘密可言。

4.10 总结

怎么样，CPU还是挺有趣的吧！

本章首先从最基础的晶体管开始一步步讲解了CPU的基本工作原理，此后不再局限于CPU本身，而是将其和操作系统、数值系统、线程及编程语言结合起来讲解；然后从历史的角度纵览了CPU的演变过程，了解了为什么会出现复杂指令集和精简指令集这两大阵营；最后，综合讲解了函数调用、系统调用、中断处理及线程切换的实现原理，这离不开CPU上下文的保存与恢复，而信息的保存与恢复又是借助栈这种简洁、优雅的结构来完成的。

我们已经知道程序的运行离不开CPU与内存，同时程序运行时CPU与内存之间会有大量交互，包括CPU从内存中读取指令、读取数据。指令执行完成后要将结果写回内存，看上去CPU在和内存直接交互，但真的是这样的吗？如果不是，那么CPU又是怎样和内存交互的呢？

第5章给你答案。

第5章

四两拨千斤，cache

在第3章和第4章中我们了解了内存与CPU的工作原理及用途，现在是时候来看一下这两个计算机系统中最核心的组成部分是如何交互的了。

到目前为止，我们所有的讲解都依赖如图5.1所示的简单计算模型，也就是冯·诺依曼架构。在这个模型中，机器指令及指令依赖的数据都需要存储在内存中，CPU执行机器指令时需要先把指令从内存中读取出来，在执行指令过程中可能还需要从内存中读取数据，此外如果指令涉及保存计算结果则需要写回内存。

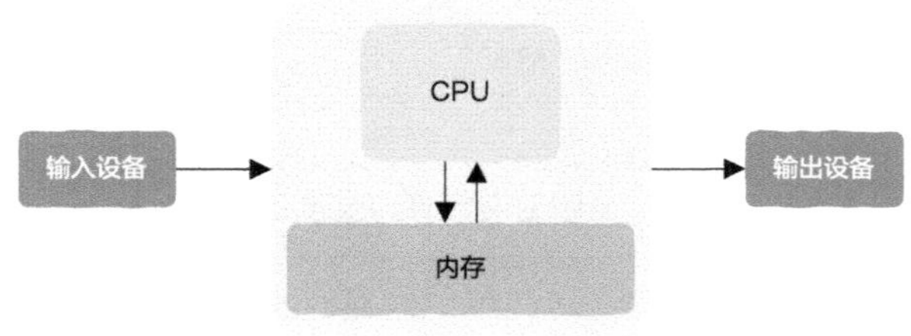

图5.1　冯·诺依曼架构

在程序运行过程中，CPU需要和内存频繁地进行交互，从图5.1中看上去CPU是直接读写内存的，虽然这个模型很简单，对我们理解计算机的工作原理非常有帮助，但是现实远没有这么简单。

CPU与内存之间的交互方式将会给CPU设计制造、计算机系统性能及程序员编程带来深远的影响。

欢迎来到本次旅行的第五站，在这一章里我们将从理想走进现实。

现实中的计算机世界正面临危机。

5.1　cache，无处不在

冯·诺依曼架构告诉我们这样一个事实，那就是CPU执行的指令机器及指令操作的数据都存储在内存中，寄存器的容量是极其有限的，这就意味着CPU必须频繁访问内存获取指令及数据，此外还要把指令执行的结果写回内存。

因此，我们需要注意一个关键点，那就是CPU与内存的速度是否匹配。

5.1.1　CPU与内存的速度差异

CPU与内存作为一个整体，其系统性能也满足木桶原理——受限于速度较慢的一方，只有CPU和内存的速度相当，才能发挥出最好的性能，那么现实是怎样的呢?

不幸的是，CPU和内存自诞生之日起随着时间的推移速度差异越来越大，且丝毫没有改善的迹象，图5.2深刻地揭示了这种速度差异，CPU就好比一个永远吃不饱的家伙，内存就好比一个慢吞吞的厨师，内存永远“喂不饱”CPU。

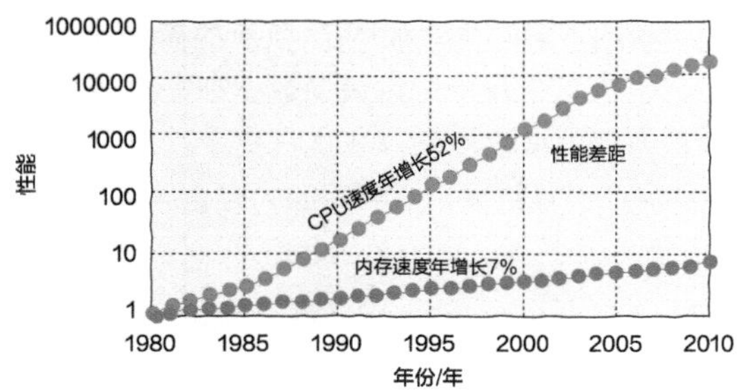

图5.2　CPU与内存的速度差异

速度极快的CPU在执行指令时不得不等待慢吞吞的内存。内存有多慢呢？一般系统中内存的速度要比CPU的速度慢100倍左右，如果计算机系统的存储层级像图5.3那样，即CPU直接读写内存，那么CPU高速执行机器指令的能力将无用武之地。

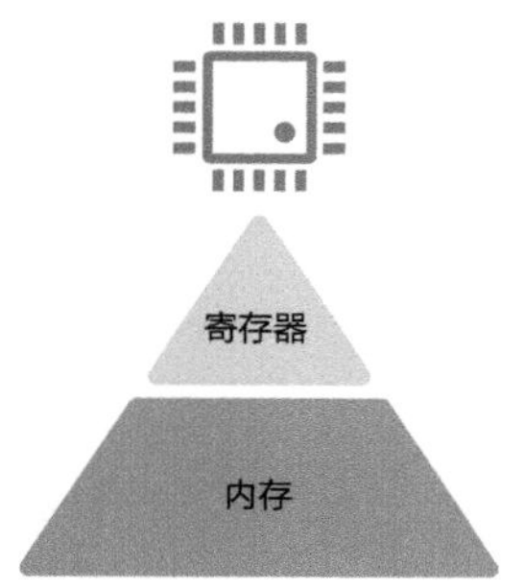

图5.3　CPU直接读写内存

5.1.2　图书馆、书桌与cache

经常去图书馆查阅资料的读者肯定有经验，如果你需要的资料在书架上，你就不得不花一点时间跑过去找到那本书，再拿回来，一段时间后如果你再次需要查阅该资料就简单了，因为这本书就在你的桌子上，直接翻阅即可。此后桌子上一定摆满了最近一段时间内你需要用到的资料，这样你几乎就不再需要去书架上找书了。

这张桌子就好比cache（缓存），书架就好比内存。

解决CPU与内存之间速度不匹配的问题也是同样的思路。

现代CPU与内存之间会增加一层cache，cache造价昂贵、容量有限，但是访问速度几乎和CPU的速度一样快，cache中保存了近期从内存中获取的数据，CPU无论是需要从内存中取出指令或数据都首先从cache中查找，只要命中cache就不需要访问内存，四两拨千斤，大大加快了CPU执行指令的速度，从而弥补了CPU和内存间的速度差异，如图5.4所示，CPU不再直接读写内存。

一般地，现代CPU，如x86，与内存之间实际上增加了三层cache，分别是L1

cache、L2 cache与L3 cache。

L1 cache的访问速度虽然比寄存器的访问速度要慢一点，但也相差无几，大概需要4个时钟周期；L2 cache的访问速度大概需要10个时钟周期；L3 cache的访问速度大概需要50个时钟周期。其访问速度依次递减，但容量依次递增。增加了这几层cache后的计算机系统的存储层级如图5.5所示。

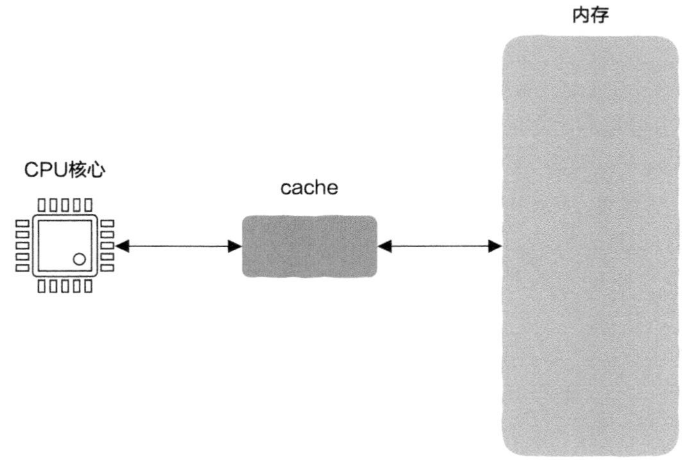

图5.4 CPU不再直接与内存进行交互

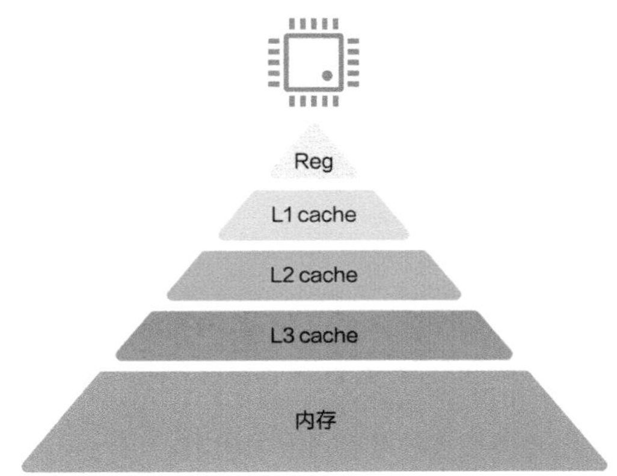

图5.5 CPU与内存之间有三层cache

注意，L1 cache、L2 cache、L3 cache与CPU核心作为整体封装在寄存器芯片中。

CPU访问内存时首先在L1 cache中查找，如果没有命中则在L2 cache中查找，如果还没有命中则在L3 cache中查找，如果最后依然没有命中则直接访问内存，此后将内存中的数据更新到cache中，下次访问如果命中cache则不需要访问内存。

增加了这些cache后，CPU终于不用再直面慢吞吞的内存了。

cache对提升计算机系统性能如此重要，以至于当今CPU芯片上有很大一部分空间留给了cache，而真正用于执行机器指令的CPU核心占据的空间反而不大。

一切看上去都很棒，我们使用极少的代价就为系统性能带来极大的提升，但增加cache就真完美到没有缺点吗?

5.1.3 天下没有免费的午餐：cache更新

虽然增加小小的cache能带来系统性能的极大提升，但这也是有代价的。

这个代价出现在写内存时。

现在有了cache，CPU不再直接与内存打交道，因此CPU直接写cache，但此时会有一个问题，那就是cache中的值被更新了，但内存中的值还是旧的，这就是不一致（inconsistent）问题。

cache与内存出现了不一致如图5.6所示，cache中变量的值是4，但内存中变量的值是2。

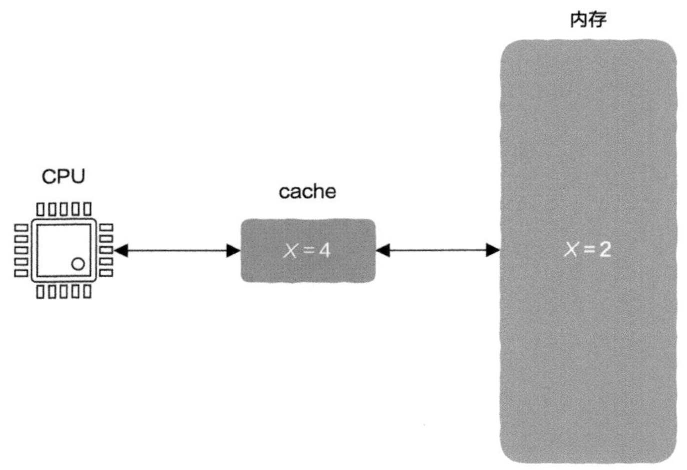

图5.6 cache与内存出现了不一致

这是一切带有cache的计算机系统都要面临的问题。

解决该问题最简单的方法是这样的，当我们更新cache时也一并更新内存，这种方法被称为 write-through，很形象吧。在这种方法下更新cache就不得不访问内存，也就是说CPU必须等待内存更新完毕，这显然是一种同步的设计方法。还记得2.6节所说的同步与异步的概念吧，如果你理解了这两个概念，那么优化方法显然是把同步修改为异步。

当CPU写内存时，直接更新cache，但此时不必再等待内存更新完毕了，CPU可以继续执行接下来的指令。什么时候才会把cache中的最新数据更新到内存中呢?

cache的容量毕竟是有限的，因此当cache容量不足时就必须把不常用的数据剔除，此时我们就需要把cache中被剔除的数据更新到内存中（如果其被修改过的话），这样更新cache与更新内存就解耦了，这就是异步，这种方法也被称为write-back。这种方法相比write-through来说更复杂，但显然性能会更好。

现在你应该看到了吧？天下没有免费的午餐，当然也没有免费的晚餐。

5.1.4　天下也没有免费的晚餐：多核 cache 一致性

当摩尔定律渐渐体力不支后，"狡猾"的人类换了一种提高CPU性能的方法，既然单个CPU性能不好提升，我们还可以堆数量啊，这样，CPU进入多核时代，程序员开始进入"辛苦"时代，硬件工程师也不能幸免。

如果没有多线程或多进程去充分利用多核，那么无法充分发挥多核的威力，但程序员都知道，多线程编程并不容易，能写出正确运行的多线程程序更不容易，多线程不仅给软件层面带来一定麻烦，还给硬件层面带来一定麻烦。

前文提到过，为提高CPU访问内存的性能，CPU和内存之间增加了一层cache，但当CPU有多个核心后新的问题来了，假设系统中有两个CPU核心：Core1和Core2（以下简称C1和C2），这两个核心上分别运行了两个线程，这两个线程都需要访问内存中的变量X，其初始值为2，如图5.7所示。

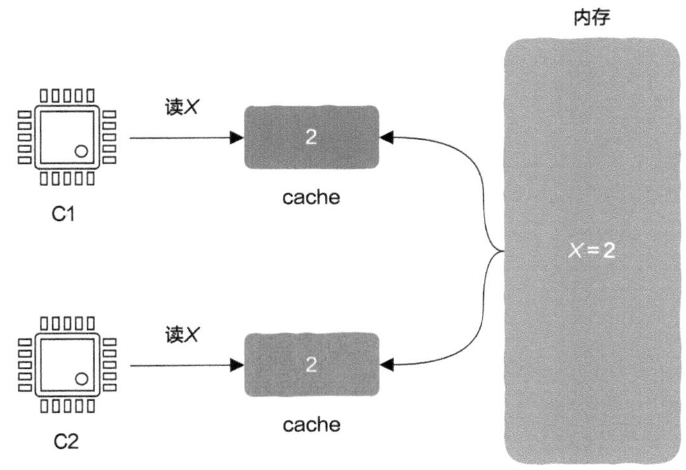

图5.7　两个核心都需要使用变量X

现在，C1和C2要分别读取内存中变量X的值，根据cache的工作原理，首次读取X不能命中cache，因此需要从内存中读取变量X，然后更新到相应的cache中，现在C1 cache和C2 cache中都有了变量X，其值都是2。

接下来，C1需要对变量X执行加2操作，同样根据cache的工作原理，C1从cache中拿到变量X的值加2后更新cache，然后更新内存（这里假设更新cache后就同步更新内存），此时C1 cache和内存中变量X的值都变成4，如图5.8所示。

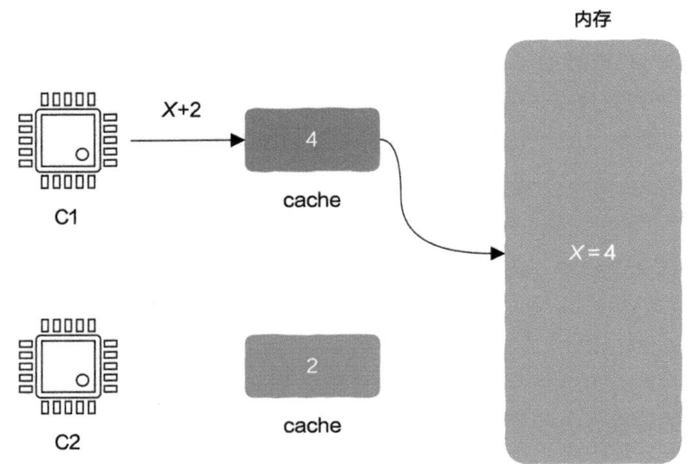

图5.8 C1更新cache及内存

然后，C2也需要对变量X执行加法操作，假设需要加4，同样根据cache的工作原理，C2从cache中拿到变量X的值加4后更新cache，此时cache中的值变成6，然后更新内存，此时C2 cache和内存中的变量X的值都变成6，如图5.9所示。

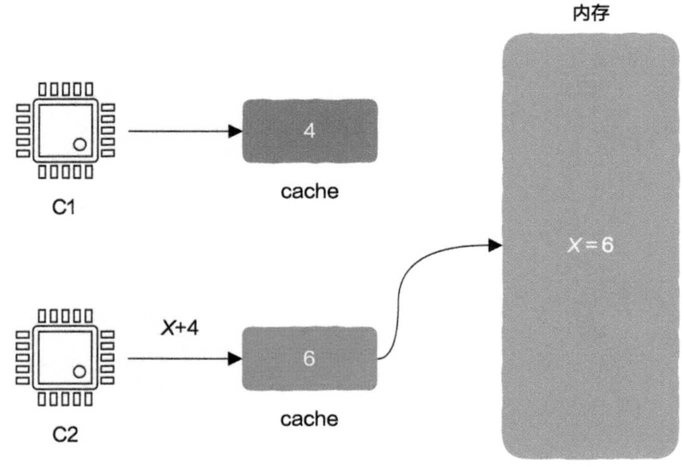

图5.9 C2更新cache后写回内存

看出问题在哪里了吗?

一个初始值为2的变量，在分别加2和加4后正确的结果应该是8，但从图5.9中可以看出内存中变量X的值为6。

问题出在内存中的变量X**在C1和C2的cache中有两个副本，当C1更新cache时没有同步修改C2 cache中*X*的值**，如图5.10所示。

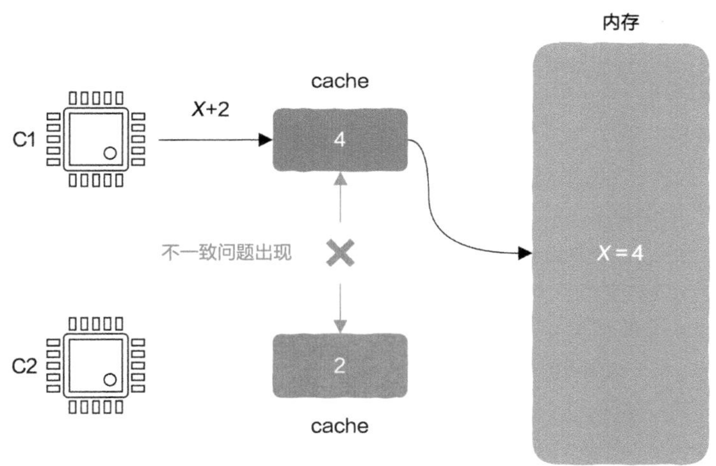

图5.10　变量X在两个CPU核心的cache中出现了不一致问题

解决方法是什么呢?

显然，如果一个cache中被更新的变量同样存在于其他CPU核心的cache中，那么需要一并将其他cache更新好。

现在，CPU更新变量时不再简单地只关心自己的cache和内存，还需要知道这个变量是不是同样存在于其他CPU核心的cache中，如果存在，则需要一并更新。实际上，现代CPU中有一套协议用来专门维护多核cache的一致性，比较经典的包括MESI协议等。

当然，频繁维护多核cache的一致性也是有性能代价的。

怎么样，是不是在CPU与内存之间增加一层cache没有我们想象的那么简单? cache在提升系统性能的同时，也给系统增加了新的复杂度，这不仅给硬件工程师带来麻烦，在某些情况下还会给程序员带来出乎意料的问题，在5.3节你就能见到。

到目前为止，我们通过在CPU和内存之间增加一层cache，缓解了CPU和内存之间的速度差异问题。

但程序的运行不止依赖CPU和内存，不要忘了还有磁盘。

5.1.5　内存作为磁盘的cache

当程序需要进行文件I/O时，磁盘的问题就出现了。

虽然内存的访问速度是CPU的访问速度1/100左右，但与磁盘的访问速度相比就是小巫见大巫。对于磁盘来说，一次seek，也就是寻道耗时大概在10ms量级（注意，并不是每次磁盘访问都需要seek），不要觉得10ms很短，要知道与内存相比，内存的访问速度比磁盘寻道速度快约10万倍，更不用说与CPU的访问速度相比了。

当读取文件时首先要把数据从磁盘搬运到内存，然后CPU才能在内存中读取文件数据，该怎么解决内存和磁盘之间的速度差异问题呢?

有的读者可能会说这还不简单，直接往内存和磁盘之间增加cache就行了。但是为什么我们不直接把内存当成磁盘的cache呢？毕竟寄存器之所以不能当成内存的cache是因为寄存器容量有限，而内存容量其实是很可观的，要知道就算是现在的智能手机，其内存都是GB数量级的。

没错，现代操作系统的确把内存当成磁盘的cache。

既然磁盘访问速度非常慢，那么我们就要好好利用千辛万苦从磁盘读取的内存中的数据，将其存放在内存中用作磁盘的cache，这样下次访问该文件时则不需要磁盘I/O，直接从内存中读取并返回即可。

我们知道，计算机系统中的内存占用率通常不会达到100%，总会有一部分空闲出来，但这部分内存不能白白浪费，操作系统总是将这部分空闲内存用作磁盘的cache，缓存从磁盘中读取的数据，这就是Linux系统中page cache的基本原理。

只要增加cache就必然面临cache更新问题，如我们写文件时在底层很可能写到内存cache就直接返回了，此时最新的文件数据可能还没有更新到磁盘，如果系统崩溃或者断电，那么数据将会丢失，这就是很多I/O库提供sync或者flush函数的原因，就是为了确保将数据真正写入磁盘。

现在你应该知道了吧？并不是每次读取文件都会有磁盘I/O的。大家使用计算机肯定有这样的体验，通常第一次加载大文件时会很慢，但在第二次加载时就非常快，原因就在于该文件内容可能已经被缓存在内存中了，缓存命中时不需要访问磁盘，这极大地加快了文件加载速度。

既然内存被当成了磁盘的cache，现在我们的计算机存储体系就变成了如图5.11所示的样子。

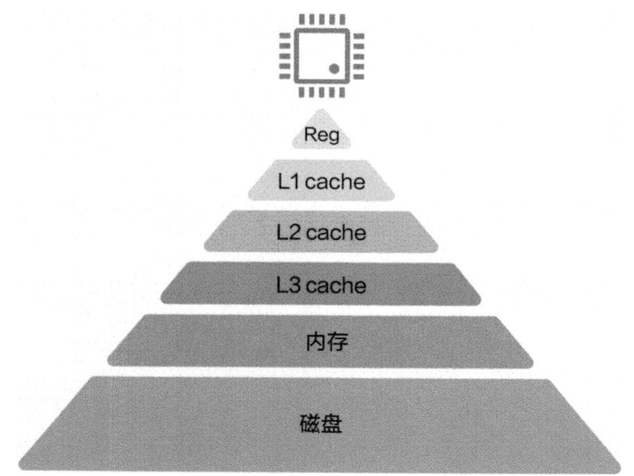

图5.11　内存作为磁盘的cache

从这个存储体系中可以看到，CPU内部cache缓存内存数据，内存缓存磁盘数据，如图5.12所示。

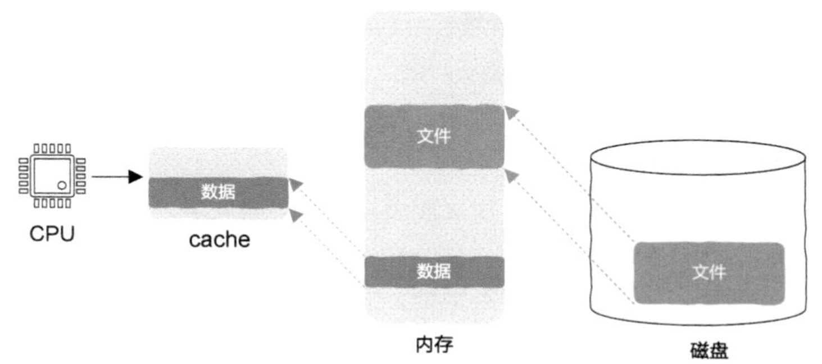

图5.12　cache缓存内存数据，内存缓存磁盘数据

顺便多说一句，在服务器端，当前大有内存代替磁盘之势：RAM Is the New Disk。

原因很简单，内存正在变得越来越便宜，从1995年到2015年，每GB的内存价格下降了1/6000！亚马逊的AWS（Amazon Web Services）甚至开始提供2TB内存的机器，注意是2TB内存，不是2TB磁盘！

正因如此，在某些场景下甚至可以直接把数据库全部放到内存里，这样就不需要任何磁盘I/O，基于内存的系统，如Presto、Flink和Spark正在快速取代那些基于磁盘的对手们。

但这里并不是说内存要完全代替磁盘，因为内存没有数据持久化存储的能力，只是随着内存容量的增加，之前很多受限于内存容量而不得不依赖磁盘的服务正在越来越多地迁移回内存中。

现在，我们将内存当成磁盘的cache，这大大加快了文件的访问速度，减少了磁盘I/O，然而不仅仅是涉及文件读写时内存才作为磁盘的cache，涉及内存本身时也一样，这是什么意思呢？这就不得不提到虚拟内存了，这已经是我们第*N*次见到它了。

5.1.6　虚拟内存与磁盘

在之前的章节中我们多次讲到过，每个进程都有一个自己的标准大小的地址空间，而且这个地址空间的大小与物理内存无关，进程地址空间的大小可以超过物理内存。那么问题来了，既然这样，如果系统中有*N*个进程，这*N*个进程实际使用的内存已经占满了物理内存，此时又开启了一个新的进程，那么当这第*N*+1个进程也要申请内存时，系统会如何处理呢？

实际上，这个问题我们在本节已经遇到过一次了，读写文件时内存可以作为磁盘的cache，此时磁盘则可以作为内存的“仓库”。这是什么意思呢？我们可以把某些进程不常用的内存数据写入磁盘，从而释放这一部分占据的物理内存空间，这样第*N*+1个进程就又可以申请到内存了。

是不是很有趣？无形之中，磁盘承接了内存的一部分工作，所有进程申请的内存大小竟然可以超过物理内存，且不再局限于物理内存，更重要的是，整个过程对程序员是透明的，操作系统替我们在背后默默完成了这一工作。

既然进程地址空间中的数据可能会被替换到磁盘中，因此即使我们的程序不涉及磁盘I/O，当CPU执行我们的程序时也可能需要访问磁盘，尤其是在内存占用率很高的情况下。

5.1.7 CPU是如何读取内存的

现在，我们就可以回答CPU是如何读取内存的这个问题了，以下假设操作系统中有虚拟内存。

首先，CPU能看到的都是虚拟内存地址，显然CPU操作内存时发出的读写指令使用的也都是虚拟内存地址，该地址必须被转换为真实的物理内存地址，转换完毕后开始查找cache，如L1 cache、L2 cache、L3 cache，在任何一层能查找到都直接返回，查找不到就不得不开始访问内存。但这里要注意，由于虚拟内存的存在，进程的数据可能会被替换到磁盘中，因此本次读取可能也无法命中内存，这时就不得不将磁盘中的进程数据加载回内存，然后读取内存。

可以看到，在现代计算机系统中，一次内存读取绝不是我们想象中的那么简单。

好啦，让我们再次回到cache这一主题。

解决完CPU与内存、内存与磁盘之间速度差异问题后，大数据时代到来了，单台机器的磁盘已经无法完全装入海量的用户数据，该怎么办呢?

5.1.8 分布式存储来帮忙

解决海量数据的存储问题其实很简单，一台机器装不下我们可以用多台机器，这就是分布式文件系统。

客户端机器可以直接挂载分布式文件系统，本地磁盘中保存着从远程分布式文件系统传输过来的文件，使用时直接访问本地磁盘而不需要经过网络，这样我们就可以把本地磁盘看成远程分布式文件系统的cache，如图5.13所示。

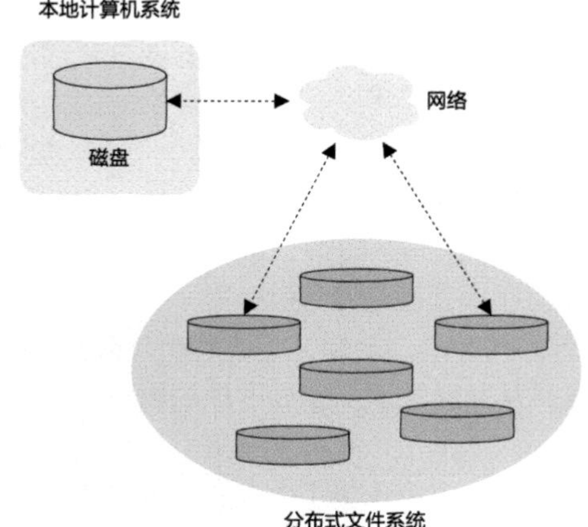

图5.13 把本地磁盘看成远程分布式文件系统的cache

当然，为进一步加速，我们也可以将远程分布式文件系统中的数据以数据流的形式直接拉取到本地计算机系统的内存中，如图5.14所示。这种使用模式在当前非常普遍，如消息中间件kafka系统等，海量消息存放在远程分布式文件系统中，并实时将其传递给该数据的消费方，这时我们就可以把内存看成远程分布式文件系统的cache了。

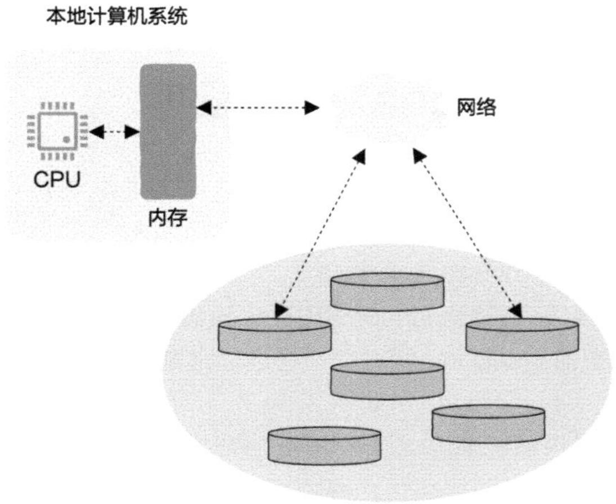

图5.14　把内存看成远程分布式文件系统的cache

现代计算机系统的存储体系就变成了如图5.15所示的样子。

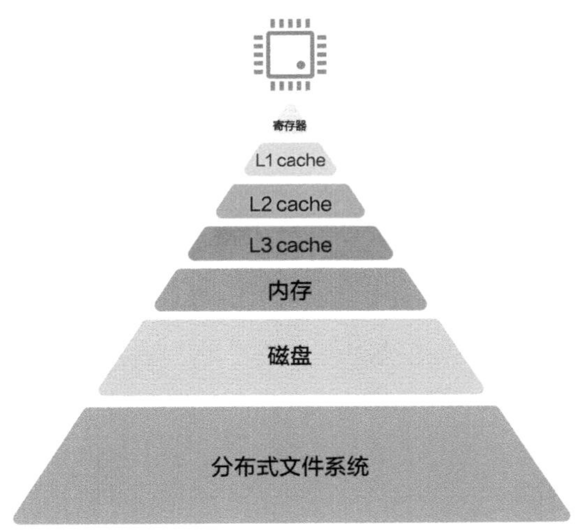

图5.15　现代计算机系统的存储体系

现在我们知道，计算机存储体系中的每一层都充当下一层的cache，但这里必须注意一点，每一层存储的容量一定是比下一层少的，如L3 cache一定比内存容量少，否则我们可以直接把L3 cache用作内存。基于此，如果希望整个存储体系能获得最好的性能，那么我们的程序必须对cache非常友好。这一点极其关键，这样的程序能最大限度地发挥cache的作用。最终，我们用该体系中底层廉价、低速的设备存储数据，并仅以少量的代价就能让CPU几乎以最快的速度去执行程序，cache的设计思想实在功不可没。

因此，接下来的关键就是如何编写对cache友好的程序。

5.2 如何编写对cache友好的程序

从5.1节中我们知道，为了弥补CPU和内存之间的速度差异，现代计算机系统中CPU不会直接访问内存，而是在CPU和内存之间增加cache，也就是缓存， 通常有三层cache，即L1 cache、L2 cache及L3 cache。从L1 cache到L3 cache，cache的容量依次增大、访问速度依次变慢。这三层cache缓存内存中的数据，当CPU需要访问内存时，首先去cache中查找，如果命中cache，那么CPU将会非常高兴，因为这意味着不需要访问慢吞吞的内存。

因此，对现代计算机系统来说，程序访问内存时的cache命中率至关重要，那么该怎样编写对cache友好的程序从而提高cache命中率呢?

这就要从程序的局部性原理说起了。

5.2.1 程序的局部性原理

程序的局部性原理本质是在说程序访问内存“很有规律”，这就好比还在学校读书的学生，每天三点一线，必去的地方就是教室、食堂、寝室，哪怕是周末，最多也就是去学校附近改善一下伙食。

如果一个程序访问一块内存之后还会多次引用该内存，如图5.16所示，这就叫作时间局部性，就好比学生今天去了教室明天还会去。

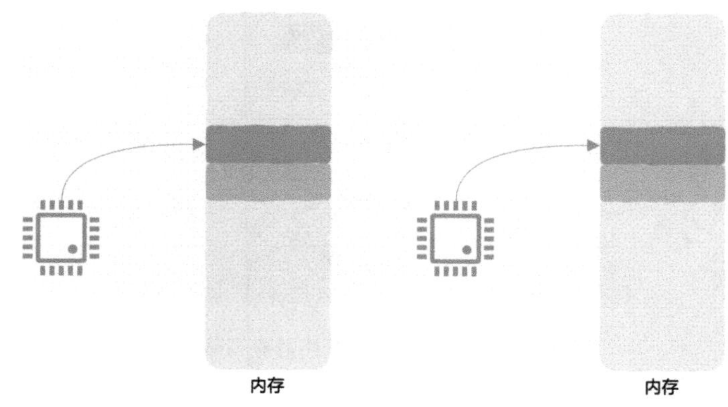

图5.16 时间局部性

时间局部性对cache非常友好，原因很简单，因为只要数据位于cache，重复访问就总能命中，而不需要访问内存。

当程序引用一块内存时，此后也会引用相邻的内存，如图5.17所示，这就叫作空间局部性，就好比学生只去学校附近的地方逛一逛。

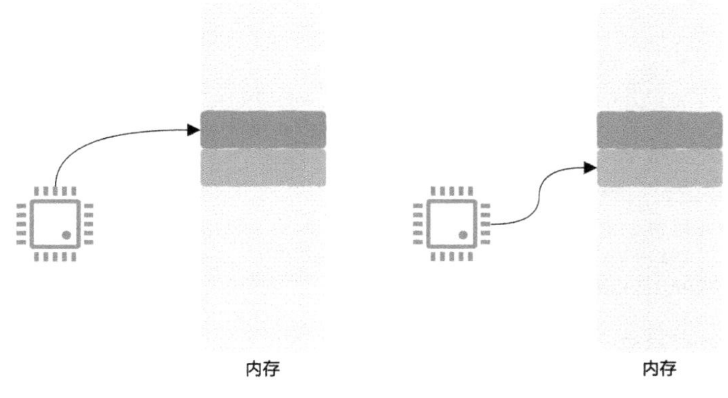

图5.17　空间局部性

空间局部性也会对cache友好，原因在于当cache不能命中需要将内存数据加载到cache时，通常也会把内存中的邻近数据加载到cache，这样当程序访问邻近数据时即可命中cache。

知道了程序的局部性原理剩下的内容就简单了，接下来介绍几种对cache友好的程序设计原则。

5.2.2　使用内存池

一般场景下通用的内存分配器，如C/C++程序员使用的malloc/new都能工作得很好，内存池技术通常出现在对性能要求较高的场景。

动态申请内存通常使用malloc，这是一个比较复杂的过程。除此之外，malloc可能还会有另一个缺点。假设我们的程序需要申请*N*块内存，如果通过malloc申请的话，那么这*N*块内存很可能散落在堆区的各个角落，因此其空间局部性较差。

内存池技术则预申请一大块内存，此后的内存申请和释放不再经过malloc，除了没有malloc开销，对cache也非常友好，原因就在于初始化内存池时通常申请一块连续的内存空间，我们需要使用的数据都是从这块连续的内存空间中申请的，数据访问非常集中不再分散，因此可能会有更好的空间局部性，进而获得更高的cache命中率。

关于内存池的实现参见3.6节。

5.2.3　struct结构体重新布局

假设我们要判断链表是否存在满足某个条件的节点，链表的结构体是这样定义的：

```
# define SIZE 100000

struct List {
  List* next;
  int arr[SIZE];
  int value;
};
```

可以看到，链表节点中除了保存必要的值和next指针，还包含一个数组，而我们的查找程序可能是这样写的：

```
bool find(struct List* list, int target) {
       while (list) {
         if (list->value == target) {
           return true;
         }
         list = list->next;
       }
       return false;
}
```

这段代码非常简单，先遍历链表，然后依次查看链表中的值。从这里可以看到，频繁使用的字段是next指针和value字段，根本没有使用数组，但next指针和value字段被数组arr隔开了，这可能会导致较差的空间局部性，因此一种更好的方法是将next指针和value字段放在一起：

```
# define SIZE 100000

struct List {
  list* next;
  int value;
  int arr[SIZE];
};
```

这样，由于next指针与value字段相邻，因此如果cache中有next指针，则有极大可能也会包含value字段，这就是空间局部性原理在优化结构体布局上的应用。

5.2.4 冷热数据分离

上述结构体还可以进一步优化，依然假设next指针和value字段被频繁访问，数组arr很少被访问到。

通常链表不止一个节点，如果节点较多，那么访问链表时需要被缓存的节点也就较多。**但程序员必须意识到，cache的容量是有限的，**链表本身占用的存储空间越大，能被缓存的节点个数就越少，因此我们可以把数组arr放到另外一个结构体中，在List结构体中增加一个指针指向该结构体：

```
# define SIZE 100000

struct List {
  List* next;
  int value;
  struct Arr* arr;
};
struct Arr {
    int arr[SIZE];
};
```

这样List结构体大大减小，cache也就能容纳更多的节点。

在这里我们可以认为该结构体的数组arr是冷数据，而next指针和value字段是被频繁访问的热数据，将冷、热数据隔离开，从而获得更好的局部性。当然使用这种方法的前提是你要知道结构体各个字段的访问频率。

5.2.5　对cache友好的数据结构

从局部性原理的角度上讲，数组要比链表好，如对于C++来说，使用容器std::vector就要比使用容器std::list好（注意，前提是从局部性角度来讲的）。原因很简单，因为数组存放在一片连续的内存（虚拟内存的存在导致其在物理内存上也许不一定连续）中，而链表节点通常会散落在各个角落，显然连续的内存会有更好的空间局部性，对cache也更为友好。

必须强调的是，这里对数据结构优劣的讨论仅限于是否对cache友好这一角度，实际使用时要根据具体场景进行选择，如虽然数组的空间局部性要比链表的空间局部性好，但如果在某个场景下会频繁新增、删除节点的话，那么这时显然链表要优于数组，因为链表的增删时间复杂度只有$O(1)$。

如果既想拥有链表的增删优势，又想对 cache 友好，那么也很简单，创建链表时从自定义的内存池中申请内存即可，这样各个链表节点的内存布局就会较为紧凑，从而表现出更好的空间局部性。**这里还要强调一下，当你想进行此类优化时，一定是通过某种分析工具判断出cache命中率成为系统性能瓶颈的，否则你也不需要进行此类优化。**

最后，再让我们看一个关于局部性原理的经典案例。

5.2.6　遍历多维数组

假设有这样一段对二维数组进行加和的代码：

```
int matrix_summer(int A[M][N])
{
  int i, j, sum = 0;
  for (i = 0; i < M; i++)
    for (j = 0; j < N; j++)
      sum += A[i][j];
```

```
    return sum;
}
```

这段代码非常简单，按照先行后列的顺序依次加和，而C语言也是按照以行为主的顺序来存放数组的。

现在我们假设数组是4行8列的，也就是M为4，N为8，同时假设 cache 的容量最多装入4个int，如图5.18所示。

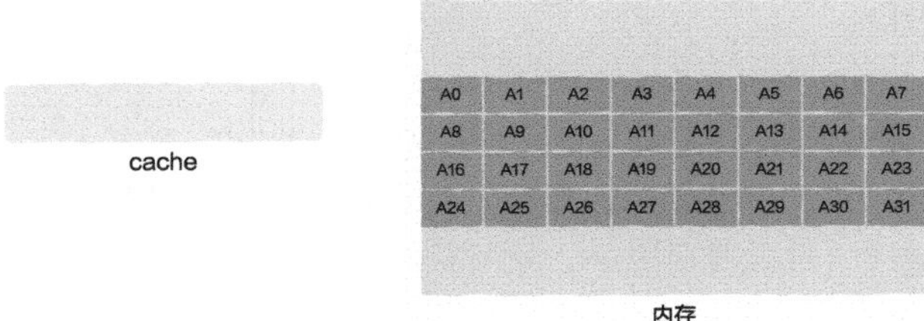

图5.18 cache与内存

当遍历开始时，cache中显然没有任何该数组的数据，这时的cache是空的。因此，当访问数组A的第一个元素A0时无法命中cache，此时会把包含A0在内的4个元素加载到cache中，如图5.19所示。

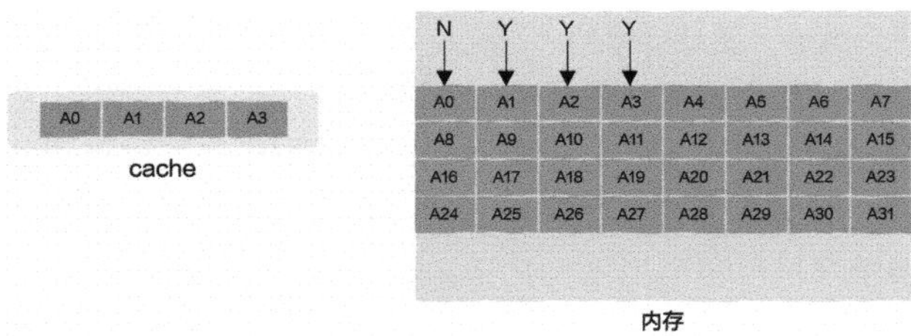

图5.19 把包含A0在内的4个元素加载到cache中

现在cache已经预热完毕，这样当访问A1到A3时将全部命中cache而不需要访问内存，但是当访问 A4 时又将无法命中cache，因为cache的容量有限。

当访问A4无法命中cache时，会把包含A4在内的后续4个元素加载到cache中，并替换掉之前的数据，当访问A5到A7时又将命中cache，如图5.20所示。

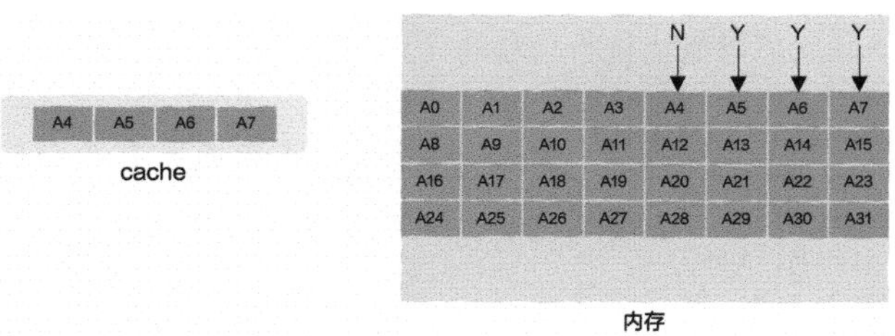

图5.20 访问A4需要替换掉原来cache的数据

此后，访问数组第二行的模式与访问数组第一行的模式完全相同。

也就是说，访问数组的每一行都有两个元素无法命中cache，这样一共有8（2×4）个元素导致无法命中cache，cache命中率为(32−8)/32，即75%，看上去不错。

但如果我们的访问模式不是行优先，而是列优先：

```
int matrix_summer(int A[M][N])
{
  int i, j, sum = 0;
  for (j = 0; j < N; j++)
    for (i = 0; i < M; i++)
      sum += A[i][j];
  return sum;
}
```

那么情况会怎样呢?

当访问第一个元素A0时依然无法命中cache，然后cache满心欢喜地把A0到A3加载进来，这个过程与图5.19一样。然而，我们的代码下一个要访问的元素是A8，此时无法命中cache，因此不得不把A8到A11加载进来替换掉A0到A3，相当于之前的工作白做了。

但糟糕的情况还在继续，下一个要访问的元素是A16，依然无法命中cache，不需要再继续演示了吧，按照列优先遍历数组的话，每一次都无法命中cache，也就是说cache的命中率为0。

这与按行优先遍历的 75% 命中率有天壤之别，仅仅因为代码访问模式稍有差异。

好啦，本节的内容就是这样，注意本节提到的原则仅仅用作示例，并不全面，这里的关键在于理解程序的局部性原理，只要你的程序展现出良好的局部性，就能充分利用现代CPU中的cache。

这里必须再次强调，**你一定是通过性能分析工具确定了系统的性能瓶颈就在cache命中率上，否则你不需要过度关注本节提到的这些原则。**

随着多核时代的到来，多线程编程开始成为充分利用多核资源的必备武器，当cache遇上多线程后新的问题产生了，让我们来看一下这个有趣的问题，以及程序员该注意些什么。

5.3　多线程的性能“杀手”

假设CPU需要访问一个4字节的整数，但并没有命中cache，接下来该怎么办呢?

你可能会想，这还不简单，把内存中这4字节整数加载到cache中就好了，如图5.21所示。

然而，事实并非如此。

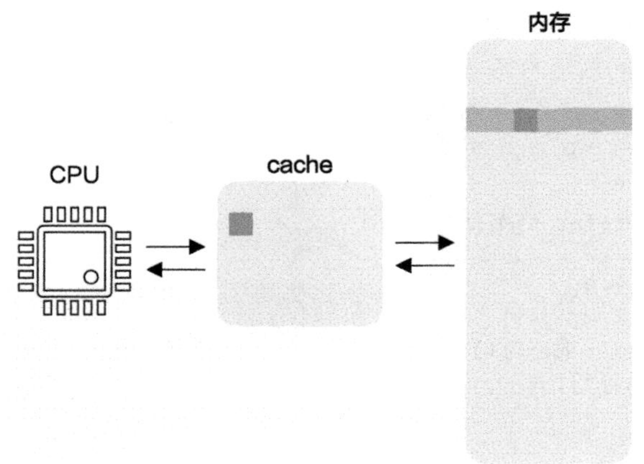

图5.21 将内存数据加载到cache中

5.3.1 cache与内存交互的基本单位：cache line

程序的空间局部性原理告诉了我们什么？如果你的程序访问了一块数据，那么接下来很可能还会访问与其相邻的数据，因此只把需要访问的数据加载到cache中是很不明智的，更好的办法是把该数据所在的"一整块"数据都加载到cache中。

这"一整块"数据有一个名字——cache line，翻译为一行数据，如图5.22所示。

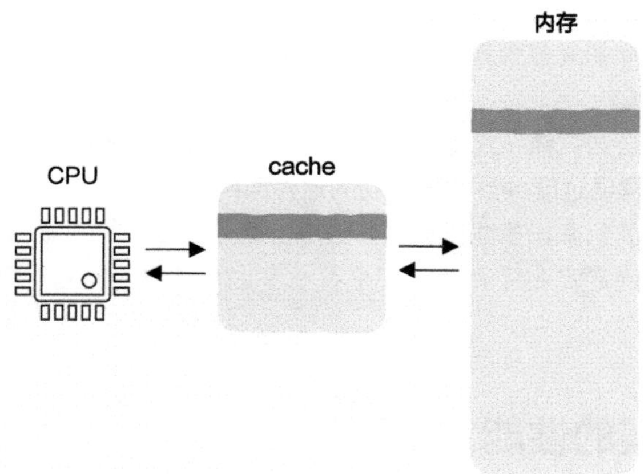

图5.22 将内存中的"一整块"数据加载到cache中

现在你应该知道了，原来cache与内存交互的基本单位是cache line，也就是"一整块"数据，这"一整块"数据的大小通常为64字节，也就是说如果未能命中cache，那么会把这"一整块"数据都加载到cache中。

cache与内存之间的这个交互细节会给多线程编程带来一些匪夷所思但又极其有趣的

问题。

cache的理论部分至此全部讲解完毕，是时候检验成果了，接下来我们看几段很有趣的代码。

5.3.2 性能“杀手”一：cache 乒乓问题

有这样两个C++程序，第一个程序：

```
atomic<int> a;

void threadf() {
  for (int i = 0;i<500000000;i++)
    ++a;
}
void run() {
  thread t1 = thread(threadf);
  thread t2 = thread(threadf);
  t1.join();
  t2.join();
}
```

第二个程序：

```
atomic<int> a;

void run() {
  for (int i = 0;i<1000000000;i++)
    ++a;
}
```

这两个程序都很简单，第一个程序开启两个线程，每个线程都对全局变量a加500000000次；第二个程序只有一个线程，对全局变量a加1000000000次。

你觉得哪个程序运行得更快?

你可能会这样想：第一个程序是两个线程并行对a进行加法操作，而第二个程序是单个线程在运行，所以第一个程序更快，并且运行时间只有第二个程序运行时间的一半。

实际结果怎么样呢?

在笔者的多核计算机上，第一个程序运行了16s，第二个程序只运行了8s，单线程程序竟然要比多线程程序运行得更快，有的读者看到这里可能会大吃一惊，这看上去违背常识，多线程可是在并行计算呀，为什么反而会比单线程慢呢?

让我们再次用Linux下的perf工具分析一下这两个程序，使用perf stat命令来统计其运行时的各种关键信息，得到的多线程程序的统计信息如图5.23所示，单线程程序的统计信息如图5.24所示。

```
  32638.65 msec task-clock:u              #    1.974 CPUs utilized
         0      context-switches:u        #    0.000 K/sec
         0      cpu-migrations:u          #    0.000 K/sec
       117      page-faults:u             #    0.004 K/sec
99713693995     cycles:u                  #    3.055 GHz
15002052403     instructions:u            #    0.15  insn per cycle
 4000393789     branches:u                #  122.566 M/sec
     43988      branch-misses:u           #    0.00% of all branches
```

图5.23　多线程程序的统计信息

```
   8176.64 msec task-clock:u              #    0.995 CPUs utilized
         0      context-switches:u        #    0.000 K/sec
         0      cpu-migrations:u          #    0.000 K/sec
       111      page-faults:u             #    0.014 K/sec
25019081462     cycles:u                  #    3.060 GHz
15001989876     instructions:u            #    0.60  insn per cycle
 4000358303     branches:u                #  489.243 M/sec
     19489      branch-misses:u           #    0.00% of all branches
```

图5.24　单线程程序的统计信息

我们注意最右侧“insn per cycle”这一项，该项告诉我们一个时钟周期内CPU执行了该程序中的多少条机器指令。这一项可以从执行机器指令数量的角度给我们一个直观的关于程序运行速度的信息，就好比汽车的运行速度一样（注意，这仅仅是一个维度，程序的运行速度不仅仅取决于该项）。

多线程程序中的“insn per cycle”为0.15，意思是一个时钟周期内执行了0.15条机器指令；而单线程程序中的“insn per cycle”为0.6，意思是一个时钟周期内执行了0.6条机器指令，其是多线程程序中的4倍。

注意，为了减小与多线程程序的差异，在单线程程序中全局变量a也被定义为atomic原子变量，如果我们把单线程程序中的变量a定义为普通的int值，那么在笔者的多核计算机上单线程程序的运行时间只有2s，速度是多线程程序的8倍，其“insn per cycle”为1.03，意思是一个时钟周期内约能执行1条机器指令。

因此这里的问题就是，多线程程序的性能为什么这么差呢?

如果你真的理解了cache一致性协议的话，就不会惊讶了。

我们之前说过，为了保证cache一致性，如果两个核心的cache中都用了同一个变量，就像这个示例中的全局变量a，那么该变量会分别出现在C1 cache和C2 cache中，而在笔者的多核计算机上，操作系统显然有极大概率将两个线程分配给了两个核心，这里假设为C1和C2，如图5.25所示。

然后，两个线程都需要对该变量执行加1操作，假设此时线程1开始对变量a执行加法操作，如图5.26所示，为保证cache一致性必须将C2 cache中的变量a置为无效：乒！

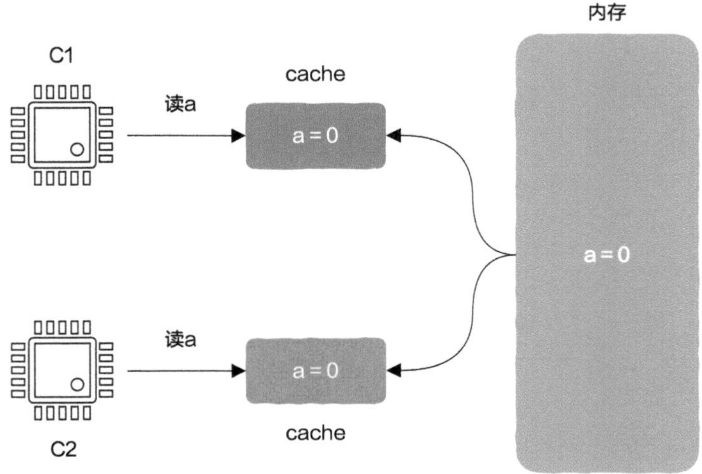

图5.25　两个核心同时读写变量a

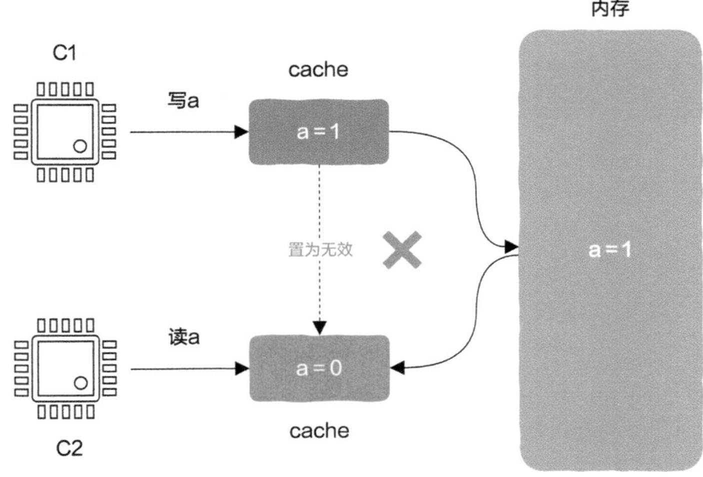

图5.26　C1写变量a时需要将C2 cache中的变量a置为无效

此后，C2将不得不从内存中读变量a的值，然而C2也需要将变量a加1，如图5.27所示，为保证cache一致性必须将C1 cache中的变量a置为无效：乓！

此后，C1将不得不从内存中读a的最新值，但不巧的是此后C1又需要继续修改变量a，又不得不将C2 cache置为无效：乒！

就这样C1 cache和C2 cache不断地乒乓乒乓乒乓乒乓……

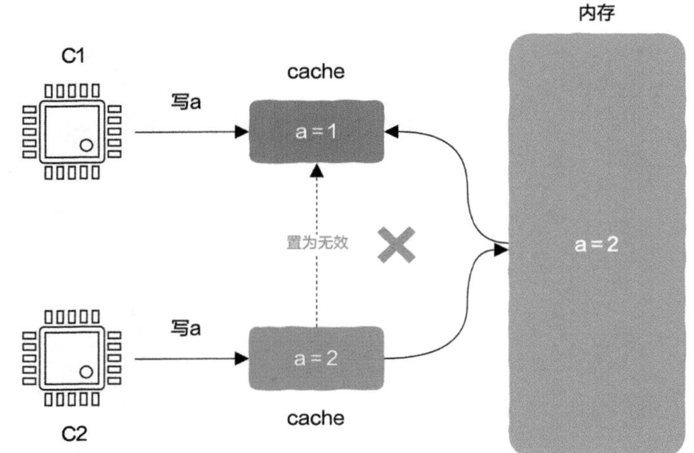

图5.27 C2写变量a时需要将C1 cache中的变量a置为无效

频繁地维持cache一致性导致cache不但没有起到应有的作用反而拖累了程序性能，这就是有趣的cache乒乓问题，如图5.28所示。

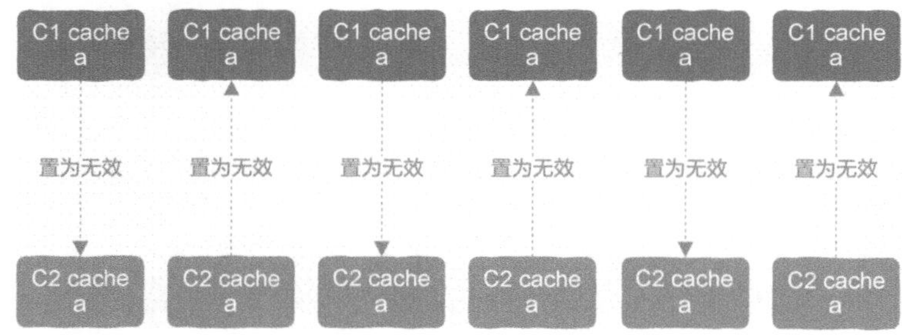

图5.28 cache 乒乓问题

在这种情况下，维护cache的开销，以及从内存中读取数据的开销占据了主导地位，这样的多线程程序的性能反而不如单线程程序的性能。

这个示例告诉我们，如果有办法避免多线程间共享数据，就应该尽量避免。

你可能会想，如果不共享数据肯定就没有问题了吧，哪有那么简单！我们接着往下看。

5.3.3 性能“杀手”二：伪共享问题

有这样一个数据结构data，我们用其定义了一个全局变量：

```
struct data {
  int a;
  int b;
```

```
};

struct data global_data;
```

接下来有两个程序，第一个程序：

```
void add_a() {
  for (int i = 0;i<500000000;i++)
    ++global_data.a;
}

void add_b() {
    for (int i = 0;i<500000000;i++)
    ++global_data.b;
}
void run() {
  thread t1 = thread(add_a);
  thread t2 = thread(add_b);
  t1.join();
  t2.join();
}
```

这个程序开启了两个线程，分别对结构体中的变量a和变量b加500000000次。

第二个程序：

```
void run() {
  for (int i = 0;i<500000000;i++)
    ++global_data.a;
  for (int i = 0;i<500000000;i++)
    ++global_data.b;
}
```

第二个程序是单线程的，同样对变量a和变量b加500000000次。

现在问你哪个程序运行得更快，快多少？

你吸取上一个示例中的经验，仔细看了一下，这两个线程没有共享任何变量，因此不会有上面提到的cache乒乓问题，因此你大胆推断：第一个多线程程序运行得快，而且比第二个单线程程序的运行速度快2倍。

实际结果怎么样呢？

在笔者的多核计算机上，第一个多线程程序运行了3s，第二个单线程程序只运行了2s，有的读者可能会再次大吃一惊，为什么充分利用多核且没有共享任何变量的多线程程序竟然还是比单线程程序运行得慢？

原来，尽管这两个线程没有共享任何变量，但这两个变量极有可能位于同一个cache line上，也就是说这两个变量可能会共享同一个cache line。不要忘记，cache和内存之间是以cache line为单位来交互的，当访问变量a未能命中cache时，会把变量a所在的cache line一并加载到cache中，而变量b极有可能也会被加载进来，如图5.29所示。

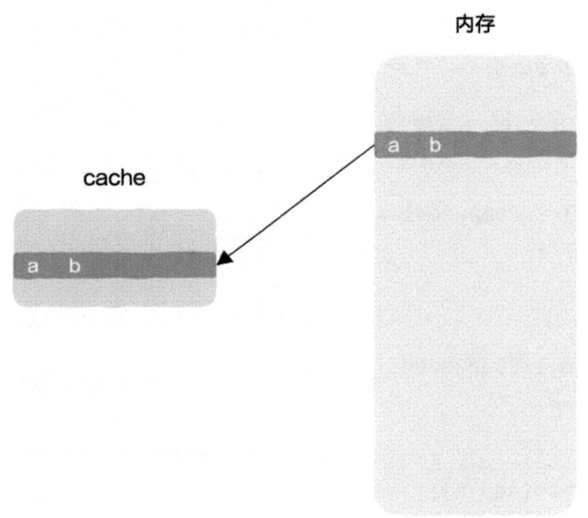

图5.29 变量a、b可能位于同一个cache line上，并同时加载到cache中

也就是说，尽管看上去这两个线程没有共享任何数据，但cache的工作方式导致其可能会共享cache line，这就是有趣的False Sharing问题，直译过来就是伪共享问题，这同样会导致cache乒乓问题。

现在你应该明白为什么多线程程序运行得慢了吧?

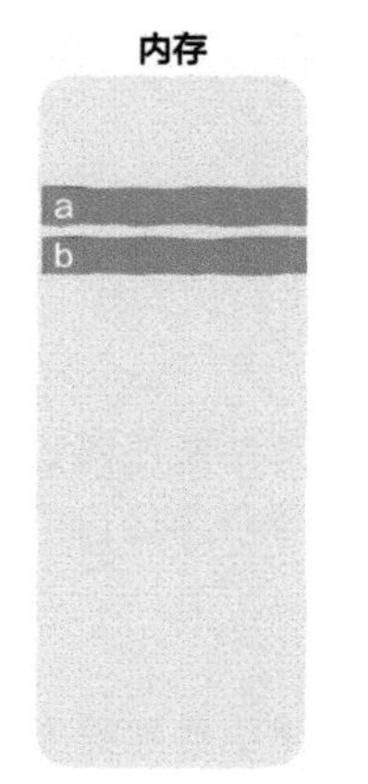

图5.30 将变量a和变量b隔离在不同的cache line中

知道了原因，改进也就非常简单了，这里仅提供一种思路，在这两个变量之间填充一些无用数据，就像这样：

```
struct data {
  int a;
  int arr[16];
  int b;
};
```

由于笔者的多核计算机的cache line大小为64字节，因此在变量a和变量b之间填充了一个包含16个元素的int数组，这样变量a和变量b就被数组隔开而不会位于同一个cache line上了，如图5.30所示。

修改代码再次测试，这次多线程程序的运行时间从原来的3s降低到了1s，这下多线程程序真的就比单线程程序快1倍了。

当然，除了在变量之间填充数据，也可以调整变量顺序。假设你确定了是变量a和变量b导致的伪共享问题，并且该结构体中还有其他变量，就像这样：

```
struct data {
  int a;
  int b;
  ... // 其他变量
};
```

只要其他变量大于cache line，就可以把其他字段调整到变量a和变量b之间：

```
struct data {
  int a;
  ... // 其他变量
  int b;
};
```

这样变量a和变量b就不会共享同一个cache line了。

在本节中，我们认识了两位多线程程序的性能“杀手”：一个是cache乒乓问题，另一个是伪共享问题。其中cache乒乓问题是由多线程共享资源导致的，而伪共享问题同样会导致cache乒乓问题。

在本节的实验中也可以看到，如果你的多线程程序出现性能瓶颈，仔细进行性能测试且排除掉其他可能依然找不出问题原因，就要警惕这里的cache 乒乓问题了。通常该问题可以通过避免线程间共享资源来解决，但在避免多线程共享资源的同时要确保不掉进伪共享的陷阱里。

怎么样，看似简单的cache确实给计算机的方方面面带来了不小的影响吧！好啦，在了解了内存、CPU及cache后，我们综合地来看一下涉及这三者的一类非常有趣的问题：内存屏障（memory barrier）。在这里必须提及的一点是，如果你对无锁编程不感兴趣，那么可以放心地跳过5.4节。

5.4 烽火戏诸侯与内存屏障

西周末年，周幽王为博褒姒一笑，命人点燃了烽火台，各诸侯见到烽火于是积极备战，怎料这其实只是周幽王在戏弄诸侯，于是大家不再信任烽火，后来犬戎攻破镐京，西周灭亡。

这与计算机有什么关系呢？实际上烽火戏诸侯是一种经典的线程间同步场景，假设周幽王是一个线程，诸侯是一个线程，那么烽火就相当于两个线程之间的同步信号，周幽王线程设置烽火信号，诸侯线程检测烽火信号，当信号为真时诸侯线程执行必要操作，如图5.31所示。

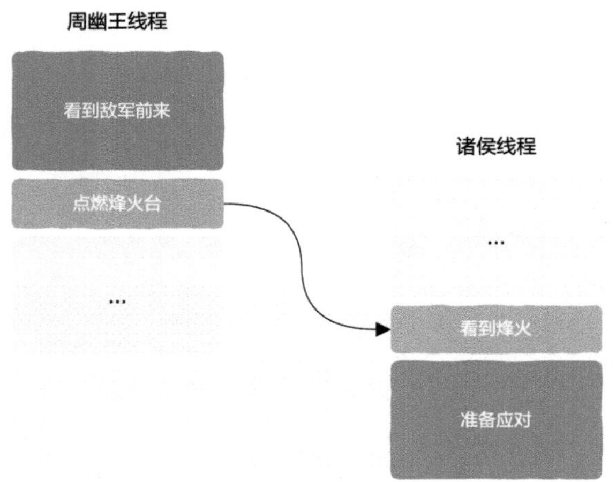

图5.31 周幽王线程与诸侯线程通过烽火信号进行同步

这个场景可以用代码这样来表示：

```
bool is_enemy_coming = false;
int enemy_num = 0;

// 周幽王线程
void thread_zhouyouwang() {
    enemy_num = 100000;
    is_enemy_coming = true;
}

// 诸侯线程
void thread_zhuhou() {
    int n;
    if (is_enemy_coming)
        n = enemy_num;
}
```

上述代码中有两个全局变量及两个线程：is_enemy_coming表示敌人是否到来，enemy_num表示敌军的数量；thread_zhouyouwang为周幽王线程，发现敌军后计算出敌军数量并点燃烽火台，thread_zhuhou为诸侯线程，看到烽火后得到敌军数量并备战。

这里的问题是，诸侯线程中的n会是多少呢？

肯定有很多读者会说显然是100000啊，周幽王线程首先将enemy_num设置为100000，然后才点燃烽火台，那么当诸侯线程看到烽火后读取enemy_num必然为100000。

然而事实并非如此，这段代码在部分类型的CPU中运行得到的n有可能是0，诸侯被周幽王戏耍了，有的读者看到这里可能会大吃一惊，这怎么可能呢？这也太违反直觉了吧（注意，这里提到的问题不会出现在x86平台中，在本节后半部分会讲解原因）！

我们再来看第二个示例，假设有两个全局变量X和Y，其初始值都是0，此外还有两个线程，同时执行的代码如下：

```
线程1                 线程2
X = 1;               Y = 1;
a = Y;               b = X;
```

这里的a和b最终会是多少呢？有这样几种情况：

（1）线程1先执行完成，此时a=0，b=1。

（2）线程2先执行完成，此时a=1，b=0。

（3）线程1和线程2同时执行第一行代码，此时a=1，b=1。

还有第四种情况吗？

你是不是在想不可能会有其他情况了，然而在我们熟悉的x86平台中，执行完上述代码后，a和b也可能都是0。你是不是再一次大吃一惊，这怎么可能呢？代码怎么可能看起来会乱序执行呢？

看完本节你就明白啦。

5.4.1 指令乱序执行：编译器与OoOE

原来，CPU并不一定严格按照程序员写代码的顺序执行机器指令，这是本节要记住的第一句话。

原因也非常简单：一切都是为了提高性能。

指令的乱序会出现在两个阶段：

（1）生成机器指令阶段，也就是编译期间的指令重排序。

（2）CPU执行指令阶段，也就是运行期间的指令乱序执行。

在1.2节中我们讲解了编译器的原理，编译器将程序员编写的代码转换为CPU可以执行的机器指令，编译器在这个过程中是有机会“动手脚”的。

我们来看这样一个程序：

```
int a;
int b;

void main() {
   a = b + 100;
   b = 200;
}
```

在笔者的Intel处理器环境下首先用gcc默认编译选项进行编译，然后使用objdump来查看编译后的机器指令：

```
mov    0x200b54(%rip),%eax     # %eax = b
```

```
add     $0x64,%eax                # %eax = %eax + 100
mov     %eax,0x200b4f(%rip)       # a = %eax
movl    $0xc8,0x200b41(%rip)      # b = 200
```

可以看到，机器指令是按照代码顺序生成的。接下来我们用-O2选项再次编译，该选项告诉编译器可以对代码进行优化：

```
mov     0x200c4e(%rip),%eax          # %eax = b
movl    $0xc8,0x200c44(%rip)         # b = 200
add     $0x64,%eax                   # %eax = %eax + 100
mov     %eax,0x200c3f(%rip)          # a = %eax
```

从这里我们可以清楚地看到编译器将b = 200这行代码放到了a = b + 100之前（注意，这里不会有错误，因为eax寄存器保存了变量b的初始值100）。

这就是编译期间的指令重排序，通常我们增加这样一行指令即可告诉编译器不要进行指令重排序：

```
asm volatile(“” ::: “memory”);
```

但仅仅防止编译器进行指令重排序还是不够的，CPU在执行指令时也会“动手脚”，这就是运行期间的指令乱序执行。

到目前为止，我们可以简单认为CPU的工作过程是这样的：

（1）取出机器指令。

（2）如果指令中的操作数已经准备就绪，如读取到了寄存器中，那么该指令将进入执行阶段；如果指令需要的操作数尚未就绪，如还没有从内存读取到寄存器中，那么这时CPU需要等待直到操作数从内存读取到寄存器中为止，因为同CPU速度相比，访问内存是非常慢的。

（3）数据已经就绪，开始执行指令。

（4）将执行结果写回。

虽然这种指令执行方式很直观，但其低效之处在于如果依赖的操作数尚未就绪则CPU必须等待，改进方法是这样的：

（1）取出机器指令。

（2）将指令放到队列中，并读取指令依赖的操作数。

（3）指令在队列中等待操作数就绪，对于就绪的指令来说可以提前进入执行阶段。

（4）执行机器指令，执行结果再次排队。

（5）只有当靠前的指令执行结果回写完毕后，才回写当前指令的执行结果，确保执行结果是按照指令原本的顺序生效的。

从这个过程中我们可以看出，指令的执行其实并没有严格按照顺序进行，这就是指令乱序执行（Out of Order Execution，OoOE）。

由于CPU与内存之间速度差异巨大，如果CPU必须严格按照顺序执行机器指令，那么在等待指令依赖的操作数时流水线内部会出现“空隙”，即slots，但如果我们用其他已经准备就绪的指令来填充这些“空隙”的话，那么显然可以加快指令的执行速度。因此OoOE可以充分利用流水线，但在CPU外部看来，指令是按照顺序执行并且指令的执行结果是按照顺序生效的。

这里必须注意的是，只有当前后两条机器指令没有任何依赖关系时，CPU才可以这样提前执行后面的指令。

因此，对于具备OoOE能力的CPU来说，指令可能是乱序执行的，这里需要强调一下，并不是所有的CPU都具备该能力。

5.4.2　把cache也考虑进来

接下来我们回到cache，包含三层cache的计算机系统如图5.32所示，其中L1 cache和L2 cache是CPU核心私有的，各个核心共享L3 cache及内存。

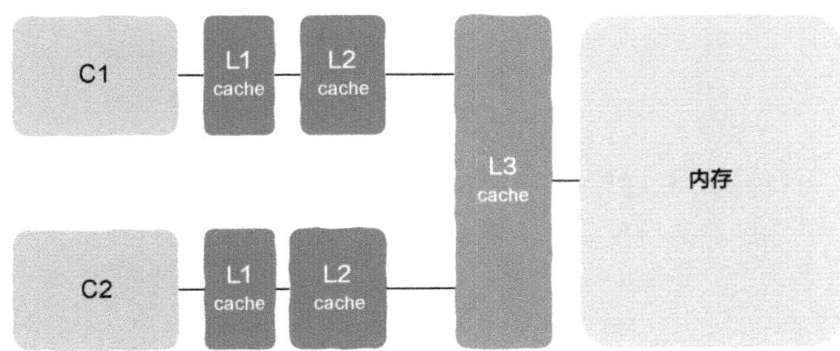

图5.32　包含三层cache的计算机系统

带有cache的系统都必须面临同一个问题，那就是如何更新cache及维护cache一致性，这个过程是较为耗时的，在此之前CPU必须停止等待。为优化这一过程，有的系统会增加一个队列，如store buffer，如图5.33所示。当有写操作时直接将其记录在该队列而不需要立即更新到cache中，此后CPU可以继续执行接下来的指令而不需要等待。

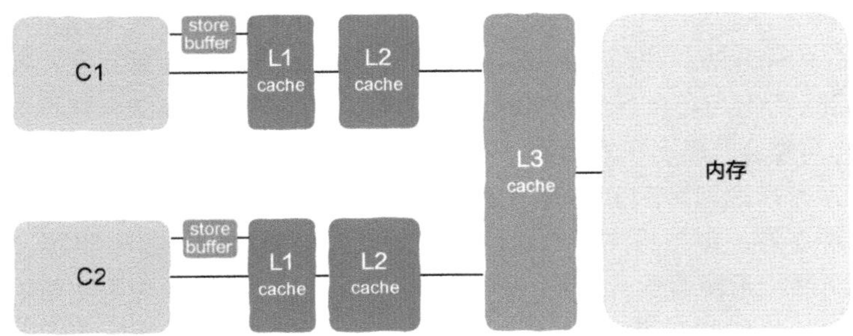

图5.33　利用store buffer加速指令执行

从这里可以看出，相对于CPU执行指令来说，写其实是一个异步的过程，也就是说CPU可能并不会等待写操作真正更新到cache/RAM后才执行接下来的指令，这种异步写操作会带来一个很有趣的现象。假设有这样的代码，变量a的初始值为0，y的初始值为100：

```
a = 1;
b = y;
```

当CPU中的A核心执行a=1这行代码时，可能1还没有被更新到A核心的cache中，但由于store buffer的存在，A核心可以不必等待1完全更新到cache中即可开始执行下一行代码，即b=y。此时变量b的值变成了100，但是当其他CPU核心，如B核心检测到b为100时，a的值在B核心看来可能依然为0（还没被更新的cache/RAM），最终的效果看起来就好像先执行第二行代码再执行第一行代码一样。

这里必须注意，在该线程内部是看不到指令乱序执行的，如在a=1和b=y这两行代码后打印a的值，我们一定会输出1而不是其初始值0（CPU的设计可以确保这一点）：

```
a = 1;
b = y;
print(a);
```

也就是说，**这种乱序只在除自身以外的其他核心观察该核心时才可能出现**，尽管C1可能是按照123的顺序在执行指令，但在C2看来是按照132的顺序在执行指令，这就好比C1说“我要喊123啦”，但C2听到的是“132”，C1出现了“言行不一致”的情况，这也算指令乱序执行的一种，至少看起来是这样。

CPU这种看起来“抢跑式”提前执行不相关指令的行为显然是为了获得更好的性能，这也是所有指令乱序执行的根本原因所在。

最有趣的是，不管什么类型的指令乱序执行，在单线程程序中无论如何都是看不到这种乱序的，只有其他线程也去访问该共享数据时才可能看到这种乱序执行，这是我们要记住的第二句话，**也就是说如果你仅仅在单线程环境下编程，那么你根本就不需要关心这个问题。**

注意这里的store buffer也不一定是所有处理器中都会有的，不同类型的CPU在内部可能会有自己的优化方法。欢迎来到真实的底层世界，在这里你能看到硬件参差不齐的一面，每一类CPU都有自己的脾气和秉性，有的可能会乱序执行有的可能不会，一种功能在有的CPU上可能会具备而在其他的CPU上可能不具备，这就是真实的硬件。

对于程序员来说，大部分情况下都不需要关注这种差异，而且其使用的编程语言也会屏蔽这种差异，但当程序员在进行无锁编程时则需要关心这个问题。这是我们要记住的第三句话。无锁编程（lock-free programming）是指可以在不使用锁保护的情况下，在多线程中操作共享资源。一般来说，多线程操作共享资源都需要加锁保护，实际上锁并不是必需的，也可以在无锁的情况下访问共享资源，原理是利用原子操作，如CAS（Compare And Swap）操作等，这类指令要么执行要么不执行，不存在中间状态。

那么我们该怎样解决这里提到的指令乱序执行问题呢?

答案就是本节的主题——内存屏障（memory barrier），它其实就是一条具体的机器指令。

指令是会乱序执行的，我们可以通过添加内存屏障机器指令告诉执行该线程的CPU核心:“在这个地方你不要耍任何花样，老老实实按照顺序执行，别让这个核心在其他核心看来在乱序执行指令”。简单地说，内存屏障的目的就是确保某个核心在其他核心看起来是言行一致的。

涉及内存时无非就两类操作：读和写，即Load和Store。因此，组合起来会有四种内存屏障类型：LoadLoad、StoreStore、LoadStore和StoreLoad。每个名称都表示要阻止此类乱序执行。

接下来，我们详细看一下。

5.4.3　四种内存屏障类型

第一种内存屏障类型是LoadLoad。

顾名思义，就是要阻止CPU在执行Load指令时“抢跑式”执行后面的Load指令，如图5.34所示。

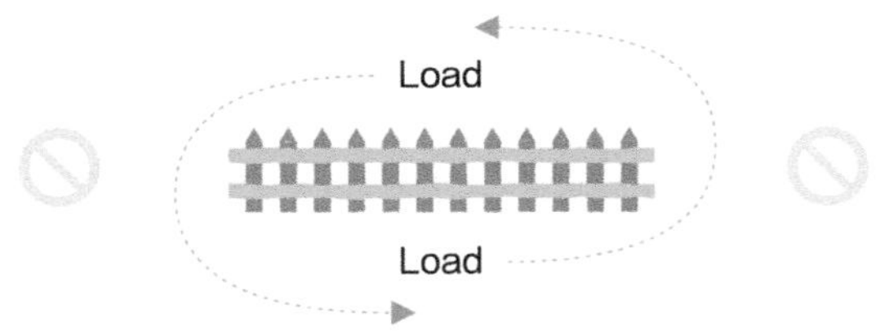

图5.34　LoadLoad内存屏障

我们可以看到，即使是相对简单的内存读取指令，在有的CPU类型上也会“抢跑式”执行，当然也是为了获得更高的性能。

以烽火戏诸侯为例，诸侯线程需要读取变量is_enemy_comming与enemy_num，诸侯线程所在的CPU可能“抢跑式”首先读取eneny_num，不巧的是此时enemy_num可能依然为0，但读取is_enemy_comming时发现该变量为真，因此我们可以在if之后设置n之前添加LoadLoad内存屏障防止这类重排序，以确保当is_enemy_comming为真时，不会读取到eneny_num变量中保存的“旧值”，如图5.35所示。

第二种内存屏障类型是StoreStore。

同样地，从名字可以看出要阻止CPU在执行Store指令时“抢跑式”执行后面的Store指令，如图5.36所示。

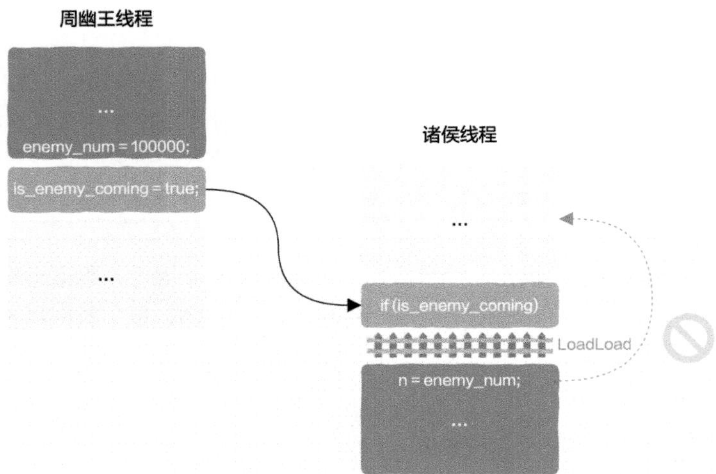

图5.35 通过LoadLoad内存屏障防止读重排序

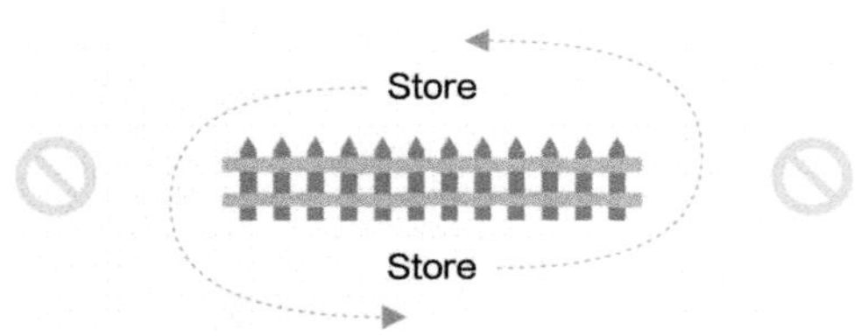

图5.36 StoreStore内存屏障

以烽火戏诸侯为例，周幽王线程需要先后两次设置is_enemy_comming与eneny_num，周幽王线程所在的CPU可能“抢跑式”首先设置is_enemy_comming，这时虽然诸侯线程检测到了烽火信号但敌军没有到来，为防止周幽王戏耍诸侯，可以在两次设置变量中间添加StoreStore内存屏障，如图5.37所示。

由于系统中增加了cache等，因此写这种操作可能是异步的。在默认情况下我们不可以对什么时候变量真正更新到内存进行任何假设，但增加StoreStore内存屏障可以保证其他核心看到的变量更新顺序与代码顺序是一致的，也就是说只要我们在a=100和update_a=true这两行代码之间增加了StoreStore内存屏障，当其他核心检测到变量update_a为真后，我们就能确信读取a必然能得到最新的值，即100。

第三种内存屏障类型是LoadStore。

LoadStore内存屏障如图5.38所示。

有的读者可能会有疑问，写不是一个比较重的操作吗，为什么也可以提前到Load?如果Load并没有命中cache，那么在有些类型的CPU上可能会提前执行后续的Store指令。

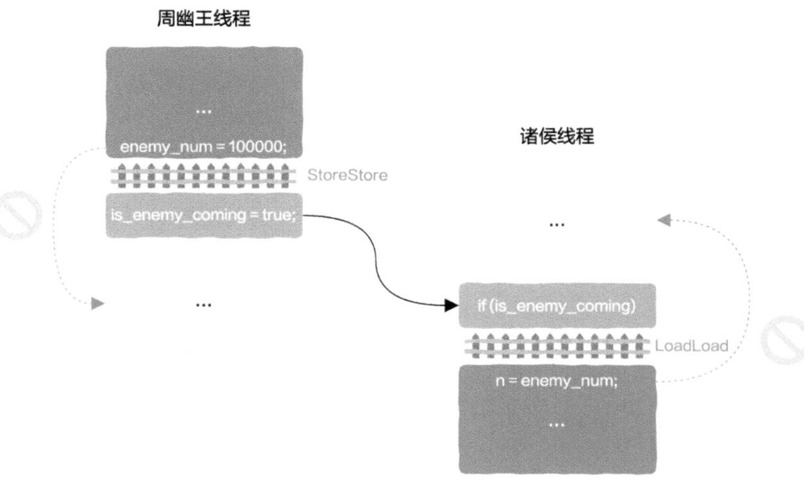

图5.37 通过StoreStore内存屏障防止先设置烽火信号

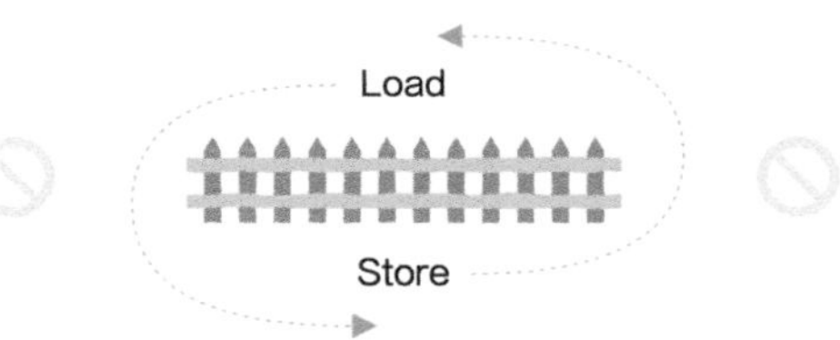

图5.38 LoadStore内存屏障

以烽火戏诸侯为例：

```
// 诸侯线程
void thread_zhuhou() {
    int n;
    int important;
    if (is_enemy_coming) {
        LoadLoad_FENCE(); // LoadLoad内存屏障
        n = enemy_num;
        important = 10; // 必须等看到烽火信号后才可以执行
    }
}
```

假设有一些特定的写操作必须等看到烽火信号后才可以执行，如important = 10这行代码，其不依赖任何其他变量，仅在诸侯线程中添加LoadLoad内存屏障就想确保这行代码必须等看到烽火信号后才可以执行是不够的，同时需要添加LoadStore内存屏障才能保证CPU不会“抢跑式”提前执行这行代码，如图5.39所示。

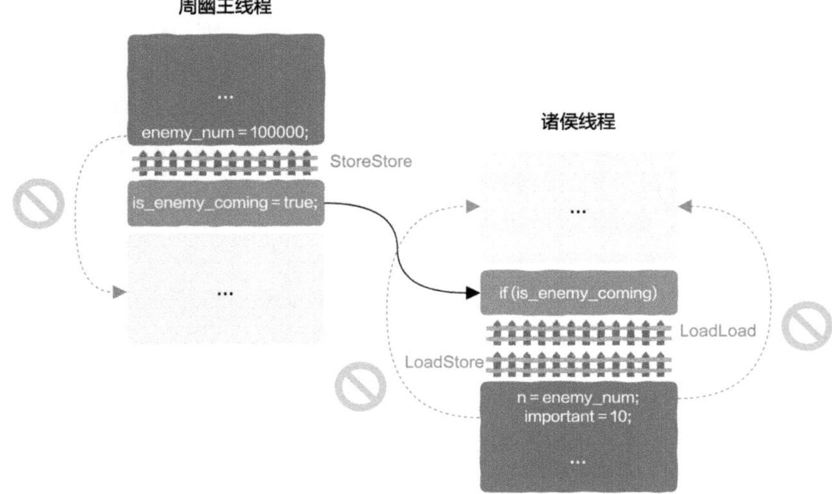

图5.39 通过LoadStore内存屏障防止提前执行写操作

第四种内存屏障类型是StoreLoad。

StoreLoad内存屏障如图5.40所示。

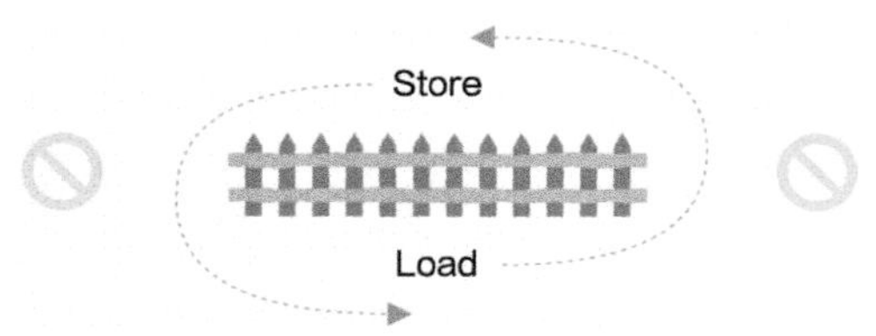

图5.40 StoreLoad内存屏障

从字面意思上看，StoreLoad内存屏障阻止CPU在执行写指令时“抢跑式”提前执行读取指令，该内存屏障是这四种内存屏障中最“重”的。

在使用StoreLoad内存屏障的情况下，当CPU执行写指令时，无论该写指令依赖的操作有多么复杂、需要等待的时间有多么长，CPU都不可以在这个空闲时间段里提前执行后续不相关的读指令，必须确保在StoreLoad内存屏障之前的写操作对所有其他核心是可见的，也就是说只要其他核心在StoreLoad内存屏障被执行之后再去读取该屏障之前的变量，就一定能确保读取到的是最新值。

注意StoreLoad内存屏障和StoreStore内存屏障的区别，StoreStore内存屏障并不保证在其被执行之后其他核心可以立即读取到该内存屏障之前的变量的最新值，StoreStore内存屏障只保证更新顺序与代码顺序一致，但不保证更新立即对其他核心可见。

因此，本质上StoreLoad内存屏障是一个同步操作。

StoreLoad内存屏障是唯一可以确保以下代码不会出现a为0、b也为0的内存屏障类型。

```
线程1                  线程2
X = 1;                 Y = 1;
StoreLoad();           StoreLoad();
a = Y;                 b = X;
```

在x86下你可以使用mfence指令来作为StoreLoad内存屏障。

既然你已经了解了四种内存屏障，就应该能看出来上述四种内存屏障还是太琐碎了，如在举例用的诸侯线程中，为防止CPU“抢跑式”执行Load指令后的Load与Store指令，该线程中可能需要两种内存屏障，这还是有点烦琐的，现在是时候了解acquire-release语义了，它可以解决这个问题。

5.4.4 acquire-release语义

使用多线程编程时程序员主要面临两个问题：

（1）共享数据的互斥访问。

（2）线程之间的同步问题，就好比本节中烽火戏诸侯的示例，利用烽火信号在两个线程间进行同步。

acquire-release语义是用来解决第二个问题的，然而关于acquire-release语义并没有一个正式的定义，在这里仅给出笔者的理解。

acquire语义是针对内存读取操作来说的，即在本次Load之后的所有内存操作不可以放到本次Load操作之前执行，如图5.41所示。

release语义是针对内存写操作来说的，即在本次Store之前的所有内存操作不能放到本次Store操作之后执行，如图5.42所示。

图5.41 acquire语义　　图5.42 release语义

实际上，如果你真的理解了acquire-release语义就会发现：LoadLoad与LoadStore的组合即acquire语义；StoreStore与LoadStore的组合即release语义。

更有趣的是，为获得acquire-release语义，我们不需要StoreLoad这种很重的内存屏障，仅依靠剩下的三种内存屏障即可。

还是以烽火戏诸侯为例，现在我们可以直接使用acquire-release语义来解决问题了。

在周幽王线程中使用release语义确保所有内存读写操作不会放到设置烽火信号之后，在诸侯线程中使用acquire语义确保所有内存读写操作不会放到检测到烽火信号之前，如图5.43所示。这样，当检测到烽火信号后我们一定能确信敌军到来，周幽王就再也不能戏耍诸侯啦！

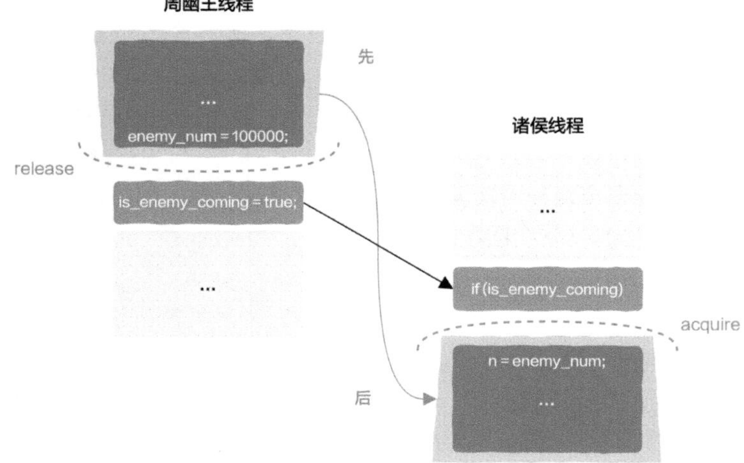

图5.43　使用acquire-release语义解决线程同步问题

5.4.5　C++中提供的接口

就像我们刚才提到的，不同类型的CPU可能会有不同的脾气和秉性，如x86下实际上就只会出现StoreLoad重排序，而且不同类型的CPU会有不同的指令集，如果你只针对某种类型的CPU进行编程，如在x86下使用mfence机器指令消除StoreLoad重排序，那么这样的代码无法移植到ARM平台上。

因此，如果你想编写可移植的无锁代码，那么需要使用语言层面提供的acquire-release语义，编程语言实际上帮程序员屏蔽了不同类型的CPU在指令集上的差异，如在C++11中的atomic原子库提供的代码：

```
#include <atomic>
std::atomic_thread_fence(std::memory_order_acquire);
std::atomic_thread_fence(std::memory_order_release);
```

使用上述代码即可获得acquire-release语义，而且该代码可以在几乎任何类型的CPU上正确工作。

关于烽火戏诸侯的例子，我们可以这样添加acquire-release语义，以下是C++11实现：

```
std::atomic<bool> is_enemy_coming(false);
int enemy_num = 0;

// 周幽王线程
void thread_zhouyouwang() {
```

```
    enemy_num = 100000;

    // release屏障
    std::atomic_thread_fence(std::memory_order_release);

    is_enemy_coming.store(true, std::memory_order_relaxed);
}

// 诸侯线程
void thread_zhuhou() {
    int n;
    if (is_enemy_coming.load(std::memory_order_relaxed)) {

      // acquire 屏障
      std::atomic_thread_fence(std::memory_order_acquire);
      n = enemy_num;
    }
}
```

除增加了acquire-release语义之外，还有一个改动点就是烽火信号is_enemy_coming由原来的int类型修改成了原子变量，原子变量的读写使用了std::memory_order_relaxed选项，该选项的意思是仅需要确保变量的原子性即可，不需要施加其他限制，如不允许指令重排序等，因为我们已经用acquire-release语义确保了这一点。

注意，当涉及多线程读写共享变量时，如果你的用法和这里的is_enemy_coming一样，那么你几乎总应该将其声明为原子变量，防止其他线程看到变量被修改的中间状态。

现在是时候看看各类CPU有哪些差异了。

5.4.6　不同的CPU，不同的秉性

在本节我们见识到了各种指令重排序：LoadLoad、LoadStore、StoreStore与StoreLoad，然而并不是所有类型的CPU都会有这些指令重排序。

不同架构的指令重排序情况如图5.44所示。

Type	Alpha	ARMv7	MIPS	RISC-V		PA-RISC	POWER	SPARC			x86 [a]	AMD64	IA-64	z/Architecture
				WMO	TSO			RMO	PSO	TSO				
Loads can be reordered after loads	Y	Y		Y		Y	Y	Y					Y	
Loads can be reordered after stores	Y	Y		Y		Y	Y	Y					Y	
Stores can be reordered after stores	Y	Y		Y		Y	Y	Y	Y				Y	
Stores can be reordered after loads	Y	Y	depend on implementation	Y	Y	Y	Y	Y	Y	Y	Y	Y	Y	Y
Atomic can be reordered with loads	Y	Y		Y			Y	Y					Y	
Atomic can be reordered with stores	Y	Y		Y			Y	Y	Y				Y	
Dependent loads can be reordered	Y													
Incoherent instruction cache pipeline	Y	Y		Y	Y		Y	Y	Y	Y	Y		Y	

图5.44　不同架构的指令重排序情况（引自wikipedia）

可以看到，在Alpha、ARMv7和POWER等系列CPU上你几乎可以看到所有类型的指令重排序，因此这些平台被称为弱内存模型（Weak Memory Models）。

较为严苛的是x86平台，在该平台下仅有StoreLoad重排序，在x86下你不会见到LoadLoad、LoadStore和StoreStore重排序，也就是说x86自带acquire-release语义。关于本节烽火戏诸侯的例子即使不添加acquire-release语义，在x86下也不会有问题，因此x86也被称为强内存模型（Strong Memory Models）。

最有趣的是，图5.44中所有类型的CPU都具有StoreLoad重排序，笔者也只能推测，也许在编程中我们几乎不会依赖StoreLoad这样的顺序一致性。

了解了不同类型的CPU重排序情况后，接下来一个重要问题就是，到底谁应该关心指令重排序?

5.4.7 谁应该关心指令重排序：无锁编程

一句话，只有那些需要进行无锁编程的读者才需要关心指令重排序，当共享变量在没有锁的保护下被多个线程使用时会暴露这个问题，在其他情况下不需要关注这一点。

多线程编程时通常使用锁来保护共享变量，但是持有锁的线程被操作系统暂停后，所有其他需要锁的线程都无法继续向前推进，而无锁编程可以确保无论操作系统以怎样的顺序调度，系统中都会有一个线程可以继续向前推进，当系统具备这一特点时，我们才说这是无锁的（Lock-free）。

例如，本节周幽王线程与诸侯线程就是无锁的，无论操作系统如何调度这两个线程都会有一个线程能继续向前推进，不存在如果一个线程被操作系统挂起，另一线程就会被阻塞而不能继续运行的可能。

这里还要提及的一点是，在进行有锁编程时，锁自动帮我们处理好了指令重排序这一问题，在临界区内，锁确保了这里的代码不会跑到临界区之外运行，如图5.45所示。

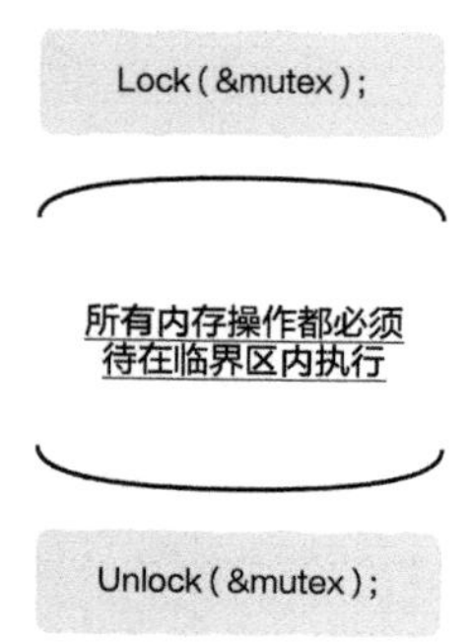

图5.45 锁帮我们处理好了指令重排序这一问题

你可能会想无锁编程听上去好像比有锁编程更加高效，但实际并不是这样的。

5.4.8　有锁编程 vs 无锁编程

我们先来看一下系统中常用的锁。

多线程编程下通常使用互斥锁来保护共享资源，同一时刻最多可以有一个线程持有互斥锁，当该锁被占用后，其他请求该锁的线程会被操作系统挂起等待，直到占用该锁的线程将其释放为止。

除此之外还有一类锁，当该锁被占用后其他请求锁的线程会循环不断检测锁是否被释放，此时请求锁的线程不会被操作系统挂起，因此这被称为回旋锁。

以上两种都是有锁编程，有锁编程最大的特点是当锁被占用时其他请求锁的线程必须原地等待，无论是被操作系统挂起还是循环不断检测，这些线程都不能继续向前推进。

无锁编程是指当共享资源被某个线程使用时，其他也需要使用该共享资源的线程，不会像请求使用互斥锁的线程那样被操作系统挂起等待，也不会像使用回旋锁的线程那样陷入循环原地等待，而是在检测（通常利用原子操作进行检测）到共享资源被使用时转而去处理其他有用的事情，这是有锁与无锁最大的区别。

从这里可以看出，无锁编程并不是用来提高系统性能的，它的价值就在于使线程始终有事可做，这对实时性要求较高的系统来说是很重要的，但无锁编程需要处理很多复杂的资源竞争问题和ABA问题，相比有锁编程来说在代码实现上也更加复杂。但如果某些场景非常简单，则使用少量原子操作即可实现，这时无锁编程的性能可能会更好。

因此，大部分场景下简单的有锁编程更可能是程序员的首选，但要注意锁要保护的临界区不能过大。此外，当竞争激烈时互斥锁带来的上下文切换开销也会增加。

5.4.9　关于指令重排序的争议

如果你能读到这里（希望如此）就会明白重排序问题是比较“烧脑”的，肯定也会有读者质疑，设计CPU的硬件工程师一定要把指令重排序这种问题推给软件工程师让他们用内存屏障来保证程序的正确性吗?

从硬件工程师的角度来讲，指令重排序的确有助于提高CPU性能，但从软件工程师的角度来讲，如Linus认为指令重排序问题是很难的，是一大类bug的主要诱因，因此在硬件内部解决掉要比用软件来解决更好，当然，前提是不能影响CPU的性能。

指令重排序这个问题最终会怎样，笔者也没有答案，但这里的讲解至少会让那些工作在层层抽象之上享受岁月静好的程序员更珍惜当下，而那些工作在底层的程序员将不得不面对硬件丑陋的一面。但硬件也是一直在演变进化的，也许在将来的一天，硬件足够智能。本节讲解的各种技术无论是硬件的还是软件的都将成为历史，到那时，内存屏障这个词可能只会存在于一部分程序员的记忆里。

好啦，这一节讲解的内容可能有点复杂，如果你不需要面对无锁编程，那么可以选择忘掉这一节的内容，回到读这一节之前的美好时光里：简单地认为CPU就是按照程序员编写代码的顺序在执行指令就好。如果你还想记住点什么，那么笔者希望就是以下几句话：

（1）为了性能，CPU并不一定严格按照程序员写代码的顺序执行机器指令。

（2）如果程序是单线程的，那么无论如何程序员都看不到指令的乱序执行，因此单线程程序不需要关心指令重排序问题。

（3）内存屏障的目的就是确保某个核心执行指令的顺序在其他核心看来与代码顺序是一致的。

（4）如果你的场景不涉及多线程无锁编程，那么不需要关心指令重排序问题。

5.5 总结

从冯·诺依曼架构来看，计算机模型本不需要cache，只要有可以执行指令的处理器、保存指令和数据的内存，再加上I/O设备即可构成功能完备的计算机。计算机先驱，如冯·诺依曼等在将计算机从理论变为现实的过程中大概率也没有想过要在处理器和内存之间增加一层cache，从理论上讲cache是没有必要的。

但人们在后来的实践中发现，CPU与内存之间的速度差异巨大，增加cache对提升计算机整体性能有很重要的作用，因此从工程的角度来看，cache有相当重要的意义，以至于当今的CPU芯片内部有很大一部分空间留给了cache，同时多核、多线程再加上cache也给软件设计带来了一定的挑战。

尽管大部分情况下我们都不需要关心cache的存在，但对那些对程序性能要求极为苛刻的场景来说，编写出对cache友好的程序也是不可忽视的，这里的关键在于我们需要意识到：①cache的容量是有限的，因此程序依赖的数据越“聚焦”越好；②多核间需要维护cache一致性，多线程编程时需要警惕cache乒乓问题，线程之间能不共享数据就尽量不共享数据，在不共享数据的前提下也需要注意多线程频繁访问的数据是否会落在同一个cache line上，如果是的话，则这将可能带来伪共享问题，伪共享依然会导致cache乒乓问题。再次强调，只有当你通过分析工具判定cache命中率成为系统性能瓶颈时，才需要进行一系列有针对性的优化，还要记住“过早优化是万恶之源”。

最后，我们讲解了有趣的指令重排序问题，这可以通过添加内存屏障来解决，但除非我们需要进行多线程无锁编程，否则也不需要关心这个问题。

好啦，本章的内容就是这些，时间总是过得飞快，很快我们就要来到本次旅行的最后一站啦，既然已经了解了CPU、内存和cache，接下来我们去看看计算机的I/O。

第6章 计算机怎么能少得了I/O

人与计算机交互方式的变革往往催生新的产业形态。

图形交互界面的发明让计算机这种以往只有少数专业科研人员才能使用的机器走入大众的生活，并成为人们生活不可分割的一部分，催生出了计算机产业；用人类的手指通过触摸屏直接控制手机的交互方式催生出了移动互联网产业，现在我们只要简单地拿出手机点几下就能买东西、叫外卖、打车等，这极大地方便了我们的生活，更不用说当下流行的可穿戴设备，如VR、AR等。

这里的交互其实就是指计算设备的输入与输出（Input/Output，I/O），计算机必须具备一定的I/O能力，这样用户才能使用它；而对我们来说更感兴趣的则是I/O的实现原理，以及作为程序员该如何高效地用程序处理I/O。

欢迎来到本次旅行的最后一站，在这里我们将从底层开始，以从硬件到软件的顺序了解I/O与CPU、操作系统及进程之间的关联，最后再讲解两种高级I/O技术。

首先我们来看I/O在底层是如何实现的。

6.1 CPU是如何处理I/O操作的

用户可以通过敲击键盘输入信息给计算机，用鼠标移动箭头来指挥计算机、优化屏幕把交互界面信息呈现出来，让用户能直接感受到计算机，这些都是站在使用者的角度来看待外部设备的，作为程序员我们该怎样理解设备呢？

就像CPU内部有寄存器一样，设备也有自己的寄存器——设备寄存器（Device Register）。

CPU中的寄存器可以临时存储从内存中读取到的数据或者存储CPU计算的中间结果，而设备寄存器中存放的则是与设备相关的一些信息，主要有以下两类寄存器。

（1）存放数据的寄存器：如果用户按下键盘的按键，信息就会存放在这类寄存器中。

（2）存放控制信息及状态信息的寄存器：通过读写这类寄存器可以对设备进行控制或者查看设备状态。

因此，从程序员角度来看，设备在底层无非就是一堆寄存器而已，获取设备产生的数据或者对设备进行控制都是通过读写这些寄存器来完成的。

现在的问题是怎么去读写设备寄存器呢？很简单，就是通过我们熟悉的机器指令。那么又该怎样设计这些机器指令呢？

6.1.1 专事专办：I/O机器指令

想一想CPU内部的常见操作，如算术计算、跳转、内存读写等都有特定的机器指令，自然地，我们也可以设计出特定的机器指令来专门读写设备寄存器，这类特定的机器指令就是I/O指令，如x86中的IN和OUT机器指令。

但现在还有一个问题没有解决，我们怎么知道该去读写哪个设备寄存器呢？原来，在这种实现方案下设备会被赋予唯一的地址，I/O指令中会指明设备的地址，这样CPU发出I/O指令后硬件电路就知道该去读写哪个设备寄存器了。

除了设计特定的I/O机器指令，还有其他操作设备的方法吗？

实际上仔细想想，从CPU的角度来看，内存也能算得上一个“外部设备”，读写内存有特定的指令，如精简指令集下的LAOD/STORE指令。我们能不能像读写内存一样简单地读写设备寄存器呢？

尽管该设计看上去不错，但这里有一个问题，也就是当CPU发出一条LOAD/STORE指令后，这条指令到底是要读写内存还是要读写设备寄存器呢？

6.1.2 内存映射I/O

显然，通过LOAD/STORE指令本身我们是没有办法区分到底是要读写内存还是要读写设备寄存器的，只能从LOAD/STORE指令所携带的信息去着手了。

LOAD/STORE指令携带了什么信息呢?

显然是内存地址，更确切地说是内存地址空间（Memory Address Space）。

一定要注意，内存地址空间和真实的内存地址其实是两个不同的概念。从机器指令的角度来说，CPU看到的是地址空间，CPU只知道要从地址空间中的某个地址获取数据，至于该地址的数据是从什么地方来的CPU不需要关心。

因此，我们可以把地址空间中的一部分分配给设备。

假设我们的地址空间是8位的，那么二进制的地址范围就是00000000～11111111，可以把其中的00000000～11101111分配给内存，把11110000～11111111分配给设备，如图6.1所示。

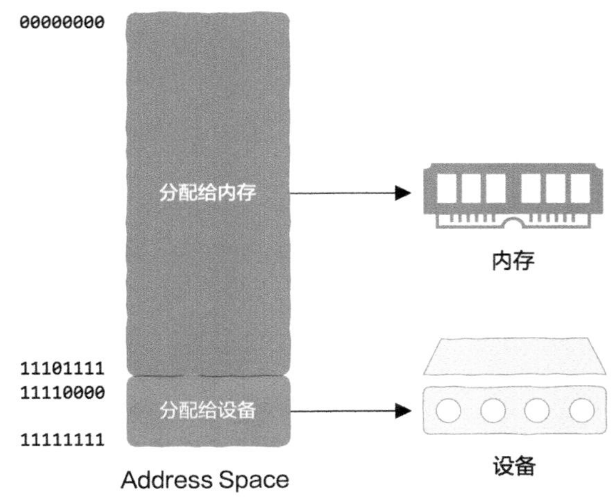

图6.1　内存映射I/O

假设此时CPU要执行一条数据加载指令，该指令指定要从地址0xf2中读取数据，0xf2的二进制为11110010，CPU执行这条指令时内部的硬件逻辑检测该指令所携带的地址信息，如果前四位都是1，那么该指令将作用于设备，否则这就是一条普通的内存读取指令。在这个示例中11110010前四位都是1，因此这实际上是一条I/O指令。

这种把地址空间的一部分分配给设备，从而可以像读写内存那样操作设备的方法就是内存映射I/O。

因此，在计算机的底层，本质上有两种I/O实现方法：一种是用特定的I/O机器指令；另一种是复用内存读写指令，但把地址空间的一部分分配给设备。

现在CPU实现I/O操作的方法都有了，可以开始写代码啦!

6.1.3 CPU读写键盘的本质

我们以获取键盘信息为例来讲解。

假设我们采用内存映射I/O方案，键盘的寄存器映射到了地址空间中的0xFE00，那么CPU读取键盘的机器指令就可以这样写：

```
Load R1 0xFE00
```

把地址0xFE00中的值加载到CPU寄存器中，从这条指令我们就能看到CPU是如何从键盘中获取数据的。

不管上层封装得多么复杂，CPU真正去读取键盘数据时只需要这一行指令就可以了，这就是CPU读取键盘数据的本质所在，现在你应该明白这个问题了吧？

我们知道怎样读取键盘数据了，但问题是用户什么时候敲键盘是不确定的，我们怎么知道该在什么时候去读取数据呢？

在回答该问题前我们先来看一道简单的计算题。

现代CPU主频通常为2～3GHz，我们假定CPU主频为2GHz，这意味着一个时钟周期仅需要0.5ns，注意是ns，1s等于1000000000ns。

同时，我们假定一个时钟周期执行一条机器指令，也就是说CPU执行一条机器指令仅需要0.5ns，想一想1s内你能在键盘上最多敲出多少个字符。如果想匹配CPU的速度，那么人类需要在1s内敲出20亿字符，这显然是不可能的。

也就是说，CPU的工作规律和外部设备是非常不一样的，大多数设备是人来操作的，人在什么时候去动鼠标、敲键盘是不确定的。

因此，这里的关键点在于，CPU需要某种办法获取当前设备的工作状态，如是否有键盘按键数据到来、是否有鼠标数据到来等，那么CPU是怎么知道设备的工作状态的呢？

这就是设备状态寄存器的作用，前文也提到过，通过读取这类寄存器的值，CPU就能知道设备当前是否可读、是否可写。

解决了这一问题后就可以继续写代码了，我们先来看最简单的办法。

6.1.4 轮询：一遍遍地检查

你应该也能想到，我们可以不断地去检测设备状态寄存器，如果键盘被按下就将该键盘上的字符读取出来，否则就继续检测。

在6.1.3节我们看到了利用Load机器指令可以读取CPU寄存器中的值，接下来假定有一条叫作BLZ的分支跳转指令，这条指令的作用是这样的，如果上一条指令的结果为0，那么跳转到指定位置。此外，还有这样一条指令——BL，其作用是无条件跳转到指定位置。

现在，假设键盘中保存按键数据的寄存器被映射到了地址空间中的0xFE01位置，状态寄存器被映射到了地址空间中的0xFE00位置。

有了这些准备工作，我们就可以写代码了：

```
START
    Load R1 0xFE00
    BLZ  START
```

```
    Load R0 0xFE01
    BL   OTHER_TASK
```

这段代码非常简单，Load R1 0xFE00这行代码读取键盘此时的状态。BLZ START这行代码的意思是，如果此时键盘状态寄存器的值是0，也就是还没有人按键，那么将跳转到起始位置重新检测键盘此时的状态，因此这里本质上就是一个循环。

如果有人按键，那么此时状态寄存器的值为1，则Load R0 0xFE01这条指令开始执行，此时读取键盘数据并将其存放在寄存器R0上，此后无条件跳转到其他任务。

这段代码如果翻译为高级语言就是这样的：

```
while(没人按键) {
  ;
}
读取键盘数据
```

这种I/O实现方式非常形象地被称为轮询（Polling）。

有的读者可能一眼就能看出Polling这种I/O实现方式是有问题的，如果用户一直没有按键，那么CPU会一直在循环中空跑等待。

CPU在空跑等待用户按键的这段时间里完全可以去执行其他有意义的机器指令，该怎么改进Polling这种方案呢？

本质上轮询是一种同步的设计方案，CPU会一直等待直到有人按键为止，一种很自然的改进方法就是将同步改为异步。将同步改为异步是计算机科学中极为常用的一种优化方法，软件也好硬件也罢都是通用的，我们见到过很多次了。

该怎样将同步改为异步呢？在此之前我们先来看一下快递是如何接收的。

6.1.5 点外卖与中断处理

假设你点完外卖后什么也不想干，只想一直盯着手机刷外卖小哥的位置信息，那么此时你和外卖订单处理就是同步的。更好的办法是你该干什么就干什么，外卖到了自然会通知你，这时你和外卖订单处理就是异步的，这在第2章已经讲解过了。

假设你决定采用异步方案，点完外卖后去愉快地玩游戏，片刻后门铃响起，你的外卖到了，由于此时接收外卖的优先级要比玩游戏高（否则你的中午饭就没了），因此你不得不先暂停游戏，起身去拿外卖，签收后回来继续玩游戏。

这就是一个典型的中断处理过程。

计算机系统中也有中断处理机制，而且是一种很基础的机制，如图6.2所示。

当CPU正在愉快地执行某个进程的机器指令（玩游戏）时，外部设备有某个事件产生，如网卡中有新的数据到来需要CPU处理一下，此时外部设备发出中断信号（按门铃），CPU判断当前正在执行任务的优先级是否比该中断高（玩游戏vs午饭），如果高的话，则CPU暂停当前任务的执行转而去处理中断（签收外卖），处理完中断后再继续当前任务。

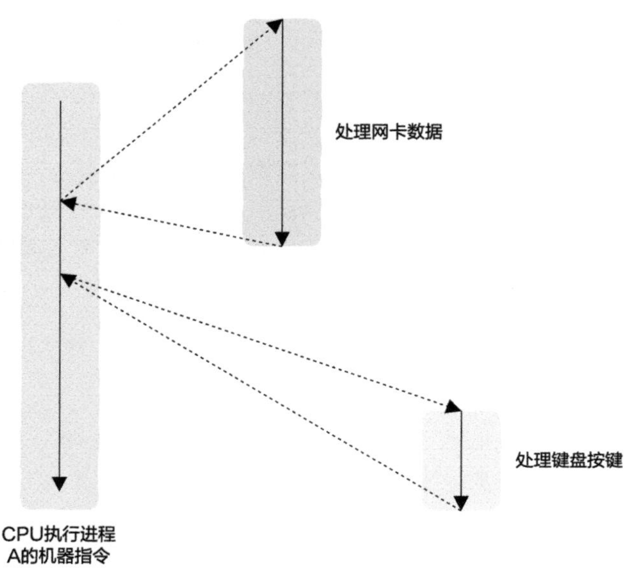

图6.2 中断处理与返回

从这里可以看出，我们的程序并不是一直在运行的，它随时可能会被设备中断掉，只不过这个过程对程序员来说是透明的、不可见的，中断处理与返回机制再配合操作系统给程序员提供了一种假象：让其认为自己的程序一直在运行。

6.1.6 中断驱动式I/O

有了中断机制，CPU就不再傻傻地一直去问键盘“有没有数据！有没有数据！有没有数据……”，而是该干什么就干什么，当有人按键后主动打断CPU：“Hey CPU，我这有刚被按下的新鲜数据，赶快取走吧！”

当CPU接收到该信号后，放下正在处理的工作转而读取键盘数据，获取数据后，继续执行之前被中断的任务。

CPU执行的指令流看起来像这样：

```
执行A程序的机器指令n
执行A程序的机器指令n+1
执行A程序的机器指令n+2
执行A程序的机器指令n+3
检测到中断信号
保存A程序的执行状态
执行处理该中断的机器指令m
执行处理该中断的机器指令m+1
执行处理该中断的机器指令m+2
执行处理该中断的机器指令m+3
```

```
恢复A程序的执行状态
执行A程序的机器指令n+4
执行A程序的机器指令n+5
执行A程序的机器指令n+6
执行A程序的机器指令n+7
```

从这种方案中可以看到，我们几乎没有浪费任何CPU时间，这显然要比轮询方案高效得多，只要设备还没有数据，CPU就一直在执行其他有用的任务。

在这种方案下CPU实际上还是浪费了一些时间的，这部分时间主要用在了保存和恢复A程序的执行状态上：

```
保存A程序的执行状态
...
恢复A程序的执行状态
```

在执行这两项操作时系统中没有任何一项任务能继续向前推进，但这两项操作又是有必要的，以确保A程序能够在被打断后重新恢复运行。

在A程序看来，CPU执行的指令流是这样的：

```
执行A程序的机器指令n
执行A程序的机器指令n+1
执行A程序的机器指令n+2
执行A程序的机器指令n+3
执行A程序的机器指令n+4
执行A程序的机器指令n+5
执行A程序的机器指令n+6
执行A程序的机器指令n+7
```

在A程序看来，CPU一直在执行自己的指令，就好像从来没被中断过一样，这就是保存和恢复A程序执行状态的意义所在。

以上这种异步处理I/O的方法就是中断驱动，该方法最早在1954年的DYSEAC系统上就出现了。

现在由同步的轮询改成了异步的中断处理，还有两个问题没有解决：

（1）CPU怎么检测到有中断信号呢？

（2）如何保存并恢复被中断程序的执行状态呢？

我们一项一项地解决。

6.1.7 CPU如何检测中断信号

在前面的章节中我们讲到过，CPU执行机器指令的过程可以被分为几个典型的阶段，如取指、解码、执行、回写，现在不一样了，CPU在最后一个阶段需要去检测是否有硬件产生中断信号。

如果没有，那么一切正常，CPU将开始执行下一条机器指令；如果检测到信号，那么说明某个设备出现了需要CPU处理的事件，此时必须决定要不要处理该事件，这涉及优先级问题，就好比当前CPU正在执行你在忙里偷闲时玩的纸牌游戏程序，而发出中断信号的是核弹预警雷达，这时CPU必须暂停运行你的游戏转而去处理中断，但如果中断信号的优先级没有当前正在运行的程序高，那么也可以选择不处理。接下来我们看如何处理中断。

处理中断时首先需要将被中断任务的状态保存起来，然后CPU跳转到中断处理函数起始位置开始执行指令（中断处理函数），在处理完中断后再跳转回来继续执行被中断的任务，如图6.3所示。

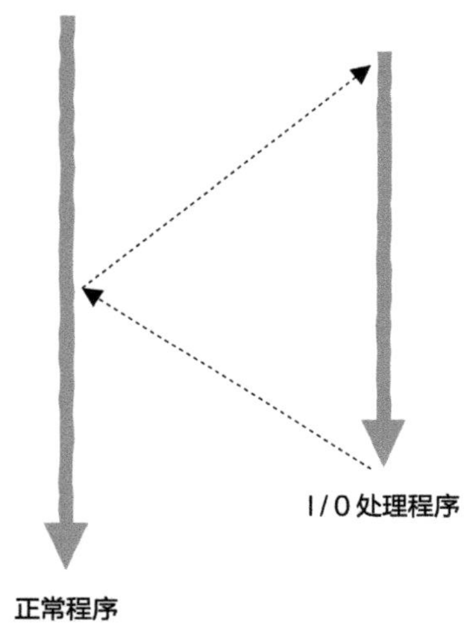

图6.3 中断处理与返回

有的读者可能会有疑问，这与普通的函数调用有什么区别吗?

6.1.8 中断处理与函数调用的区别

中断处理的确与普通的函数调用很相似，都涉及跳转及返回，这一点是相同的（注意，这里只考虑用户态的函数调用）。

从第3章的讲解中我们知道，函数调用前要保存返回地址、部分通用寄存器的值和参数等信息，但也仅限于此，而跳转到中断处理函数要保存的绝不仅仅是这些信息了。

根本原因在于不管是用户态还是内核态，函数调用仅仅发生在单个线程内部，处在同一个执行流中，而中断处理跳转则涉及两个不同的执行流，因此相比函数调用，中断处理跳转需要保存的信息也更多。

现在我们还需要解决最后一个问题，那就是如何保存并恢复被中断程序的执行状态。实际上这个问题在4.9节的中断处理部分讲解过，这里再细化一下，如果你已经有点记不清楚的话，那么可以回去翻看一下。

6.1.9 保存并恢复被中断程序的执行状态

让我们来看一个稍微复杂一些的示例，如图6.4所示。

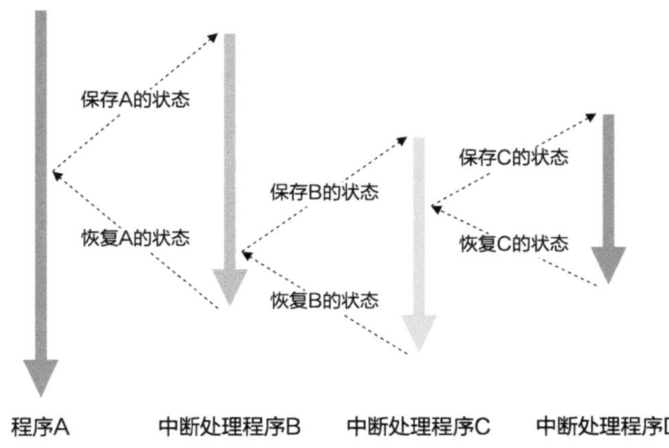

图6.4　中断处理程序也可以被中断

程序A在执行过程中被中断，此时程序A被暂停执行，CPU跳转到中断处理程序B；CPU在执行中断处理程序B时也被中断，此时中断处理程序B被暂停，CPU跳转到中断处理程序C；当CPU在执行中断处理程序C时又一次被中断，此时中断处理程序C被暂停，CPU跳转到中断处理程序D。

当中断处理程序D执行完成后依次返回到程序C、程序B和程序A。

注意观察保存状态和恢复状态的顺序，先看保存状态的顺序：

```
保存程序A的状态；
保存程序B的状态；
保存程序C的状态。
```

再看恢复状态的顺序：

```
恢复程序C的状态；
恢复程序B的状态；
恢复程序A的状态。
```

从这里我们可以看出，先保存状态的反而要后恢复状态，这自然可以使用栈来实现，因此我们可以创建一个专用于保存程序运行状态的栈，当然该栈必须位于内核态，也就是说普通程序是无法看到和修改此栈的，只有当CPU进入内核态时才能操作此栈。

我们把上面的例子细化一下，假设本节开头的示例在内存中的状态如图6.5所示。

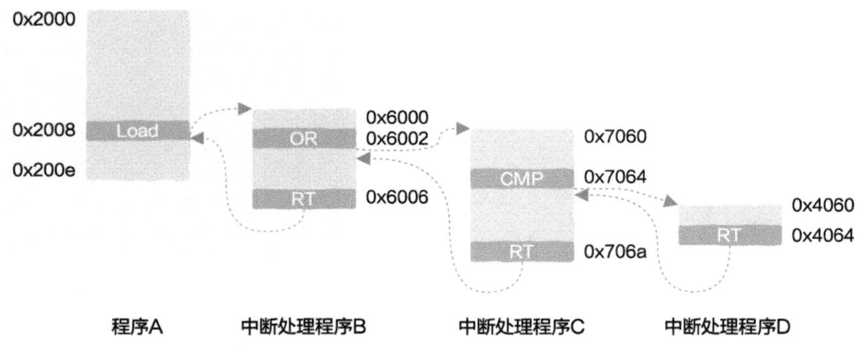

图6.5　中断处理程序的跳转与返回

假设当CPU执行地址0x2008上属于程序A的Load指令后检测到有中断产生，此时CPU开始进入内核态，并将程序A下一条要执行的机器指令地址（假设是）0x2009和程序A的状态push到栈中，此时该栈的状态如图6.6所示。

保存完程序A的所有必要信息后，CPU跳转到程序B，也就是跳转到地址0x6000，当CPU执行到地址0x6002属于程序B的OR指令后，再次检测到中断产生，此时把要执行的下一条指令的地址（假设是）0x6003和程序B的状态push到栈中。此时该栈的状态如图6.7所示。

图6.6　跳转到程序B时的栈状态

图6.7　跳转到程序C时的栈状态

此后，这个套路就很清晰了，CPU跳转到程序C，执行一段时间后再次被中断，此时CPU要把下一条指令的地址和程序C的状态push到栈中，如图6.8所示。

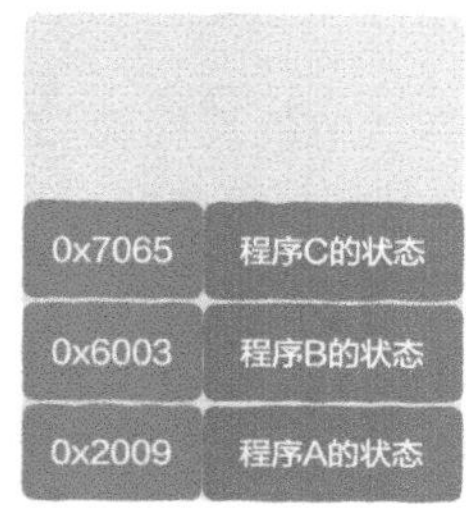

图6.8　跳转到程序D时的栈状态

此后，CPU跳转到程序D，终于，CPU可以不被打断地执行完该任务了。

注意，关键点来了，当CPU执行完程序D的最后一条RT指令后该怎么办呢？RT指令的作用就是跳转回被中断的程序，该指令pop栈顶的数据，将其恢复到PC寄存器及相应状态寄存器，就这样，当CPU执行完程序D的RT指令后PC寄存器中的值变为0x7065，而这正是程序C接下来要执行的指令。

就这样，程序C继续执行，就好像从来没被打断过一样，是不是很有趣？同样，当程序C执行到最后一条RT指令时，从栈顶pop出数据，并将其恢复到PC寄存器中，这样程序B继续执行。当程序B执行到最后一条指令时，再次pop出栈顶数据并将其恢复到PC寄存器，这样程序A继续执行。

这就是中断处理的实现原理和栈的奇妙用处。

注意，本节讲述的是I/O的底层实现原理，而设备驱动和文件系统等是在此基础上进一步设计与封装的。

既然现在你已经理解了两种I/O处理方式——轮询和中断，与之前一样，是时候把我们的目光从单纯的I/O转移出来了，看看它与CPU、操作系统、磁盘这几者之间又有哪些关联和巧妙的设计。

6.2 磁盘处理I/O时CPU在干吗

不卖关子先说答案：对于现代计算机系统来说，其实磁盘处理I/O是不需要CPU参与的，在磁盘处理I/O请求的这段时间里，CPU会被操作系统调度去执行其他有用的工作，CPU也许在执行其他线程，也许在内核态忙着执行内核程序，也许空闲着。

假设CPU开始执行的是线程1，执行一段时间后发起涉及磁盘的I/O请求，如读取文件等，磁盘I/O相比CPU速度是非常慢的，因此在该I/O请求尚未处理完之前线程1无法继续向前推进，此时操作暂停线程1的执行，将CPU分配给了处于就绪状态的线程2，这样线程2开始运行，磁盘开始处理线程1发起的I/O请求。注意，在这段时间内CPU和磁盘都在独立处理自己的事情，当磁盘处理完I/O请求后CPU继续执行线程1。

可以看到，磁盘处理I/O与CPU执行任务是两个独立的事情，互不依赖，可以并行，如图6.9所示。

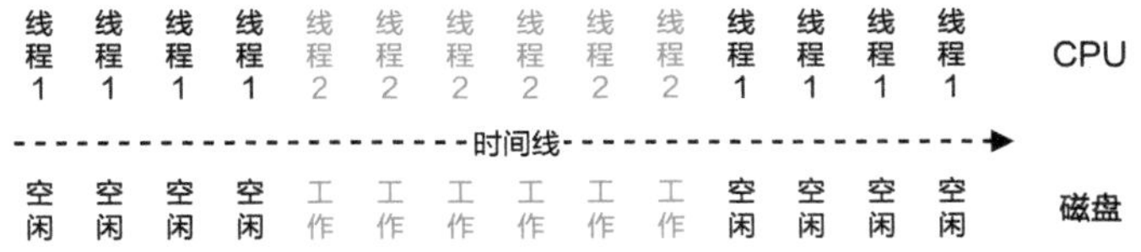

图6.9 当线程发起磁盘I/O请求后被暂停，其他线程开始运行

为什么磁盘处理I/O请求全程都不需要CPU参与呢？

要想理解这个问题你需要了解设备控制器、DMA和中断。

接下来我们一一讲解。

首先来看设备控制器。

6.2.1 设备控制器

对于I/O设备，如磁盘，如图6.10所示，大体上可以将其划分为两部分。其中一部分是机械部分。

图6.10 磁盘

从图6.10中我们可以看到磁头、柱面等，当有I/O请求到来时，需要读取的数据可能并没有位于磁头所在的磁道上，这时磁头需要移动到具体的磁道上去，这个过程叫作寻道（seek），这是磁盘I/O中非常耗时的操作，原因很简单，因为这是机械器件，相对于CPU的速度来说是极其缓慢的。

除了看得见、摸得着的机械部分，另一部分就是电子部分。

电子部分是电子化的，被称为设备控制器（Device Controller）。

还是以磁盘为例，最初电子部分的职责非常简单，但现在电子部分俨然已经变成一个微型的计算系统了，具备自己的微处理器和固件，可以在没有CPU协助的情况下完成复杂操作，同时有自己的buffer或者寄存器，用来存放从设备中读取的数据或者要准备写入设备中的数据。

注意，不要把设备控制器和设备驱动混淆，我们常说的设备驱动（Device Driver）是一段属于操作系统的代码，而设备控制器可以理解为硬件，其作用是接收来自设备驱动的命令并以此控制外部设备，如图6.11所示。

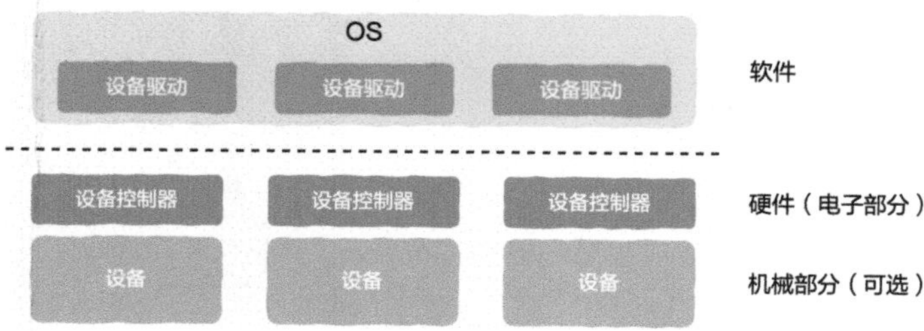

图6.11 OS、设备控制器与设备

可以认为设备控制器是一座桥梁，架设起了操作系统（设备驱动）和外部设备，设备控制器越来越复杂，目的之一就是解放CPU。

6.2.2　CPU应该亲自复制数据吗

虽然现在设备控制器有一定的独立自主能力，接收到命令后可以自行处理任务，如把数据从磁盘读取到自己的buffer中，但是此后CPU应该亲自执行数据传输指令把设备控制器buffer中的数据复制到内存中吗？

答案是否定的，如图6.12所示。

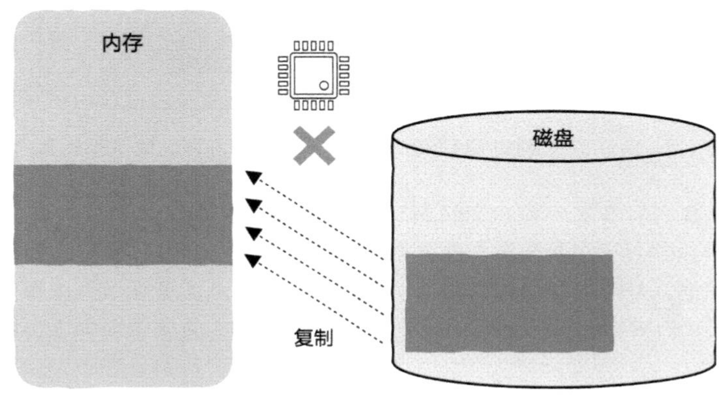

图6.12　CPU应该去执行更有用的任务

对于CPU来说，亲自复制数据是一件极其浪费计算资源的事情，CPU时间是非常宝贵的，不应该浪费在数据复制这样的事情上。

虽然CPU不应该去干这些脏活累活，但数据总是要在设备和内存之间传输的，因此总要有人来完成这项任务。

为此，聪明的人类设计了一种机制，可以在没有CPU参与的情况下直接在设备和内存之间传输数据，这种机制有一种很直观的名称——直接存储器访问（Direct Memory Access，DMA）。

到目前为止，我们已经了解了两种在I/O设备与内存之间传输数据的机制，即轮询与中断，DMA是第三种。

6.2.3　直接存储器访问：DMA

其实从磁盘往内存读数据就好比远洋贸易，货物漂洋过海一路被慢悠悠地运到港口后需要转运到具体的工厂，CPU可以亲自把货物从港口运到工厂，但CPU太重要了，让CPU去完成这么没有技术含量的工作就是浪费。CPU要做的事就是待在办公室里下达命令，指挥手下的人去干活，这个负责在内存与外部设备之间搬运数据的家伙就是DMA。

因此，我们可以看到DMA这种机制目的非常明确：不需要CPU的介入，直接在设备与内存之间传输数据，如图6.13所示。

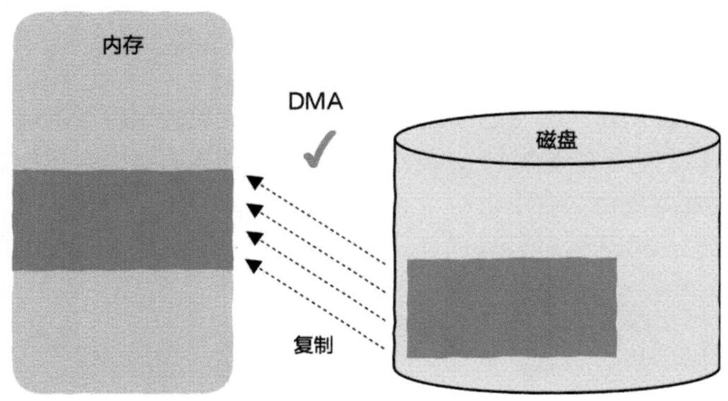

图6.13　不需要CPU的介入，直接在设备与内存之间传输数据

接下来，我们简单看一下DMA的工作过程。

首先，虽然CPU不需要亲自去做数据复制的事情，但CPU必须下达指令告知DMA该怎样去复制数据，是把数据从内存写入设备还是把数据从设备读取到内存中？读写多少数据？从哪块内存开始读写？从哪个设备读写数据？这些信息必须告诉DMA，此后DMA才能开展工作。

DMA在明确自己的工作目标后，开始进行总线仲裁，也就是申请对总线的使用权，此后开始操作设备。假设我们从磁盘中读取数据，当数据读取设备控制器的buffer后DMA开始将这些数据写入指定的内存地址，这样就完成了一次数据复制工作。

从内存向设备写入数据的过程也类似。

实际上，DMA接管了部分原本属于CPU的工作，如图6.14所示。

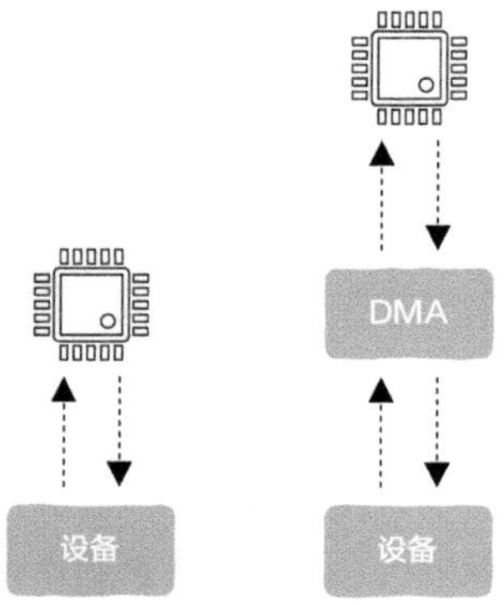

图6.14　DMA接管了部分原本属于CPU的工作

从这里我们可以看出，在设备与内存之间传输数据的整个过程中CPU很少参与。

当然，天下没有免费的午餐，在计算机世界中尤其如此。DMA在解放CPU的同时也带来一定的麻烦，对什么样的系统会带来麻烦呢？答案是支持虚拟内存和带有cache的系统。

关于虚拟内存，我们已经在之前的章节中多次提到过；关于cache，就是指CPU与内存之间的cache，我们在第5章讲解过。

对于支持虚拟内存的系统来说，其实有两套内存地址，一套是虚拟地址，另一套是物理内存地址。以从设备读取数据写入内存为例，对于DMA来说到底是把读取到的数据写入虚拟地址还是物理内存地址呢？一种解决办法是操作系统为DMA提供必要的虚拟地址到物理地址的映射信息，这样DMA就可以直接基于虚拟地址进行数据传输了。

此外，对于有cache的系统，如CPU中的L1 cache、L2 cache等，内存中的数据可能有两份：一份在内存中；另一份在cache中。关键在于这两份数据并不是时刻都相同的，如图6.15所示。

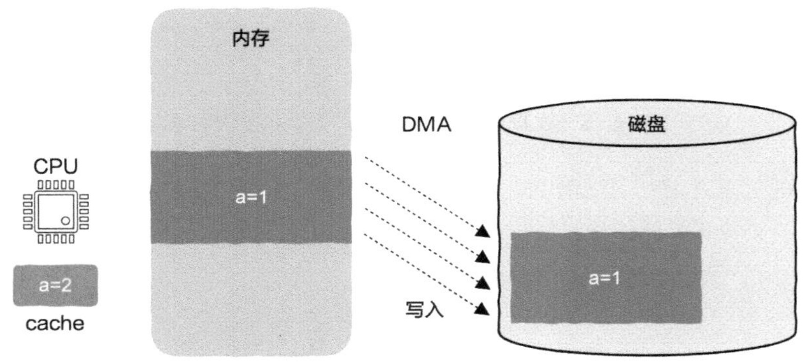

图6.15 DMA从内存中读取到的数据不一定是最新的

假设在某一时刻变量a由1被修改为2，并更新到cache中，但变量a的最新值还没有来得及更新到内存中，此时DMA需要将变量a从内存中读取后写入设备，在这个时刻DMA写入的就不是变量a的最新值了。这又是一类一致性问题，该问题的一种解决方法是立即将相应cache中的数据更新到内存中，以确保不会出现一致性问题。

现在，我们可以独立自主地在设备和内存之间传输数据了，还有最后一个问题，CPU怎么知道数据传输是否完成了呢？

很简单，当DMA完成数据传输后就利用6.1节讲解的中断机制来通知CPU。

现在就可以回答本节开头提出的问题了。

6.2.4 Put Together

当CPU执行的线程1利用系统调用发起I/O请求后，操作系统暂停线程1的执行，并将CPU分配给线程2，这样线程2开始运行。

此时磁盘开始工作，在数据准备就绪后基于DMA机制直接在设备与内存之间传输数据，当数据传输完毕后利用中断机制通知CPU，CPU暂停线程2的执行转而去处理该中断。此时操作系统发现线程1发起的I/O请求已经处理完成，因此决定把CPU再次分配给线程1，这样线程1从上一次被暂停的位置继续运行下去。

这里的关键在于，当磁盘在处理I/O请求时CPU并没有原地等待，而是在操作系统的调度下去执行线程2，如图6.16所示。

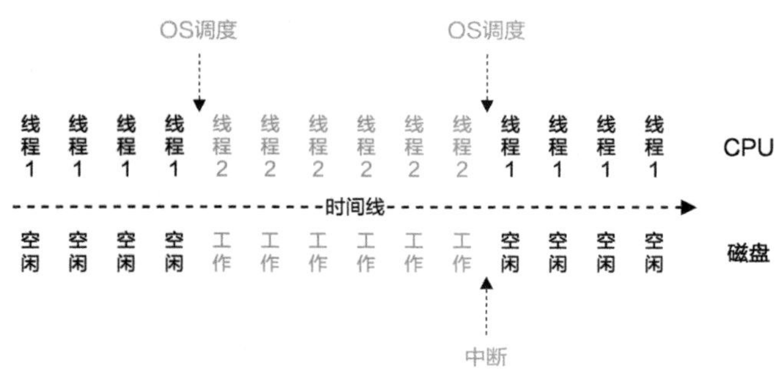

图6.16 在操作系统的调度下充分利用CPU资源

从这个过程中我们可以看到，得益于操作系统、设备、DMA和中断等软件和硬件的精密配合，计算机系统的资源得到了最大限度的利用，整个过程非常高效。

6.2.5 对程序员的启示

从同步、异步的角度来看，磁盘处理I/O请求相对CPU执行机器指令来说实际上是异步的，当磁盘处理I/O请求时CPU在忙自己的事情。

从软件的角度来讲，我们可以把磁盘处理I/O请求看成一个单独的线程，把CPU执行机器指令也看成一个单独的线程，当CPU线程发起I/O请求后直接创建磁盘线程去处理该任务。此后CPU线程该干什么就干什么，CPU线程与磁盘线程开始并行运行。当磁盘线程处理完I/O请求后通知CPU线程，这样CPU线程和磁盘线程也是异步的。

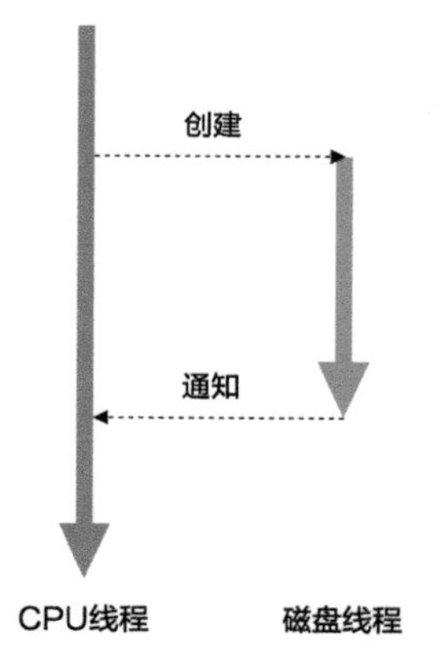

图6.17 用软件的类比理解硬件

可以看到，不管对于软件还是对于硬件来说，高效的秘诀之一就在于异步（到目前为止我们已经见到过多次了），也就是“不依赖”，或者“解耦”，只有相对独立才能更高效地利用系统资源（前提是配合高效的调度）。用软件的类比理解硬件如图6.17所示。

好啦，6.1节和6.2节主要讲解计算机底层的I/O处理机制，我们了解了CPU、磁盘和操作系统是如何交互的，然而对程序员来说可能更感兴趣的是程序如何读取文件这种抽象层次更高一点的问题，因此接下来我们的视角从底层转移到编程上来，看一下程序是如何读取文件的。

6.3 读取文件时程序经历了什么

相信对程序员来说I/O操作是最熟悉不过的。

当我们使用C语言中的printf、C++中的“<<”、Python中的print、Java中的System.out.println等时，这是I/O；当我们使用各种编程语言读写文件时，这也是I/O；当我们通过TCP/IP进行网络通信时，这还是I/O；当我们移动鼠标、敲击键盘在评论区里指点江山抑或埋头苦干努力制造bug时，当我们能在屏幕上看到漂亮的图形界面时，等等，这一切都是I/O。

想一想，没有I/O能力的计算机该是一种多么枯燥的设备，不能看电影，不能玩游戏，也不能上网，这样的计算机最多就是一个大号的计算器。

既然I/O这么重要，那么从内存的角度来看，什么才是I/O呢?

6.3.1 从内存的角度看I/O

从内存的角度看，I/O就是简单的数据拷贝，仅此而已。

那么拷贝数据又是从哪里拷贝到哪里呢? 如果数据是从外部设备拷贝到内存中的，那么这就是Input；如果数据是从内存拷贝到外部设备的，那么这就是Output。内存与外部设备之间来回地拷贝数据就是Input/Output，简称I/O，如图6.18所示。

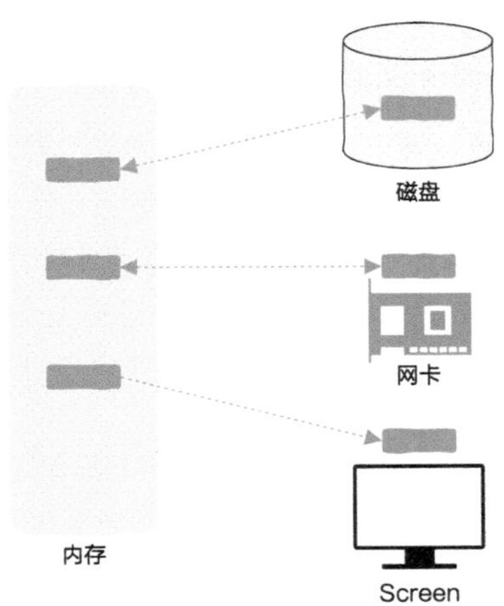

图6.18 内存与外部设备之间来回地拷贝数据就是I/O

I/O其实就是数据拷贝，以读取文件内容为例，数据又是如何从设备拷贝到进程地址空间中的呢?

接下来，我们用一个示例来说明进程读取文件的整个过程，这和6.2节关于磁盘I/O的过程类似，只不过我们在这里将从程序员的角度来讲解，并把重点放在内存和进程的调度上。

6.3.2 read函数是如何读取文件的

假设现在有一个单核CPU系统，该系统中正在运行A和B两个进程，当前进程A正在运行，如图6.19所示。

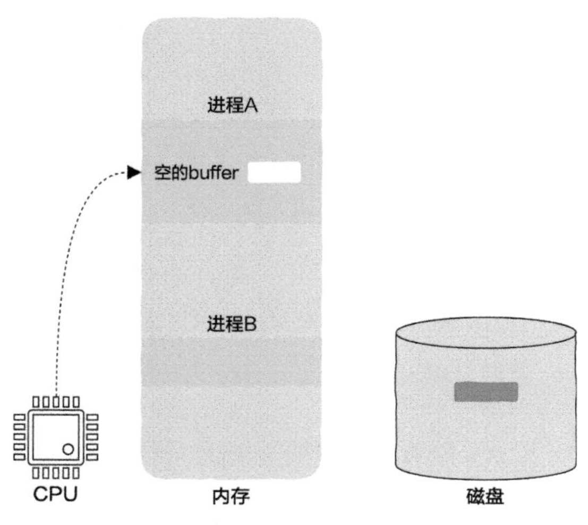

图6.19 进程A正在运行

进程A中有一段读取文件的代码，无论用什么编程语言编写，通常我们都会先定义一个用来装数据的buffer，然后调用read之类的函数，像这样：

```
char buffer[LEN];
read(buffer);
```

这就是一种典型的I/O操作，该函数在底层需要通过系统调用向操作系统发起文件读取请求，该请求在内核中会被转为磁盘能理解的命令并发送给磁盘。与CPU执行指令的速度相比，磁盘I/O是非常慢的，因此操作系统不会把宝贵的计算资源浪费在无谓的等待上，这时重点来了。

由于外部设备执行I/O操作是相当慢的，因此在I/O操作完成之前进程无法继续向前推进，这就是第3章讲解过的阻塞。操作系统暂停当前进程的运行并将其放到I/O阻塞队列中，如图6.20所示（注意，不同的操作系统会有不同的实现，但这种实现细节上的差异不影响我们的讨论）。

这时操作系统已经向磁盘发起了I/O请求，磁盘开始工作，并利用6.2节讲解的DMA机制将数据拷贝到某一块内存中，这块内存就是调用read函数时传入的buffer，这个过程如图6.21所示。

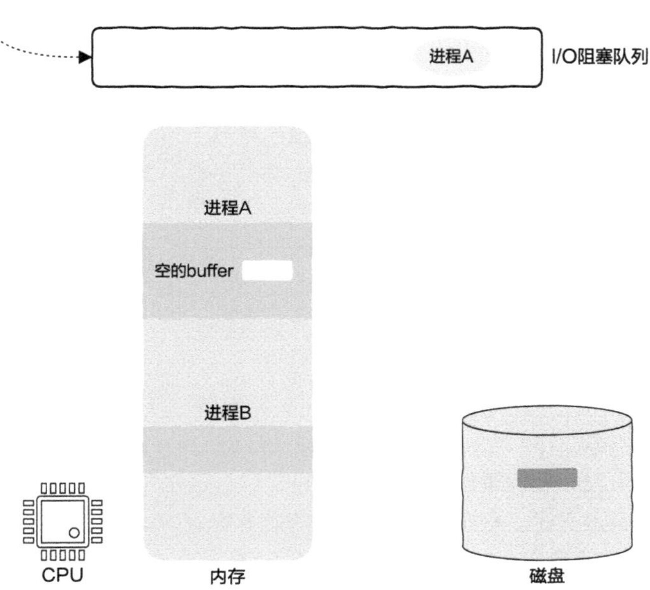

图6.20 进程A被暂停运行并被放到I/O阻塞队列中

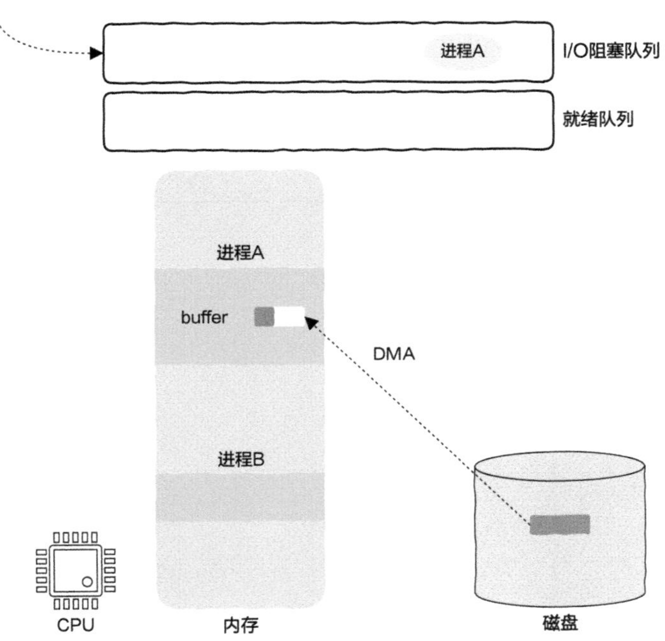

图6.21 把磁盘数据写入内存

让磁盘先忙着，我们接着看操作系统。

实际上，操作系统中除了有阻塞队列还有就绪队列。就绪队列是指队列里的进程具备了重新运行的条件。你可能会问为什么不直接执行它们而非要有个就绪队列呢？答案很简单，因为“僧多粥少”，在即使只有单核的机器上也可以创建出成千上万个进程，CPU核心数可不会有这么多，因此必然存在这样的进程：即使其准备就绪也不会被立刻分配到CPU，这样的进程就被放到了就绪队列。

现在进程B就被放到了就绪队列，万事俱备只欠CPU，如图6.22所示。

当进程A发起阻塞式I/O请求被暂停执行后，CPU是不可以闲下来的，因为就绪队列中还有嗷嗷待哺的其他进程，这时操作系统开始在就绪队列中找到下一个可以运行的进程，也就是这里的进程B。

此时操作系统将进程B从就绪队列中取出，并把CPU分配给该进程，这样进程B开始运行，如图6.23所示。

注意观察图6.23，此时进程B在被CPU执行，磁盘正在向进程A的内存空间中写数据，大家都在忙，谁都没有在空闲着，在操作系统的调度下，CPU、磁盘都得到了充分的利用。

现在你应该理解为什么操作系统这么重要了吧?

此后，磁盘终于将全部数据都拷贝到了进程A的内存中，这时磁盘向CPU发出中断信号，CPU接收到中断信号后跳转到中断处理函数，此时我们发现磁盘I/O处理完毕，进程A重新获得继续运行的资格，这时操作系统小心翼翼地把进程A从I/O阻塞队列取出后放到就绪队列中，如图6.24所示。

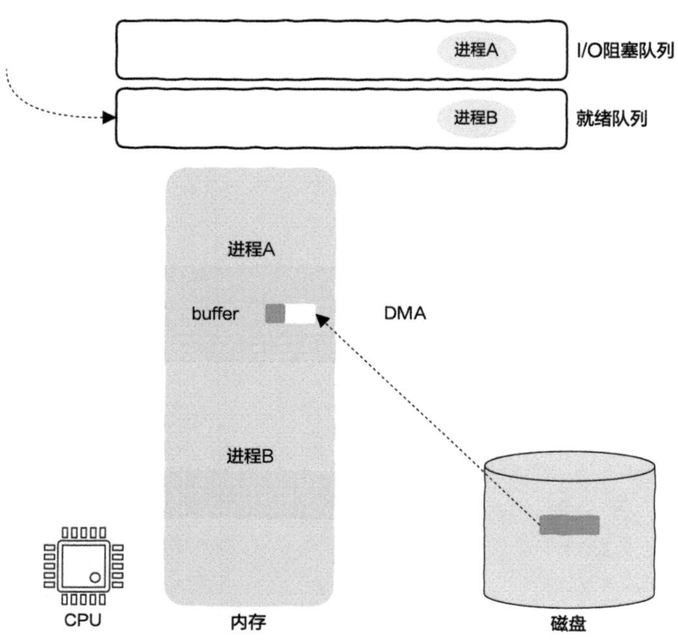

图6.22　进程B具备了运行条件

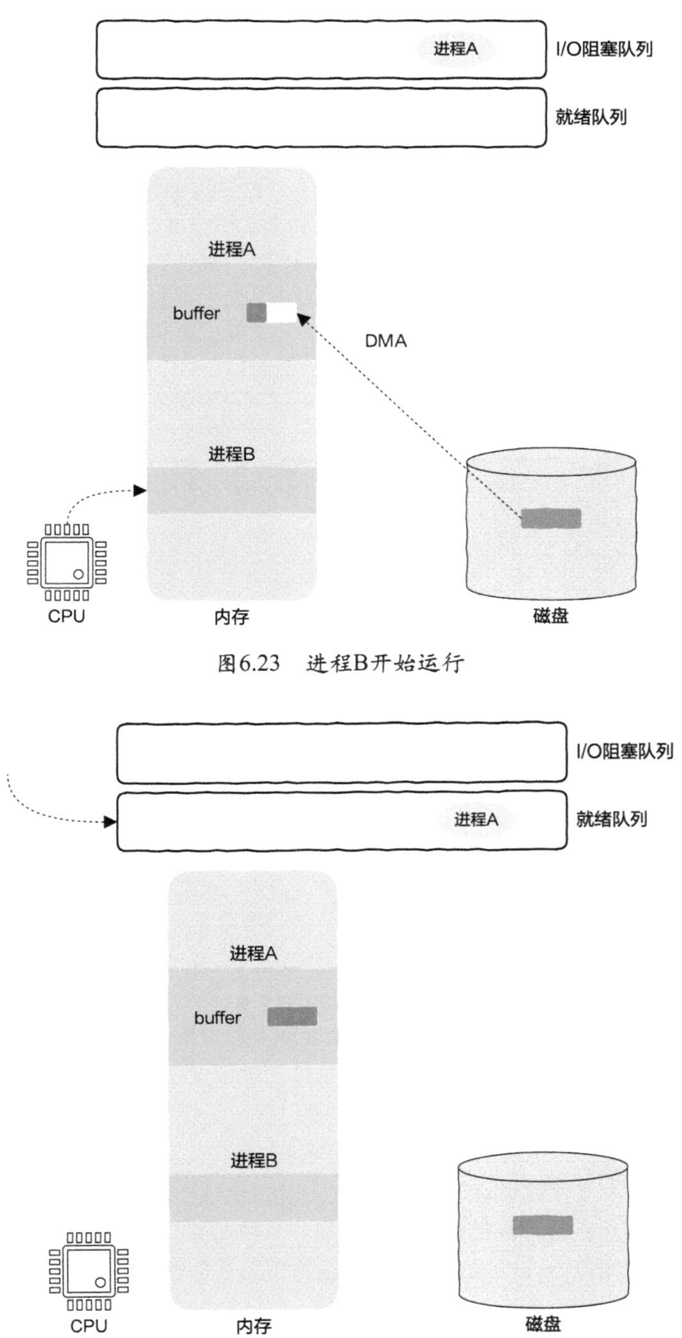

图6.23 进程B开始运行

图6.24 I/O请求处理完毕后，进程A再次具备重新运行的条件

此时，操作系统需要决定把CPU分配给进程A还是进程B，在这里假设分配给进程B的CPU时间片还没有用完，因此操作系统决定让进程B继续运行。

此后进程B继续运行，进程A继续等待，进程B运行了一会儿后系统中的定时器发出定时器中断信号，CPU跳转到中断处理函数，此时操作系统认为进程B运行的时间够长了，因此暂停进程B的运行并将其放到就绪队列，与此同时把进程A从就绪队列中取出，并把CPU分配给它，这样进程A得以继续运行，如图6.25所示。

注意，操作系统把进程B放到了就绪队列，进程B被暂停运行仅仅是因为时间片用完了而不是因为发起阻塞式I/O请求被暂停运行。

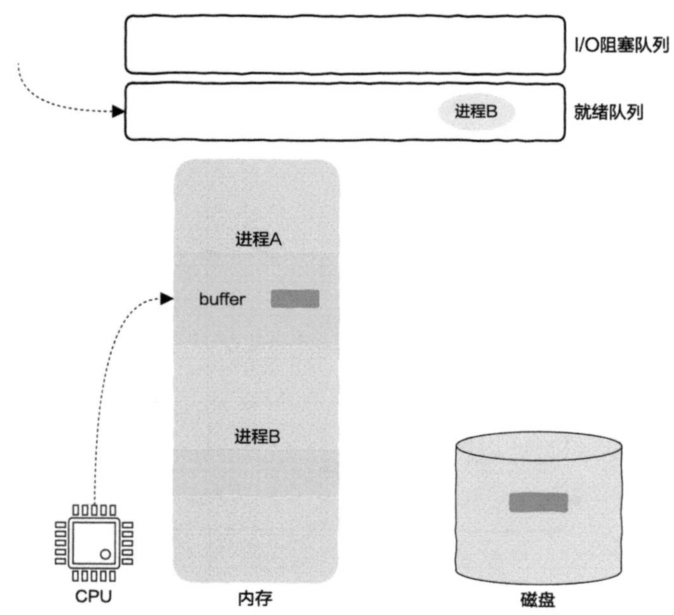

图6.25 进程B被暂停运行并被置于就绪队列

这样进程A继续运行，此时的buffer中已经装满了程序员需要的数据，进程A就这样愉快地运行下去了，就好像从来没有被暂停过一样，进程对于自己被暂停一事一无所知，这就是操作系统的魔法。

现在你应该明白了程序读取文件的过程了吧?

在本节我们认为文件数据直接被拷贝到了进程地址空间中，但实际上，一般情况下I/O数据首先要被拷贝到操作系统内部，然后操作系统将其拷贝到进程地址空间中。因此我们可以看到这里其实还有一层经过操作系统的拷贝，当然我们也可以绕过操作系统直接将数据拷贝到进程地址空间中，这就是零拷贝（Zero Copy）技术。

关于I/O的理论部分已经介绍的不少了，接下来我们转向I/O应用，介绍两种高级I/O技术：I/O多路复用和mmap。

首先来看第一种，I/O多路复用。

6.4 高并发的秘诀：I/O多路复用

程序员编写代码执行I/O操作最终都逃不过文件这个概念。

在UNIX/Linux世界中，文件是一个很简单的概念，程序员只需要将其理解为一个*N*字节的序列就可以了：

```
b1, b2, b3, b4, …, bN
```

实际上，所有的I/O设备都被抽象为文件这个概念，一切皆文件（Everything is File），磁盘、网络数据、终端，甚至进程间通信工具管道pipe等都被当成文件对待。

所有的I/O操作也都可以通过文件读写来实现，这一抽象可以让程序员使用一套接口就能操作所有外部设备，如用open打开文件、用read/write读写文件、用seek改变读写位置、用close关闭文件等，这就是文件这个概念的强大之处。

6.4.1 文件描述符

6.3节讲到用read读取文件内容时代码是这样写的：

```
read(buffer);
```

这里忽略了一个关键问题，那就是虽然指定了往buffer中写数据，但是该从哪里读数据呢?

这里缺少的就是文件，该怎样使用文件呢?

大家都知道，周末在人气高的餐厅就餐通常都需要排队，然后服务员会给你一个排队号码，通过这个号码服务员就能找到你，这里的好处就是服务员不需要记住你是谁，你的名字是什么，来自哪里，喜好是什么，等等，这里的关键点就是服务员对你一无所知，但依然可以通过一个号码找到你。

同样地，在UNIX/Linux世界中要想使用文件，我们也需要借助一个号码，这个号码就被称为文件描述符（File Descriptors），其道理和上面那个排队使用的号码一样，因此文件描述符仅仅就是一个数字而已。当打开文件时内核会返回给我们一个文件描述符，当进行文件操作时我们需要把该文件描述符告诉内核，内核获取到这个数字后就能找到该数字所对应文件的一切信息并完成文件操作。

尽管外部设备千奇百怪，这些设备在内核中的表示和处理方法也各不相同，但这些都不需要告知程序员，程序员需要知道的就只有文件描述符这个数字而已。使用文件描述符来处理I/O如图6.26所示。

有了文件描述符，进程可以对文件一无所知，如文件是否存储在磁盘上、存储在磁盘的什么位置、当前读取到了哪里等，这些信息统统交由操作系统打理，进程不需要关心，程序员只需要针对文件描述符编程就足够了。

因此，我们来完善之前的文件读取程序：

```
char buffer[LEN];

int fd = open(file_name); // 获取文件描述符
read(fd, buffer);
```

怎么样，是不是非常简单？

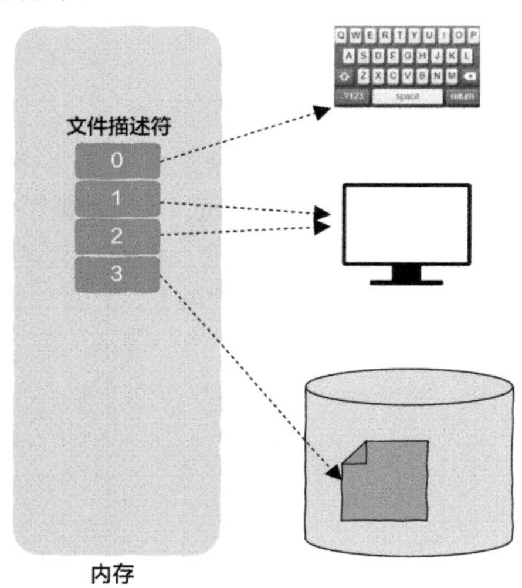

图6.26 使用文件描述符来处理I/O

6.4.2 如何高效处理多个I/O

经过了这么多的铺垫，终于来到高并发这一主题了，这里的高并发主要是指服务器可以同时处理很多用户请求，现在的网络通信多使用socket编程，这也离不开文件描述符。

如果你有一个Web服务器，三次握手成功以后通过调用accept函数来获取一个链接，调用该函数后我们同样会得到一个文件描述符，通过这个文件描述符我们就可以和客户端进行通信了。

```
// 通过accept函数获取客户端的文件描述符
int conn_fd = accept(...);
```

服务器的处理逻辑通常是先读取客户端请求数据，然后执行某些处理逻辑：

```
if(read(conn_fd, buff) > 0) {
  do_something(buff);
}
```

是不是非常简单？

既然我们的主题是高并发，服务器就不可能只和一个客户端进行通信了，而可能会同时和成千上万个客户端进行通信，这时你需要处理的就不再是一个文件描述符这么简单，而有可能要处理成千上万个文件描述符。

为简单起见，现在我们假设该服务器只需要同时处理两个客户端的请求，有的读者可能会说，这还不容易，一个接一个地处理不就行了：

```
if(read(socket_fd1, buff) > 0) {
  // 处理第一个
  do_something();
}

if(read(socket_fd2, buff) > 0) {
  // 处理第二个
  do_something();
}
```

这里的read函数通常是阻塞式I/O，如果此时第一个用户并没有发送任何数据，那么该代码所在线程会被阻塞而暂停运行，这时我们就无法处理第二个请求了。即使第二个用户已经发出了请求数据，这对需要同时处理成千上万个客户端的服务器来说也是不能容忍的。

聪明的你一定会想到使用多线程，为每个客户端请求开启一个线程，这样即使某个线程被阻塞也不会影响到处理其他线程，但这种方法的问题在于随着线程数量的增加，线程调度及切换的开销会增加，这显然无法很好地应对高并发场景。

这个问题该怎么解决呢？这里的关键点在于，我们事先并不知道一个文件描述符对应的I/O设备是不是可读的、是不是可写的，在外部设备不可读或不可写的状态下发起I/O请求只会导致线程被阻塞而暂停运行。

我们需要改变思路。

6.4.3　不要打电话给我，有必要我会打给你

大家在生活中肯定接到过推销电话，而且肯定不止一个，这里的关键点在于推销员并不知道你是不是要买东西，只能一遍一遍地来问你，因此一种更好的策略是不要让他们打电话给你，记下他们的电话，有需要的话打给他们，这样推销员就不会一遍一遍地来烦你了（虽然现实生活中这并不可能）。

在这个例子中，你就好比内核，推销员就好比应用程序，电话号码就好比文件描述符，推销员与你用电话沟通就好比I/O，处理多个文件描述符的更好方法其实就在于“不要总打电话给内核，有必要的话内核会通知应用程序”。

因此，相比 6.3 节中我们通过 read 函数主动问内核该文件描述符对应的文件是否有数据可读，一种更好的方法是，我们把这些感兴趣的文件描述符一股脑扔给内核，并告诉内核“我这里有 10 000 个文件描述符，你替我监视着它们，有可以读写的文件描述符时你就告诉我，我好处理”，而不是一遍一遍地问“第一个文件描述符可以读写了吗？”“第

二个文件描述符可以读写吗？”“第三个文件描述符可以读写了吗？”

这样应用程序就从繁忙的主动变成了清闲的被动——反正文件描述符可读可写时内核会通知我，能偷懒我才不要那么勤奋。

这是一种方便程序员同时处理多个文件描述符的方法，这就是I/O多路复用（I/O multiplexing）技术。

6.4.4 I/O多路复用

multiplexing一词其实多用于通信领域，为充分利用通信线路，希望在一个信道中传输多路信号，为此需要将多路信号组合为一路，对多路信号进行组合的设备被称为多路复用器（multiplexer）。显然接收方接收到信号后要恢复原先的多路信号，这个设备被称为分离器（demultiplexer），如图6.27所示。

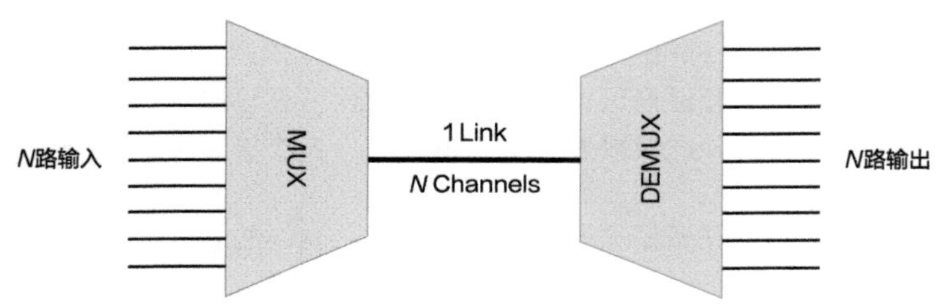

图6.27 通信领域中的I/O多路复用

回到我们的主题。

I/O多路复用指的是这样一个过程：

（1）我们得到了一堆文件描述符，无论是与网络相关的，还是与文件相关的，任何文件描述符都可以。

（2）通过调用某个函数告诉内核“这个函数你先不要返回，你替我监视着这些文件描述符，当其中有可以进行读写操作的文件描述符时你再返回”。

（3）该函数返回后我们即可获取到具备读写条件的文件描述符，并对其进行相应的处理。

通过该技术我们可以一次处理多路I/O，在Linux世界中使用I/O多路复用技术时有这样三种方式：select、poll和epoll。

接下来，我们简单介绍一下I/O多路复用技术三剑客。

6.4.5 三剑客：select、poll与epoll

本质上select、poll、epoll都是同步I/O多路复用技术，原因在于当调用这些函数时如果所需要监控的文件描述符都没有我们感兴趣的事件（如可读、可写等）出现时，那么调用线程会被阻塞而暂停运行，直到有文件描述符产生这样的事件时该函数才会返回。

在select这种I/O多路复用技术下，我们能监控的文件描述符集合是有限制的，通常不能超过1024个。从该技术的实现上看，当调用select时会将相应的进程（线程）放到被监控文件的等待队列中，此时进程（线程）会因调用select而阻塞暂停运行。当任何一个被监听文件描述符出现可读或可写事件时，就唤醒相应的进程（线程）。这里的问题是，当进程被唤醒后程序员并不知道到底是哪个文件描述符可读或可写，因此要想知道哪些文件描述符已经就绪就必须从头到尾再检查一遍，这是select在监控大量文件描述符时低效的根本原因。

poll和select是非常相似的，poll相对于select的优化仅在于解决了被监控文件描述符不能超过1024个的限制，poll同样会随着监控文件描述符数量增加而出现性能下降的问题，无法很好地应对高并发场景，为解决这一问题epoll应运而生。

epoll解决问题的思路是在内核中创建必要的数据结构，该数据结构中比较重要的字段是一个就绪文件描述符列表。当任何一个被监听文件描述符出现我们感兴趣的事件时，除了唤醒相应的进程，还会把就绪的文件描述符添加到就绪列表中，这样进程（线程）被唤醒后可以直接获取就绪文件描述符而不需要从头到尾把所有文件描述符都遍历一边，非常高效。

实际上在Linux下，epoll基本上就是高并发的代名词，大量与网络相关的框架、库等在其底层都能见到epoll的身影。

以上就是关于I/O多路复用的讲解，接着我们来看另一种高级I/O技术——mmap。

6.5 mmap：像读写内存那样操作文件

对程序员来说，读写内存是一件非常自然的事情，但读写文件对程序员来说就不那么方便、不那么自然了。

回想一下，你在代码中读写内存有多简单，简单定义一个数组，为其赋值：

```
int a[100];
a[10] = 2;
```

看到了吧，这时你就在写内存，甚至在写这段代码时你可能都没有去想过写内存这件事。

再想想你是怎样读取文件的：

```
char buf[1024];

int fd = open("/filepath/abc.txt");
read(fd, buf, 1024);
// 操作buf等
```

看到了吧，读写磁盘文件其实是一件很麻烦的事情，首先你需要打开一个文件，意思是告诉操作系统“Hey，操作系统，我要开始读abc.txt这个文件了，把这个文件的所有信息准备好，然后给我一个代号”，这个代号就是6.4节讲解的文件描述符，只要知道这个代号，你就能从操作系统中获取关于这个代号所代表文件的一切信息。

现在你应该看到了，操作文件要比直接操作内存复杂，根本原因就在于磁盘的寻址方式与内存的寻址方式不同，以及CPU与外部设备之间的速度差异。

对内存来说，我们可以直接按照字节粒度去寻址，但对在磁盘上保存的文件来说则不是这样的。一般来说，磁盘上保存的文件是按照块（block，一块有多个字节）的粒度来寻址的，此外CPU与磁盘之间的速度差异太大，因此必须先把磁盘中的文件读取到内存中，然后在内存中按照字节粒度来操作文件内容，如图6.28所示。

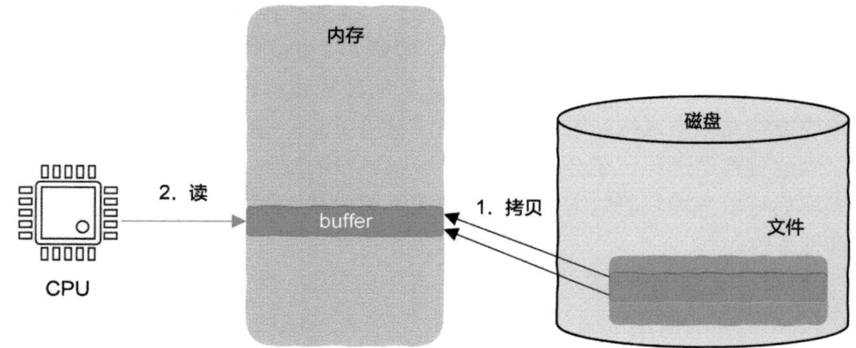

图6.28　与读写内存相比，操作文件内容相对复杂

因为直接操作内存很简单、很方便，所以有的读者会想我们有没有办法像读写内存那样去读写磁盘文件呢？

答案是肯定的。

6.5.1 文件与虚拟内存

对于在用户态编程的程序员来说，内存在他们眼里就是一段连续的空间。

巧了，磁盘上保存的文件在程序员眼里也存放在一段连续的空间中，如图6.29所示。有的读者会说文件其实可能是在磁盘上离散存放的。注意，我们在这里只从文件使用者的角度来讲。

图6.29　在使用者看来文件连续地存放在磁盘上

那么这两段空间有没有办法关联起来呢?

答案是肯定的。怎么关联呢?

答案是通过虚拟内存。你猜对了吗?

虚拟内存这个概念几乎贯穿了全书，我们已经讲解过很多次，虚拟内存的目的是让每个进程都认为自己独占内存，在支持虚拟内存的系统上，机器指令中携带的是虚拟地址，但在虚拟地址到达内存之前会被转为真正的物理内存地址。

既然进程看到的地址空间是假的，那么一切都好办了，既然是假的，就有“动手脚”的操作空间。

文件的概念可以让使用者认为其保存在一段连续的磁盘空间中，既然这样，我们就可以直接把这段空间映射到进程的地址空间中，如图6.30所示。

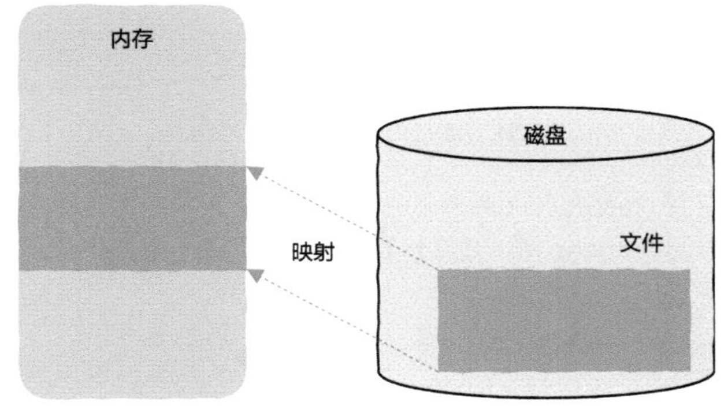

图6.30 把文件映射到进程地址空间中

假设文件长度是200字节，我们把该文件映射到进程的地址空间中，假设放到了地址600~800中，你可以在这段地址空间中按照字节粒度来操作文件，也就是说当你直接读写600~800这段地址空间中的内存时，实际上就是在操作磁盘文件，你可以像直接读写内存那样来操作磁盘文件。

听上去很神奇吧，这一切是怎么做到的呢?

6.5.2 魔术师操作系统

这一切都要归功于操作系统。

当我们首次读取600~800这段地址空间时，可能会因为与之对应的文件没有加载到内存中而出现缺页中断，此后CPU开始执行操作系统中的中断处理函数，在该过程中会发起真正的磁盘I/O请求，将文件读取到内存并建立好虚拟内存到物理内存之间的关联，此后程序就可以像读内存一样直接读取磁盘内容了。

写操作也很简单，用户程序依然可以直接修改这块内存，操作系统会在背后将修改内容写回磁盘。

现在你应该看到了，即使有了mmap，我们依然需要真正的读写磁盘，只不过这一过程是由操作系统发起的并借由虚拟内存对上层使用者隐藏起来了。对于用户态程序来说，“看起来”我们可以像读写普通内存那样直接读写磁盘文件，如图6.31所示。

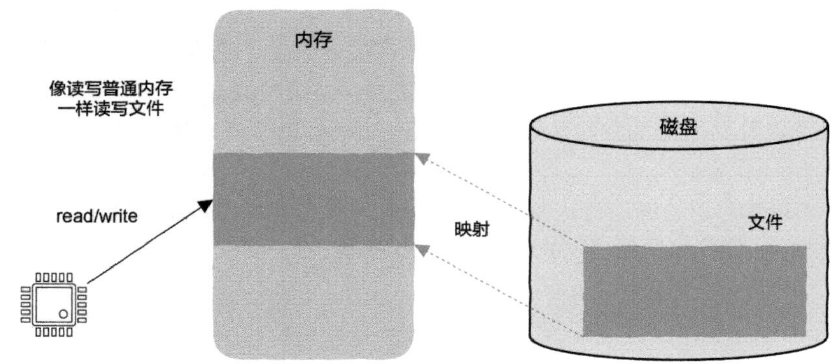

图6.31 像读写内存一样读写文件

现在你应该明白mmap是什么意思了吧？

接下来问题就是，mmap有什么好处呢？既然我们有read/write这样的函数为什么还要使用mmap呢？

6.5.3 mmap vs 传统read/write函数

我们常用的I/O函数，如read/write函数，其底层涉及系统调用，另外，使用read/write函数读文件时需要将数据从内核态拷贝到用户态，写数据时需要再从用户态拷贝到内核态。显然，这些都是有开销的，如图6.32所示。

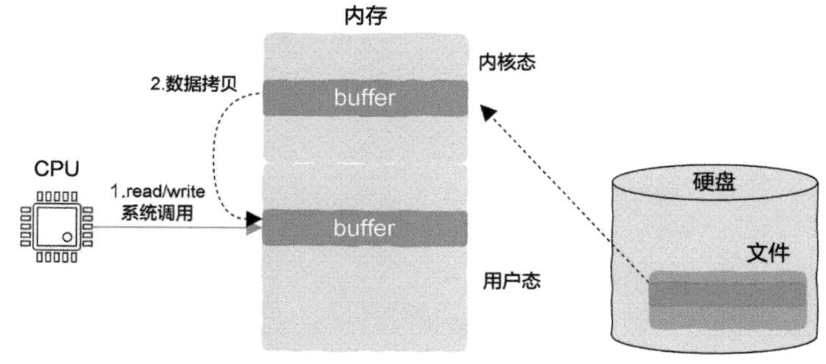

图6.32 read/write函数涉及系统调用和数据拷贝

mmap则无此问题，基于mmap读写磁盘文件时不会招致系统调用和内存拷贝的开销。但mmap也不是完美的，内核中需要有特定的数据结构来维护进程地址空间与文件的映射关系，这当然是有性能开销的。除此之外还有缺页问题（page fault），当然缺页中断是有必要的，当出现缺页中断时相应的中断处理函数会把文件真正加载到内存。

显然，缺页中断也是有开销的，而且不同的内核会有不同的实现机制，因此我们不能肯定地说mmap在性能上就是比read/write函数更好。这要看在具体场景下，read/write函数的系统调用加上内存拷贝的开销与mmap方法相比哪个更小，开销小的一方将展现出更优异的性能。

还是那句话，谈到性能，单纯的理论分析有时并不好用，需要基于真实的场景进行测试才能有结论。

6.5.4　大文件处理

到目前为止，大家对mmap最直观地理解是可以像直接读写内存那样来操作磁盘文件的，这非常方便。此外mmap与操作系统中的虚拟内存密切相关，这就为mmap带来了一个很有趣的优势。

这个优势在于处理大文件的场景，这里的大文件指的是大小超过物理内存的文件在这种场景下，如果你使用传统的read/write函数，那么你必须一块一块地把文件搬到内存，处理完文件的一小部分再处理下一部分，如果不慎申请过多内存可能还会招致OOM killer，同时，如果需要随机访问整个文件那么会比较麻烦。

但如果用mmap情况就不一样了，借助虚拟内存，只要你的进程地址空间足够大，就可以直接把整个大文件映射到进程地址空间中，即使该文件大小超过物理内存也没有问题，根据你调用mmap时传入的参数，如MAP_SHARED，对映射区域的修改将直接写入磁盘文件，这时系统根本不会关心你操作的文件是否比物理内存大。如果使用MAP_PRIVATE，则意味着系统要为你真正分配内存，这时物理内存加上交换区的总和就比较关键了，你操作的文件数不能超过这个总和太多，否则会导致内存不足。

不管怎样，利用mmap你可以在有限的物理内存中处理超大文件，至于系统如何腾挪内存，这一点程序员不需要关心，虚拟内存系统都帮我们处理好了。mmap与虚拟内存的结合可以让我们在处理大文件时简化代码设计，尤其针对需要随机读写的场景，但这种方法在性能上是否优于传统的read/write方法则无定论，还是那句话，如果你关心性能的话则需要基于真实的应用场景进行测试。

使用mmap处理大文件要注意一点，如果你的系统是32位的，进程的地址空间就只有4GB，这其中还有一部分要预留给操作系统；如果你处理的文件超过剩下的用户态地址空间，那么调用mmap将会失败，因为此时不足以找到一块连续的地址空间来映射该文件，在64位系统下则不需要担心地址空间不足的问题。

6.5.5　动态链接库与共享内存

假设有一个文件，很多进程的运行都依赖它，而且有一个特点，那就是这些进程以只读（read-only）的方式依赖于此文件。你一定在想，这么神奇？很多进程以只读的方式依赖此文件，有这样的文件吗？

答案是肯定的。这种文件就是第1章讲解的动态链接库。

我们知道静态链接会把库的内容拷贝到最终的可执行程序中，假设你写的代码本身只有2MB，却依赖了一个100MB的静态库，如果你使用到了这个静态库中所有的代码，那么最终生成的可执行程序可能有102MB，尽管你的代码本身只有2MB。

如果有10个程序依赖该静态库，那么生成的10个可执行程序中仅仅静态库的部分就将近1GB，但这些程序中静态库的部分是重复的，而且当这10个可执行程序都加载到内存中运行时也会浪费内存的存储空间。

动态链接库可以解决这个问题。

依然假设你写的代码本身只有2MB，依赖了一个100MB的动态链接库，那么最终生成的可执行程序可能有2MB，无论有多少程序依赖此动态链接库，可执行程序本身都不会包含该库的代码和数据，最棒的是所有依赖该库的程序加载到内存中运行起来后可以共享同一份动态库，这不但节省了磁盘空间而且节省了内存空间，让有限的内存可以同时运行更多的进程，是不是很酷?

现在我们已经知道了动态链接库的妙用，那动态链接库和mmap又有什么关联呢?

不是很多进程都依赖于同一个动态链接库吗？可以用mmap将其直接映射到各个依赖该库的进程地址空间中，尽管每个进程都认为自己的地址空间加载了该库，但实际上在物理内存中这个库只有一份，如图6.33所示。

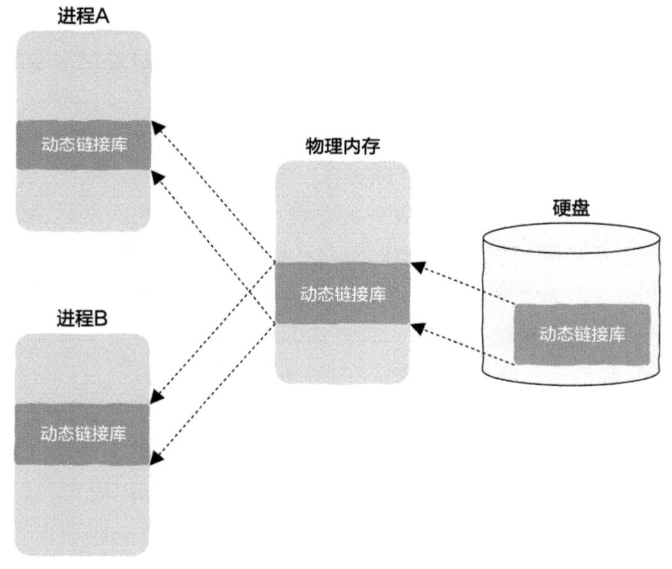

图6.33　将动态链接库映射到各个进程的地址空间中

mmap就这样很神奇的和动态链接库联动起来了。

6.5.6 动手操作一下mmap

为了让大家更直观地感受一下mmap与动态链接库的关联，这里用一个实际的例子来讲解。

我们用到的工具是strace命令，这个工具能告诉我们程序启动的很多秘密，因为它会打印程序运行过程中涉及的所有系统调用。

在Linux下ls恐怕是最常用的程序了，这个程序用来打印当前目录下都有哪些文件。我们使用strace命令来跟踪一下ls，得到的输出结果如图6.34所示。

```
1   $ strace ls
2   execve("/bin/ls", ["ls"], [/* 19 vars */]) = 0
3   brk(NULL)                               = 0x18fa000
4
5   ...
6
7   open("/etc/ld.so.cache", O_RDONLY|O_CLOEXEC) = 3
8   fstat(3, {st_mode=S_IFREG|0644, st_size=36768, ...}) = 0
9   mmap(NULL, 36768, PROT_READ, MAP_PRIVATE, 3, 0) = 0x7fd18fd97000
10  close(3)                                = 0
11
12  open("/lib/x86_64-linux-gnu/libselinux.so.1", O_RDONLY|O_CLOEXEC) = 3
13  read(3, "\177ELF\2\1\1\0\0\0\0\0\0\0\0\0\3\0>\0\1\0\0\0\260Z\0\0\0\0\0\0"..., 832) = 832
14  fstat(3, {st_mode=S_IFREG|0644, st_size=130224, ...}) = 0
15  mmap(NULL, 2234080, PROT_READ|PROT_EXEC, MAP_PRIVATE|MAP_DENYWRITE, 3, 0) = 0x7fd18f7d0000
16  ...
17  close(3)                                = 0
18
19
20  open("/lib/x86_64-linux-gnu/libc.so.6", O_RDONLY|O_CLOEXEC) = 3
21  read(3, "\177ELF\2\1\1\3\0\0\0\0\0\0\0\0\3\0>\0\1\0\0\0P\t\2\0\0\0\0\0"..., 832) = 832
22  fstat(3, {st_mode=S_IFREG|0755, st_size=1868984, ...}) = 0
23  mmap(NULL, 3971488, PROT_READ|PROT_EXEC, MAP_PRIVATE|MAP_DENYWRITE, 3, 0) = 0x7fd18f400000
24  ...
25  close(3)                                = 0
26
27  ...
```

图6.34　用strace命令跟踪ls得到的输出结果

打印的内容比较多，这里已经做了部分删减，不要被这些内容吓到，我们忽略掉前几行，从第7行开始看。

在第7行打开了一个叫作ld.so.cache的文件，这里面保存的就是动态链接库在磁盘上的路径，链接器根据这个文件的信息即可找到需要的动态链接库。在第9行利用mmap将该文件映射到了ls的地址空间中，注意open返回的文件描述符是3，mmap倒数第2个参数也是3，因此映射的是ld.so.cache这个文件。

在第12行打开了一个叫作libselinux.so.1的动态链接库，同样通过mmap映射到了ls的地址空间中。

在第20行打开了一个叫作libc.so.6的动态链接库，这个库的作用是什么呢？原来这就是大名鼎鼎的C标准库，几乎所有的程序都要依赖C标准库，写C语言程序时你会include很多文件，使用到很多标准库函数，这些库函数就是在libc.so中实现的。在这里同样用

mmap映射到了ls的地址空间中，如果你用strace去跟踪其他程序就会发现几乎所有程序启动时都需要加载libc库。

以上就是ls这个程序在启动时的秘密，当把必要的动态链接库加载进来后ls程序开始运行。

实际上，如果你用strace命令去追踪一下其他程序就会发现，每个程序的启动开始部分都差不多，几乎每个程序都依赖这里提到的几个动态链接库，每个程序都认为自己独占了该库，但该库在内存中只有一份，这种实现方法极大地节省了内存，可以让我们在有限的内存资源下运行更多进程，这当然也离不开操作系统中虚拟内存的帮助，实际上正是虚拟内存才使得mmap成为可能。

以上就是mmap和动态链接库的典型应用场景，在Linux下每次启动一个程序的背后mmap都帮我们完成了很多工作。

从这个示例中可以看出，如果你的应用场景和这里类似，即有很多进程以只读的方式依赖同一份数据，那么mmap能很好地满足需求。

好啦，以上就是关于mmap的介绍，尽管本节讲解了这一技术，但笔者也不得不承认，可能有很多程序员在整个职业生涯中都不会真的用到甚至接触到它。mmap在笔者眼里是一种很独特的机制，这种机制最大的诱惑在于可以像读写内存那样方便操作磁盘文件，这简直就像魔法一样，可以在一些场景下简化代码设计。

然而，mmap的使用还是存在着一定的门槛的，需要你对应用场景和mmap的机制有一个透彻的理解。此外如果你比较关注性能，那么相比常用的read/write来说，mmap是否有更好的表现则需要基于真实的场景进行测试才能有结论。

到这里，我们已经了解了CPU、内存、cache和I/O，在本章的最后一部分我们来看一下计算机系统中各种典型操作的时延是多少，这对系统设计和系统性能评估有着非常重要的参考价值。

6.6 计算机系统中各个部分的时延有多少

Jeff Dean是Google的工程师，还是众多知名软件，如MapReduce、BigTable、TensorFlow、LevelDB等的重要开发者，他在一次演讲中展示过这样一组统计数据，如图6.35所示。

从图6.35中我们可以清楚地看到，计算机系统中各种关键操作的延迟有多少，这是系统构建者进行方案设计与性能评估时的重要参考之一（注意，这张表格的统计时间是在2012年，距今已经有较长时间了，每年都对这几个指标进行一次更新）。

当然，笔者认为这里的数据是经验值，基于不同的处理器、不同的配置等都会得到不同的统计数据，但这并不妨碍我们用这些数据来建立对系统中各种关键操作时延的认知。

在这里我们以Jeff Dean的这一版统计为例来看看各项数据的对比。

```
L1 cache reference                           0.5 ns
Branch mispredict                            5   ns
L2 cache reference                           7   ns                      14x L1 cache
Mutex lock/unlock                           25   ns
Main memory reference                      100   ns                      20x L2 cache, 200x L1 cache
Compress 1K bytes with Zippy             3,000   ns        3 us
Send 1K bytes over 1 Gbps network       10,000   ns       10 us
Read 4K randomly from SSD*             150,000   ns      150 us          ~1GB/sec SSD
Read 1 MB sequentially from memory     250,000   ns      250 us
Round trip within same datacenter      500,000   ns      500 us
Read 1 MB sequentially from SSD*     1,000,000   ns    1,000 us    1 ms  ~1GB/sec SSD, 4X memory
Disk seek                           10,000,000   ns   10,000 us   10 ms  20x datacenter roundtrip
Read 1 MB sequentially from disk    20,000,000   ns   20,000 us   20 ms  80x memory, 20X SSD
Send packet CA->Netherlands->CA    150,000,000   ns  150,000 us  150 ms
```

图6.35 计算机中典型操作的延迟经验值

首先看与cache和内存相关的几项，访问L2 cache的耗时经验值大概是访问L1 cache耗时经验值的十几倍，而访问一次内存的耗时经验值则高达访问L2 cache的20倍，是访问L1 cache耗时的200倍。这些数字清楚地告诉我们与CPU速度相比，访问内存其实是很慢的，这就是为什么要在CPU和内存之间增加一层cache。

其次看分支预测失败的惩罚，关于分支预测我们已经在第4章讲解过了，现代CPU内部通常采用流水线的方式来处理机器指令，因此在if判断语句对应的机器指令还没有执行完时，后续指令就要进到流水线中。此时CPU就必须猜测if 语句是否为真，如果CPU猜对了，那么流水线照常运行，但如果猜错了流水线中已经被执行的一部分指令就要作废，从这里我们可以看到预测失败的惩罚大概只有纳秒级别。

程序员都知道访问内存的速度比访问SSD的速度快，访问SSD的速度比访问磁盘的速度快，那么到底能快多少呢？同样顺序读取1MB数据，内存花费的时间为250000ns，SSD花费的时间为1000000ns，磁盘花费的时间为20000000ns。可以看到，同样是顺序读取1MB数据，磁盘花费的时间是SSD花费的时间的20倍，是内存花费的时间的80倍，SSD耗时是内存耗时的4倍。因此，在顺序读取数据时磁盘的速度并没有我们想象的那么慢，但磁盘的寻道时间很长，来到了毫秒级别。当我们随机读取磁盘数据时很有可能会招致磁盘寻道，这也是很多高性能数据库采用“追加”，即顺序写的方式来向磁盘写数据的原因。

6.6.1 以时间为度量来换算

从图6.35中可以看到，计算机世界的时间是非常快的，人类对纳秒、微秒、毫秒等单位可能没有太多概念，为了能让大家更加直观地感受速度差异，我们依然以图6.35为例，并且把计算机世界中的0.5ns当作1s来换算一下，如图6.36所示。

```
L1 cache reference                            0.5 ns        1    s
Branch mispredict                             5   ns        10   s
L2 cache reference                            7   ns        14   s
Mutex lock/unlock                            25   ns        50   s
Main memory reference                       100   ns        3    min
Compress 1K bytes with Zippy              3,000   ns        90   min
Send 1K bytes over 1 Gbps network        10,000   ns        5    hour
Read 4K randomly from SSD*              150,000   ns        3    day
Read 1 MB sequentially from memory      250,000   ns        5    day
Round trip within same datacenter       500,000   ns        10   day
Read 1 MB sequentially from SSD*      1,000,000   ns        20   day
Disk seek                            10,000,000   ns        200  day
Read 1 MB sequentially from disk     20,000,000   ns        1    year
Send packet CA->Netherlands->CA     150,000,000   ns        7    year
Physical system reboot          120,000,000,000   ns        5600 year
```

图6.36 将0.5ns当作1s来换算

现在就很有趣了，假定L1 cache的访问延迟为1s，那么访问内存的延迟就高达3min；从内存中读取1MB数据需要花费5day，从SSD中读取1MB需要花费20day，从磁盘中读取1MB数据需要花费高达1year的时间。

更有趣的是，假设计算机重启的时间为2min，如果将0.5ns当作1s的话，2min就相当于5600year，中华文明上下五千年，大概就是这样一个尺度，在CPU看来计算机重启就是这么慢。

6.6.2 以距离为度量来换算

以上是基于时间维度来换算的，接下来我们基于距离维度再来换算一下，将0.5ns当作1m，换算结果如图6.37所示。

```
L1 cache reference                            0.5 ns            1   m
Branch mispredict                             5   ns           10   m
L2 cache reference                            7   ns           14   m
Mutex lock/unlock                            25   ns           50   m
Main memory reference                       100   ns          200   m
Compress 1K bytes with Zippy              3,000   ns            6   km
Send 1K bytes over 1 Gbps network        10,000   ns           20   km
Read 4K randomly from SSD*              150,000   ns          300   km
Read 1 MB sequentially from memory      250,000   ns          500   km
Round trip within same datacenter       500,000   ns         1000   km
Read 1 MB sequentially from SSD*      1,000,000   ns         2000   km
Disk seek                            10,000,000   ns        20000   km
Read 1 MB sequentially from disk     20,000,000   ns        40000   km
Send packet CA->Netherlands->CA     150,000,000   ns       300000   km
Physical system reboot          120,000,000,000   ns    240000000   km
```

图6.37 将0.5ns当作1s来换算

CPU访问L1 cache 的时延为0.5ns，假定在这个时间尺度下我们能行走1m，这大概就是你在家里走两步开门拿一个快递的距离。

在CPU访问内存的时延里我们可以行走200m，大概是你出门去便利店的距离。

在CPU从内存中读取1MB数据的时延里我们可以行走500km，大概是从北京到青岛的直线距离。

网络数据包在数据中心内部走一圈的时延可以让我们行走1000km，大概是从北京到上海的直线距离。

从SSD中读取1MB数据的时延可以让我们行走2000km，大概是从北京到深圳的距离。

从磁盘中读取1MB数据的时延可以让我们行走40000km，大概是围绕地球转一圈的距离。

网络数据包从美国加利福尼亚州到荷兰转一圈的时延可以让我们行走300000km，大概是从地球到月球的距离。

计算机一次重启的时延可以让我们行走240000000亿km，差不多是从地球到火星的距离，如图6.38所示。

图6.38　计算机一次重启的时延与地球到火星的距离

现在你应该对计算机系统中的各种时延有一个清晰的认知了吧?

6.7　总结

至此，我们从硬件到软件、从底层到上层全方位了解了I/O。

在当今的计算机系统中，CPU并不是一个能独立运行的组件，就冯·诺依曼架构来说，至少指挥CPU的机器指令，以及机器指令操作的数据要保存在存储设备，也就是内存中。CPU要想执行机器指令就必须与内存进行交互，然而我们并不能保证总在程序运行起来之前就为其准备好所有数据，程序必须也能在运行过程中接收外部设备输入的数据并对其进行处理，处理完毕后输出结果，这便是I/O存在的目的。

同时，由于外部设备产生数据相对于CPU执行机器指令来说是异步的，且外部设备的速度相对CPU来说非常慢，因此如何高效处理I/O并充分利用计算机中各种速度迥异的硬件资源会产生一系列有趣的问题，利用中断机制、DMA，同时结合操作系统的调度能力可以解决这些问题。

好啦，关于I/O这一部分的内容就到这里。

时间过得可真快呀，转眼之间我们就来到了本次旅行的终点！

在这次旅行中我们了解了编程语言到底是什么，用高级语言编写的代码是怎样一步步被转变为机器指令的，可执行程序是如何生成的，程序是如何运行的，为什么会存在操作系统进程、线程、协程这样的概念，内存的本质是什么，堆区、栈区又是什么，程序是怎样申请内存的，CPU的工作原理是什么，为什么会出现复杂指令集和精简指令集，为什么要在CPU与内存之间增加一层cache，I/O又是怎么回事，等等。

以上这些就是计算机系统底层的秘密。

当然，由于笔者水平有限，无法在一本书里穷尽计算机世界里各种有趣精彩的设计，大家可以在此基础之上进一步了解、探索、研究，虽然在这个过程中会有迷茫、会有无助，但一切都是值得的，相信永不放弃的你终将迎来恍然大悟的那一刻，因此本书的终点也会是你新的起点。

当了解了更多之后，相信终有一天你会对自己所编写的程序和计算机系统有更深层次的理解，到那时代码将不再是一种仅仅看似能正确工作的东西，因为你知道每一行代码到底是如何被计算机执行的、到底会对计算机产生什么样的影响，你会非常确定你的代码就是能按照预期的方式来运行的，这时你会对编程和系统设计有更为强大的掌控力。

至此，就要真正和大家说再见啦，衷心感谢大家一路与笔者的相伴，同时要感谢这个移动互联网时代，你可以通过“码农的荒岛求生”这个公众号找到笔者，相信我们还会再见的。